mathematik-abc für das Lehramt

P. Göthner

Elemente der Algebra

mathematik-abc für das Lehramt

Herausgegeben von

Prof. Dr. Stefan Deschauer, Dresden
Prof. Dr. Klaus Menzel, Schwäbisch Gmünd
Prof. Dr. Kurt Peter Müller, Karlsruhe

Die Mathematik-***ABC***-Reihe besteht aus thematisch in sich abgeschlossenen Einzelbänden zu den drei Schwerpunkten:

Algebra und Analysis,
Bilder und Geometrie,
Computer und Anwendungen.

In diesen drei Bereichen werden Standardthemen der mathematischen Grundbildung gut verständlich behandelt, wobei Zielsetzung, Methoden und Schulbezug des behandelten Themas im Vordergrund der Darstellung stehen.
Die einzelnen Bände sind nach einem „Zwei-Seiten-Konzept" aufgebaut: Der fachliche Inhalt wird fortlaufend auf den linken Seiten dargestellt, auf den gegenüberliegenden rechten Seiten finden sich im Sinne des „learning by doing" jeweils zugehörige Beispiele, Aufgaben, stoffliche Ergänzungen und Ausblicke.
Die Beschränkung auf die wesentlichen fachlichen Inhalte und die Erläuterungen anhand von Beispielen und Aufgaben erleichtern es dem Leser, sich auch im Selbststudium neue Inhalte anzueignen oder sich zur Prüfungsvorbereitung konzentriert mit dem notwendigen Rüstzeug zu versehen. Aufgrund ihrer Schulrelevanz eignet sich die Reihe auch zur Lehrerweiterbildung.

Elemente der Algebra

Eine Einführung in Grundlagen und Denkweisen

Von Doz. Dr. Peter Göthner
Universität Leipzig

B. G. Teubner Verlagsgesellschaft
Stuttgart · Leipzig 1997

Doz. Dr. habil. Peter Göthner

Geboren 1932 in Leipzig. Studium an der Pädagogischen Hochschule Potsdam. Von 1961 bis 1970 Lehrer für Mathematik an der Erweiterten Oberschule Grimma. Ab 1970 tätig an der Universität Leipzig, vorwiegend in der Fachausbildung von Lehrern für Mathematik. Promotion 1976, Habilitation 1985 an der Sektion Mathematik der Universität Leipzig.

Gedruckt auf chlorfrei gebleichtem Papier.

Die Deutsche Bibliothek – CIP-Einheitsaufnahme

Göthner, Peter:
Elemente der Algebra : eine Einführung in Grundlagen
und Denkweisen / Peter Göthner. –
Stuttgart ; Leipzig : Teubner, 1997
(Mathematik-ABC für das Lehramt)
ISBN-13: 978-3-8154-2122-2 e-ISBN-13: 978-3-322-85163-5
DOI: 10.1007/978-3-322-85163-5

Druck und Bindung: Druckhaus „Thomas Müntzer“ GmbH, Bad Langensalza

Einführung

Das Wort *Algebra* entstammt dem Titel „Hisâb aljabr W'almugâbalah" (Ergänzung und Ausgleich) von MUHAMED IBN MUSA AL CHWÂRAZMÎ, einem Mathematiker und Astronom, der um 810 bis 840 am Hofe des Sohnes von HARUN AL RASCHID in Bagdad wirkte. *Algebra* wurde zunächst als Bezeichnung für die Lehre von der „Auflösung von Gleichungen durch Hinzufügen und Weglassen von Gliedern auf beiden Seiten einer Gleichung" benutzt. Die Behandlung von *Umformungsregeln für Gleichungen*, in denen mit VIETA (1540 - 1603) auch Variable auftraten, war über einen langen Zeitraum Gegenstand der (klassischen) Algebra.
Am Ende des 18. Jahrhunderts traten Fragen nach der *Existenz von Lösungen* algebraischer Gleichungen sowie die Suche nach Methoden zum Lösen solcher Gleichungen in den Vordergrund. Insbesondere führte die Frage nach „Radikaldarstellungen" für Lösungen - die bekannte Lösungsformel für quadratische Gleichungen kann als solche bezeichnet werden - bereits vor etwa 200 Jahren zu Methoden, bei denen *Eigenschaften algebraischer Strukturen* genutzt wurden. Zunächst waren diese nur Hilfsmittel zur Untersuchung von Problemen der klassischen Algebra; es zeigte sich jedoch bereits am Ende des 19. Jahrhunderts, daß ihre Bedeutung wesentlich weiter reicht und daß sie sich auf zahlreiche Probleme in anderen mathematischen Gebieten und in den Naturwissenschaften anwenden lassen.
Aus solchen Erkenntnissen heraus entwickelte sich die *„moderne"* (*„abstrakte"* oder *„formale"* oder *„axiomatische"*) Algebra.
Die mit dem Wort *Algebra* verbundenen Auffassungen haben sich also in der mathematikhistorischen Entwicklung mehrfach verändert.

Heute ist die klassische Algebra in der „modernen" Algebra aufgehoben. Man interessiert sich - sehr vereinfacht gesagt - in der Algebra weniger dafür, *womit* man rechnet, sondern vielmehr *wie* man rechnet, und untersucht, welche „Rechenregeln" und Zusammenhänge aus Grundeigenschaften von Operationen und Relationen folgen.

Beim Umgang mit Operationen und Relationen in speziellen Mengen erkennt man *Analogien*: So besitzen z.B. die Addition von Matrizen, die Multiplikation von positiven rationalen Zahlen, die Addition von Folgen reeller Zahlen übereinstimmende Eigenschaften. Sieht man von der Spezifik der genannten Mengen und Operationen ab und betrachtet eine (beliebige) Menge G, in der eine (beliebige) Operation „$\circ$" mit gewissen *Grundeigenschaften* definiert ist, so spricht man von einer speziellen *algebraischen Struktur*. Eines der oben genannten *konkreten Gebilde*, z.B. $[\mathbb{Q}_+^*; \cdot]$, ist genau dann ein *Modell* für eine *Struktur* $(G; \circ)$, wenn man die Elemente von G mit positiven rationalen Zahlen belegt, die Operation „$\circ$" als Multiplikation rationaler Zahlen interpretiert und nachweist, daß in $[\mathbb{Q}_+^*; \cdot]$ die für „$\circ$" geforderten Grundeigenschaften erfüllt sind. *Analogiebetrachtungen* können also zu einer algebraischen Struktur führen, und Kenntnisse über algebraische Strukturen ermöglichen umgekehrt das Vergleichen, Ordnen und Systematisieren mathematischer Inhalte.

Über diese Systematisierungsmöglichkeit hinaus hat die Beherrschung algebraischer Strukturen einen weit bedeutungsvolleren Vorzug: Aus relativ wenigen Grundeigenschaften kann eine ganze *Theorie* für die jeweilige Struktur abgeleitet werden.

Jede (allgemeine) Aussage in einer solchen *Strukturtheorie* gilt dann „automatisch" in jedem konkreten Verknüpfungsgebilde, welches Modell dieser Struktur ist. Man muß damit diese Aussage für solche Modelle gar nicht mehr beweisen, sondern stützt sich auf den einmaligen Beweis innerhalb der Strukturtheorie. Über diese *Beweisökonomie* hinaus erweist sich die durch die Konzentration auf das Wesentliche erreichte Klarheit in der Beweisführung als psychologischer Vorteil.

In den Kapiteln 1 und 2 werden die Anfänge von Strukturtheorien erarbeitet.

Sind zwei Gebilde Modell ein und derselben Struktur, so können sie dennoch nicht notwendig identifiziert werden. Es gibt z.B. sowohl Gruppen mit endlich vielen als auch solche mit unendlich vielen Elementen; es gibt Gruppen, in welchen die Gruppenoperation kommutativ ist, aber auch nichtkommutative Gruppen.

Manche Gebilde sind jedoch „strukturell vollkommen identisch", sie unterscheiden sich eigentlich nur durch die *Bezeichnung* der Elemente und die *Bezeichnung* der Operation. Man nennt solche Gebilde *zueinander isomorph*. Mitunter sind zwei Gruppenmodelle zwar nicht isomorph, doch so „verwandt", daß eines als „vergröbertes Abbild" des anderen aufgefaßt werden kann. Man spricht dann von einem *homomorphen Bild* eines Gruppenmodells (Kapitel 3). Die Frage nach Möglichkeiten, aus gegebenen Strukturen weitere zu *konstruieren* oder eine Struktur in eine andere *einzubetten*, führt zu *allgemeinen Konstruktionsprinzipien*, die sich wiederum auf *Modelle* der „beteiligten" Strukturen anwenden lassen. So können *Zahlbereichserweiterungen* als Spezialfall allgemeiner algebraischer Konstruktionen betrachtet werden (Kapitel 4), und die *Teilbarkeitslehre* für ganze Zahlen (oder auch für Polynome) ordnet sich der „Teilbarkeitstheorie" in (speziellen) Ringen unter (Kapitel 5). Das Problem der Lösbarkeit algebraischer Gleichungen wird im Kapitel 6 aufgegriffen. Schließlich wird (im Kapitel 7) zusätzlich zu den in einer Struktur festgelegten Operationen eine mit diesen „verträgliche" *Ordnungsrelation* eingeführt.

Es ist das Ziel des Bandes „Elemente der Algebra", in die *Anfänge* der Begriffswelt algebraischer Strukturen und in ihre gegenseitigen Beziehungen einzuführen. Insofern stehen *allgemeine Begriffe* und *allgemeine* Methoden im Vordergrund; einige wichtige Resultate, die zur klassischen Algebra gehören, werden in den strukturellen Rahmen eingeordnet.

Die algebraischen Inhalte werden fortlaufend auf den linken Seiten dargestellt; auf den gegenüberliegenden rechten Seiten findet der Leser jeweils zugehörige Beispiele und Übungen.

Im Zusammenhang mit der Darstellung *begrifflicher Inhalte* ist es vor allem Anliegen des Buches, den Leser mit *Denkweisen der Algebra* vertraut zu machen.

Schließlich ist es mir ein Bedürfnis, der B.G. Teubner Verlagsgesellschaft für die verständnisvolle Zusammenarbeit und Frau Jacqueline Müller für ihre Unterstützung bei der technischen Bearbeitung des Manuskriptes herzlich zu danken.

Leipzig, Juni 1997

Peter Göthner

Inhalt

1 Strukturen mit einer binären Operation

Wie man Mengen strukturiert

Eine **Menge** M ist eindeutig bestimmt durch die Elemente, welche zu M gehören. Für beliebige Mengen M_1 und M_2 soll somit gelten:

$$M_1 = M_2 :\iff (\forall z(z \in M_1 \iff z \in M_2)).$$

Das heißt: Haben zwei Mengen den gleichen *Umfang* (an Elementen), so sind sie gleich (und umgekehrt). Man nennt diese Umfangsgleichheit **Extensionalität**.[1]

Beschrieben wird eine Menge häufig durch *Auflisten ihrer Elemente*, z.B. $M_1 = \{2; 3; 5; 7\}$ oder (allgemeiner) durch *Angabe einer charakterisierenden Eigenschaft E*, also $M = \{x|E(x)\}$, z.B. $M_2 = \{x|0 < x < 10 \text{ und } x \text{ ist Primzahl}\}$.

Die Menge $\{x|x \neq x\}$ enthält kein Element, denn es existiert kein Objekt x, welches von x verschieden ist. Diese Menge heißt **leere Menge**, sie wird mit $\emptyset$ bezeichnet.

Eine „Menge" M heißt **endliche Menge**, falls es einen *Abschnitt natürlicher Zahlen* gibt, der zu M gleichmächtig ist, andernfalls heißt M **unendliche Menge**.

Nun ist eine Menge M zunächst eine „unstrukturierte Anhäufung" von Elementen. Ihr kann eine *Struktur aufgeprägt werden* z.B. durch eine Ordnungsrelation „$<$", welche gestattet, Elemente von M zu vergleichen und bez. „$<$" *anzuordnen*, oder durch eine Äquivalenzrelation „$\sim$", welche erlaubt, die Elemente von M *in Klassen einzuteilen*, oder durch Einführung einer binären Operation „$\circ$", welche gestattet, die Elemente von M *miteinander zu verknüpfen*.

Eine zweistellige **Operation** „$\circ$" ist eine Abbildung aus $M \times M$ in M: Einem geordneten Paar $(a; b)$ von Elementen aus M wird eindeutig ein Element $c \in M$ zugeordnet; man schreibt $a \circ b = c$.

Wir betrachten eine Menge M, für deren Elemente *genau eine binäre Operation* „$\circ$" erklärt ist, und bezeichnen diese **Struktur** mit $(M; \circ)$. Dabei wird lediglich gefordert, daß $M \neq \emptyset$ ist. M wird als **Trägermenge der Struktur** $(M; \circ)$ bezeichnet.

Eine solche Struktur ist natürlich noch „arm": Wenn man keine Eigenschaften für die auf M definierten Operation „$\circ$" fordert, kann man „fast nichts" über $(M; \circ)$ aussagen.

Wünschenwerte Grundeigenschaften einer speziellen Struktur werden in *Axiomen* formuliert. Dabei muß man darauf achten, daß sich Axiome nicht widersprechen. Wäre ein *Axiomensystem* nicht *widerspruchsfrei*, so könnte man aus den Axiomen neben einer Aussage p auch ihre Negation $\neg p$ ableiten. Man wird i.allg. auch vermeiden, Aussagen in das Axiomensystem aufzunehmen, welche sich mit Hilfe der restlichen Axiome beweisen lassen (*Unabhängigkeit des Axiomensystems*).

Ein Axiomensystem bildet sich heraus im Prozeß der Untersuchung von mathematischen Gebilden. Es muß ausreichend sein, um die spezielle Struktur, die man erfassen will, zu beschreiben. Man spricht von der Forderung nach *Vollständigkeit des Axiomensystems.*

---

[1] vgl. LEHMANN, I.; SCHULZ, W.: Mengen - Relationen - Funktionen. mathematik-abc für das Lehramt. Leipzig: Teubner 1997.

1.1 Gruppen und Halbgruppen

Wie man ein „Regelwerk" für Gruppen gewinnt

1.1.1 Der Gruppenbegriff

Die Addition in der Menge $\mathbb{Z}$ aller ganzen Zahlen besitzt Eigenschaften, welche in ihrer Gesamtheit dem Gebilde $[\mathbb{Z}; +]$ eine spezielle Struktur aufprägen. Man erkennt z.B., daß eine Summe sowohl unabhängig von der Reihenfolge der Summanden („+" ist kommutativ) als auch unabhängig von einer Beklammerung ist („+" ist assoziativ). Man weiß, daß sich bez. der Addition die Zahl 0 neutral verhält; sie beeinflußt als Summand die Summe nicht. Außerdem existiert zu jeder ganzen Zahl g eine (eindeutig bestimmte) Zahl $-g$ (die zu g entgegengesetzte Zahl); die Summe aus g und $-g$ liefert gerade das neutrale Element 0. Die genannten Eigenschaften garantieren u.a. auch, daß jede Gleichung $a + x = b$ in $\mathbb{Z}$ eindeutig lösbar ist. Interessanterweise besitzt das endliche Gebilde $[\{e; a; b\}; *]$ (vgl. Beispiel 1.1) die gleichen Grundeigenschaften. Beide Gebilde besitzen die Struktur einer *Gruppe*.

Definition 1.1: Eine Struktur $(G; \circ)$ heißt **Gruppe** genau dann, wenn bez. der Operation „$\circ$" folgende Axiome erfüllt sind:
(Ab) Die Operation „$\circ$" ist in G *abgeschlossen* :
Für alle $a; b \in G$ existiert ein Element $c \in G$ mit $a \circ b = c$.
(Ass) Die Operation „$\circ$" ist *assoziativ* :
Für alle $a; b; c \in G$ gilt $(a \circ b) \circ c = a \circ (b \circ c)$.
(Neu) In G gibt es ein *neutrales Element* n:
Es *existiert* ein $n \in G$, so daß für *alle* $a \in G$ gilt: $a \circ n = n \circ a = a$.
(Inv) Jedes Element a aus G besitzt in G ein (bez. n) *inverses Element* $\overline{a}$:
Zu jedem $a \in G$ existiert ein $\overline{a} \in G$, so daß gilt: $a \circ \overline{a} = \overline{a} \circ a = n$.

Die Forderungen (Ab), (Ass), (Neu) und (Inv) bilden ein *System von Axiomen*, welches in seiner Gesamtheit die Struktur einer Gruppe festlegt. Im Paragraphen 1.2 wird u.a. der Frage nachgegangen, welche Möglichkeiten existieren, den Gruppenbegriff auch durch andere Eigenschaften axiomatisch festzulegen.

In Definition 1.1 wird die Kommutativität der Operation „$\circ$" nicht gefordert. Die Nacheinanderausführung von Bijektionen einer Menge M auf sich ist z.B. keine kommutative Operation, das in Definition 1.1 genannten Axiomensystem wird jedoch erfüllt (vgl. Beispiel 1.3). Dagegen sind $[\mathbb{Z}; +]$ und $[\mathbb{Q}^*_+; \cdot]$ Beispiele (Modelle) für eine Gruppe, deren Operation sogar kommutativ ist.

Definition 1.2: Eine Struktur $(G; \circ)$ heißt **kommutative Gruppe** genau dann, wenn $(G; \circ)$ Gruppe ist und wenn außerdem gilt:
(Komm) Die Operation „$\circ$" ist kommutativ: Für alle $a; b \in G$ ist $a \circ b = b \circ a$.

Beispiel 1.1: In der Menge $\{e; a; b\}$ wird durch die im Bild 1 angegebene *Verknüpfungstafel* (Strukturtafel) eine Operation „$*$" festgelegt. Man erkennt z.B., daß das Produkt zweier Elemente aus $\{e; a; b\}$ stets wieder ein Element dieser Menge ist.

*	e	a	b
e	e	a	b
a	a	b	e
b	b	e	a

Bild 1

Beispiel 1.2: Die Menge $\mathbb{Q}_+^*$ aller positiven rationalen Zahlen bildet bez. der Multiplikation eine kommutative Gruppe. Wir weisen nach, daß die Axiome (Ab); (Ass); (Neu); (Inv) und (Komm) erfüllt sind. Jedes Element aus $\mathbb{Q}_+^*$ läßt sich durch einen Bruch $\frac{l}{k}$ mit $l; k \in \mathbb{N}^*$ repräsentieren.

(Ab) Mit $\frac{m}{n} \in \mathbb{Q}_+^*; \frac{r}{s} \in \mathbb{Q}_+^*$ gilt auch $\frac{m}{n} \cdot \frac{r}{s} = \frac{m \cdot r}{r \cdot s} \in \mathbb{Q}_+^*$, denn wegen $m, n, r, s \in \mathbb{N}^*$ sind auch $m \cdot r$ und $n \cdot s$ natürliche Zahlen.

(Ass) $\left(\frac{m}{n} \cdot \frac{r}{s}\right) \cdot \frac{u}{v} = \frac{mr}{ns} \cdot \frac{u}{v} = \frac{(mr)u}{(ns)v} = \frac{m(ru)}{n(sv)} = \frac{m}{n} \cdot \frac{ru}{sv} = \frac{m}{n} \cdot \left(\frac{r}{s} \cdot \frac{u}{v}\right).$

(Neu) $\frac{1}{1} \in \mathbb{Q}_+^*$ ist neutrales Element in $[\mathbb{Q}_+^*; \cdot]$, denn es gilt $\frac{1}{1} \cdot \frac{m}{n} = \frac{1 \cdot m}{1 \cdot n} = \frac{m}{n} = \frac{m \cdot 1}{n 1} = \frac{m}{n} \cdot \frac{1}{1}$.

(Inv) Zu jedem Element $\frac{m}{n} \in \mathbb{Q}_+^*$ existiert mit $\frac{n}{m} \in \mathbb{Q}_+^*$ ein inverses Element, denn es gilt $\frac{m}{n} \cdot \frac{n}{m} = \frac{m\,n}{n\,m} = \frac{m \cdot n}{m \cdot n} = 1 = \frac{1}{1}$.

(Komm) $\frac{m}{n} \cdot \frac{r}{s} = \frac{m\,r}{n\,s} = \frac{r \cdot m}{s\,n} = \frac{r}{s} \cdot \frac{m}{n}$.

Übung 1.1: a) Geben Sie zu jedem Element der Menge $\{e; a; b\}$ das bez. „$*$" inverse Element an. Orientieren Sie sich an Bild 1.
b) Begründen Sie, warum $[\{e; a; b\}; *]$ ein Beispiel für eine Gruppe ist.
c) Weisen Sie nach, daß die Operation im Gebilde $[\{e; a; b\}; *]$ kommutativ ist.
d) Stellen Sie Eigenschaften zusammen, in denen $[\mathbb{Z}; +]$ und $[\{e; a; b\}; *]$ übereinstimmen, und solche, in denen sie sich unterscheiden.
e) Begründen Sie: Jede Gruppe mit genau zwei Elementen ist eine kommutative Gruppe.
f) Welche Eigenschaften der Multiplikation natürlicher Zahlen werden beim Nachweis genutzt, daß $[\mathbb{Q}_+^*; \cdot]$ eine kommutative Gruppe ist (vgl. Beispiel 1.2)?

1.1.2 Additive bzw. multiplikative Schreibweise von Gruppen

In Definition 1.1 wurde als Symbol für die Gruppenoperation das Zeichen „$\circ$" gewählt. Betrachtet man Gruppenmodelle, so kann „$\circ$" sowohl als Zeichen für eine „Addition" (z.B. in $[\mathbb{Z};+]$) als auch als Zeichen für eine „Multiplikation" (z.B. in $[\mathbb{Q}^*_+;\cdot]$ oder in $[\mathfrak{S}_3;\cdot]$) interpretiert werden. Dies hat dazu geführt, Gruppen statt durch $(G;\circ)$ auch durch

$(G;+)$ bei *additiver Schreibweise* bzw. durch
$(G;\cdot)$ bei *multiplikativer Schreibweise* zu bezeichnen.

In konsequenter Weiterführung dieser Symbolik bezeichnet man bei additiver bzw. multiplikativer Schreibweise

- die Verknüpfung mit „+" bzw. „·",
- die Operanden mit Summand, Summe bzw. Faktor, Produkt,
- das neutrale Element n mit 0 (Nullelement) bzw. e oder 1 (Einselement),
- das zu a inverse Element $\overline{a}$ mit $-a$ (zu a entgegengesetztes Element) bzw. mit a^{-1} (zu a inverses Element).

Eine *additive geschriebene kommutative* Gruppe wird auch als **Modul** bezeichnet.

Kommutative Gruppen werden - unabhängig von der Schreibweise des Operationssymbols - nach dem norwegischen Mathematiker NIELS HENRIK ABEL (1802 - 1829) auch **abelsche Gruppen** genannt. ABEL untersuchte bereits während seines Studiums das Problem, Lösungen algebraischer Gleichungen 5. Grades durch Radikale („Auflösungsformeln") darzustellen. 1824 bewies er, daß es prinzipiell nicht möglich ist, für allgemeine algebraische Gleichungen von höherem als 4. Grad die Lösungen in Radikaldarstellungen anzugeben.

Die historisch gewachsene unterschiedliche *Bezeichnungsweise* für Gruppen hat natürlich keinerlei Einfluß auf die strukturellen Zusammenhänge. Sie wird sich jedoch als nützlich erweisen, wenn Strukturen mit mehr als einer binären Operation untersucht werden (vgl. Kapitel 2).

Bei den Ausführungen über Gruppen bevorzugen wir die multiplikative Schreibweise, schreiben also $a \cdot b = c$ (oder kurz $ab = c$) statt $a \circ b = c$, e statt n und a^{-1} statt $\overline{a}$; dabei wird aus dem Zusammenhang hervorgehen, ob „·" Verknüpfungssymbol in einer Gruppe oder das Zeichen für die Multiplikation von Zahlen ist. Es wird zudem bei der Vielfalt der Gruppen- und Halbgruppenmodelle nicht immer möglich sein, „neue" Operationssymbole zu erfinden. So wird z.B. sowohl für die Multiplikation in Zahlbereichen als auch für die Matrizenmultiplikation und die Nacheinanderausführung von Abbildungen das Zeichen „·" benutzt.

Unübliche Symbole werden vorwiegend dort gewählt, wo Verwechslungen zu befürchten sind oder wo die Spezifik der Operation betont werden soll.

Beispiel 1.3: Die Menge der eineindeutigen Abbildungen von $M=\{1;2;3\}$ auf sich ist bezüglich der Nacheinanderausführung von Abbildungen als Verknüpfung eine Gruppe. Die *Elemente* dieser Gruppe sind also Bijektionen $s: M \to M$, sie können durch $s = \begin{pmatrix} 1 & 2 & 3 \\ i_1 & i_2 & i_3 \end{pmatrix}$ dargestellt werden, wobei $i_1; i_2; i_3$ (voneinander verschiedene) Elemente von M sind. Man nennt solche Abbildungen **Permutationen.** Die *Operation* „·" in dieser Gruppe ist durch $(s_i \cdot s_j)(k) = s_j(s_i(k))$ mit $k \in M$ definiert. Die Menge dieser Permutationen wird mit $\mathfrak{S}_3$ bezeichnet, sie besteht aus den 6 Elementen:

$$s_1 = \begin{pmatrix} 123 \\ 123 \end{pmatrix},\ s_2 = \begin{pmatrix} 123 \\ 231 \end{pmatrix},\ s_3 = \begin{pmatrix} 123 \\ 312 \end{pmatrix},\ s_4 = \begin{pmatrix} 123 \\ 213 \end{pmatrix},$$
$$s_5 = \begin{pmatrix} 123 \\ 321 \end{pmatrix},\ s_6 = \begin{pmatrix} 123 \\ 132 \end{pmatrix}.$$

Beispielsweise ist $s_2 \cdot s_4 = \begin{pmatrix} 1\,2\,3 \\ 1\,3\,2 \end{pmatrix} = s_6$.

Zum Nachweis der Gruppeneigenschaften wird eine *Strukturtafel* aufgestellt.

•						
	s_1	s_2	s_3	s_4	s_5	s_6
s_1	s_1	s_2	s_3	s_4	s_5	s_6
s_2	s_2	s_3	s_1	s_6	s_4	s_5
s_3	s_3	s_1	s_2	s_5	s_6	s_4
s_4	s_4	s_5	s_6	s_1	s_2	s_3
s_5	s_5	s_6	s_4	s_3	s_1	s_2
s_6	s_6	s_4	s_5	s_2	s_3	s_1

Bild 2

(Ab) Alle Plätze im Inneren der Strukturtafel sind mit Elementen aus $\mathfrak{S}_3$ besetzt (d.h., das Produkt zweier beliebiger Elemente aus $\mathfrak{S}_3$ liegt wieder in $\mathfrak{S}_3$).

(Neu) $s_1 = \begin{pmatrix} 1\,2\,3 \\ 1\,2\,3 \end{pmatrix}$ ist die identische Abbildung der Menge M auf sich, sie verhält sich bez. der Nacheinanderausführung von Abbildungen neutral, wie man auch an der 1. Zeile und der 1. Spalte von Bild 2 erkennt.

(Inv) In jeder Zeile und in jeder Spalte tritt das neutrale Element s_1 genau einmal auf. Also existiert zu jedem s_i ein s_j mit $s_i \cdot s_j = s_j \cdot s_i = s_1$.

(Ass) Die Assoziativität ist aus der Strukturtafel nicht unmittelbar abzulesen. Man weiß aber, daß die Nacheinanderausführung *beliebiger Abbildungen* assoziativ ist.

Es ist $[\mathfrak{S}_3; \cdot]$ *keine kommutative Gruppe*; z.B. gilt $s_4 \cdot s_3 = s_6 \neq s_5 = s_3 \cdot s_4$.

Übung 1.2: a) Formulieren Sie eine Definition für den Begriff *Modul*.

b) Warum ist $[\mathbb{Q}; \cdot]$ keine Gruppe?

c) An der Strukturtafel von $[\mathfrak{S}_3; \cdot]$ erkennt man, daß jede Gleichung $s_i \cdot x = s_j$ bzw. $y \cdot s_i = s_j$ (eindeutig) lösbar ist. Begründen Sie diese Behauptung.

d) Weisen Sie nach: Die Menge aller Matrizen reeller Zahlen vom Typ $(n; m)$ bilden bez. der Matrizenaddition einen Modul.

1.1.3 Halbgruppen, Ordnung von Gruppen und Halbgruppen

Betrachtet man das Gebilde $[\mathbb{Q}^*_+; +]$, so stellt man fest, daß zwar die Gruppenaxiome (Ab) und (Ass) erfüllt sind, (Neu) und (Inv) dagegen nicht. Man sagt, daß ein solches Gebilde (nur) die Struktur einer *Halbgruppe* besitzt.

Definition 1.3: Eine Struktur $(H; \circ)$ heißt **Halbgruppe** genau dann, wenn gilt:
(Ab) Für alle $a, b \in H$ existiert ein $c \in H$ mit $a \circ b = c$.
(Ass) Für alle $a, b, c \in H$ gilt $(a \circ b) \circ c = a \circ (b \circ c)$.

Im Beispiel 1.4 ist ein weiteres Gebilde angegeben, welches die Struktur einer Halbgruppe besitzt.

Jede Gruppe ist natürlich erst recht eine Halbgruppe (aber nicht umgekehrt).

Verknüpfungsgebilde wie $[\mathbb{Z}; +]$ und $[\{e; a; b\}; *]$ erfüllen die Gruppenaxiome, sie besitzen die Struktur einer Gruppe; wir hatten sie als *Gruppenmodelle* bezeichnet. Mitunter sagt man auch kurz: $[\{e; a; b\}; *]$ *ist* (ein Beispiel für) *eine Gruppe*.

Die Trägermenge der erstgenannten Gruppe besitzt unendlich viele, die der letztgenannten Gruppe nur endlich viele Elemente.
Man legt fest:

Definition 1.4: Ist $(G; \circ)$ eine Gruppe, so heißt die natürliche Zahl r die **Ordnung von** $(G; \circ)$ genau dann, wenn G genau r Elemente besitzt.

Ist G endliche *Menge*, so nennt man $(G; \circ)$ **endliche Gruppe.**
Ist G unendliche *Menge*, so nennt man $(G; \circ)$ **unendliche Gruppe.**

Im Paragraphen 1.3 wird gezeigt, daß es zu jeder natürlichen Zahl n (mindestens) eine Gruppe der Ordnung n gibt.

Die in Definition 1.4 für Gruppen eingeführten Bezeichnungen lassen sich auf Halbgruppen übertragen.

Im Beispiel 1.5 sind Gruppen bzw. Halbgruppen unterschiedlicher Ordnung angegeben.

Beispiel 1.4: Sind $\mathfrak{A} = (a_{ik})$ und $\mathfrak{B} = (b_{kj})$ zwei Matrizen vom Typ (2; 2) mit reellen Zahlen als Elementen, so ist eine Multiplikation erklärt durch $\mathfrak{A} \cdot \mathfrak{B} = (a_{ik}) \cdot (b_{kj}) = \left(\sum_{k=1}^{2} a_{ik}b_{kj}\right) = (c_{ij}) = \mathfrak{C}$. Beispielsweise ist
$\begin{pmatrix} 2 & 3 \\ -1 & 7 \end{pmatrix} \cdot \begin{pmatrix} 1 & 0 \\ 2 & 3 \end{pmatrix} = \begin{pmatrix} 2\cdot 1 + 3\cdot 2 & 2\cdot 0 + 3\cdot 3 \\ -1\cdot 1 + 7\cdot 2 & -1\cdot 0 + 7\cdot 3 \end{pmatrix} = \begin{pmatrix} 8 & 9 \\ 13 & 21 \end{pmatrix}$.
Bezeichnet man mit $M_{(2;2)}$ die Menge *aller* solcher quadratischer Matrizen, so kann man zeigen: $[M_{(2;2)}; \cdot]$ ist eine *Halbgruppe*, aber *keine Gruppe*:
(Ab) Die quadratischen Matrizen $\mathfrak{A} \in M_{(2,2)}$ und $\mathfrak{B} \in M_{(2;2)}$ lassen sich nach der oben genannten Vorschrift verknüpfen. Die Elemente von $\mathfrak{C}$ sind ebenfalls reelle Zahlen.
(Ass) In der Matrix $(\mathfrak{A} \cdot \mathfrak{B}) \cdot \mathfrak{C}$ steht in der i-ten Zeile und k-ten Spalte das Element $\sum_{j=1}^{2}(\sum_{h=1}^{2} a_{ih}b_{hj})c_{jk}$; die Matrix $\mathfrak{A} \cdot (\mathfrak{B} \cdot \mathfrak{C})$ besitzt *an der gleichen Stelle* das Element $\sum_{h=1}^{2} a_{ih}(\sum_{j=1}^{2} b_{hj}c_{jk})$. Beide Ausdrücke sind gleich, wie man durch Anwendung von Rechengesetzen in $[\mathbb{R}; +; \cdot]$ zeigen kann.
(Neu) Mit $\mathfrak{E} = \begin{pmatrix} 1 & 0 \\ 0 & 1 \end{pmatrix}$ existiert in $M_{(2;2)}$ ein neutrales Element, denn es gilt $\mathfrak{E} \cdot \mathfrak{A} = \mathfrak{A} \cdot \mathfrak{E} = \mathfrak{A}$ für jedes $\mathfrak{A} \in M_{(2;2)}$. $\mathfrak{E}$ ist übrigens die einzige Matrix in $M_{(2;2)}$ mit dieser Eigenschaft.
Das Axiom (Inv) ist jedoch nicht erfüllt. Man findet z.B. zur Matrix $\mathfrak{O} = \begin{pmatrix} 0 & 0 \\ 0 & 0 \end{pmatrix}$ kein $\mathfrak{A} \in M_{(2,2)}$ mit $\mathfrak{A} \cdot \mathfrak{O} = \mathfrak{E}$.

Beispiel 1.5: $[\{e; a; b\}; *]$ ist eine *endliche Gruppe* der Ordnung 3.
$[\mathfrak{S}_3; \cdot]$ ist eine *endliche Gruppe* der Ordnung 6 (vgl. Beispiel 1.3).
$[\mathbb{Q}_+^*; \cdot]$ ist eine *unendliche Gruppe* (vgl. Beispiel 1.2).
$[M_{(2,2)}; \cdot]$ ist eine *unendliche Halbgruppe* (vgl. Beispiel 1.4).
Die Menge Pot $(\{a; b\})$ besitzt die vier Elemente $\emptyset; \{a\}; \{b\}; \{a; b\}$.
$[\text{Pot}(\{a; b\}); \cup]$ ist eine *endliche Halbgruppe* der Ordnung 4. Es ist $\emptyset$ neutrales Element; es existiert aber z.B. in Pot $(\{a; b\})$ kein zu $\{a\}$ inverses Element, denn die Gleichung $\{a\} \cup X = \emptyset$ besitzt keine Lösung.

Übung 1.3: a) Man beweise: $[M_{(2;2)}; \cdot]$ ist eine *nichtkommutative* Halbgruppe.
b) Im Beispiel 1.4 wurde der Nachweis von (Ass) durch den Vergleich zweier Ausdrücke geführt. Berechnen Sie diese Ausdrücke.
c) Beweisen Sie: $\mathfrak{E} \cdot \mathfrak{A} = \mathfrak{A} \cdot \mathfrak{E} = \mathfrak{A}$ (vgl. Beispiel 1.4).
d) Was kann man über die Struktur des Gebildes $[M_{(n;n)}; \cdot]$ aussagen? Orientieren Sie sich an Beispiel 1.4 und begründen Sie Ihre Auffassung.

1.2 Folgerungen aus Gruppen- und Halbgruppenaxiomen

Was man aus „mageren" Axiomensystemen alles ableiten kann

1.2.1 Neutrale Elemente in Gruppen und Halbgruppen

Es wird nun von der im Abschnitt 1.1 angekündigten Symbolik Gebrauch gemacht. Die folgenden Aussagen werden für *multiplikativ* geschriebene Gruppen $(G;\cdot)$ formuliert; sie sind natürlich unabhängig von der Bezeichnungsweise (vgl. auch Übung 1.6 d)).

Im Axiom (Neu) wird für eine Gruppe die Existenz (*mindestens*) eines neutralen Elementes gefordert. In den in 1.1 betrachteten Gruppenmodellen entdeckt man jedoch jeweils *genau ein* neutrales Element. Dies liegt nun nicht etwa an der zufälligen Wahl der Beispiele.

Folgerung 1.1: In *jeder* Gruppe existiert *genau ein* neutrales Element e.

Beweis: Daß es in jeder Gruppe $(G;\cdot)$ *mindestens ein* neutrales Element gibt, wird in (Neu) gefordert. Es muß nun noch gezeigt werden, daß es in $(G;\cdot)$ *höchstens ein* neutrales Element geben kann. Angenommen die Gruppenelemente e_1 und e_2 erfüllen beide die in (Neu) formulierten Bedingungen; dann gilt:

$e_1 \cdot e_2 = e_1$ (weil e_2 neutrales Element ist).
$e_1 \cdot e_2 = e_2$ (weil e_1 neutrales Element ist).
Aus der Gleichheit der linken Seiten folgt $e_1 = e_2$. ■

Im Beispiel 1.6 sind neutrale Elemente in Gruppen angegeben. *Halbgruppen* können ein neutrales Element enthalten, müssen dies aber nicht. Besitzt eine Halbgruppe jedoch ein neutrales Element, so *genau eines.* Der Nachweis erfolgt wie im Beweis der Folgerung 1.1; es werden dort nämlich keine anderen Hilfsmittel genutzt als diejenigen, welche bereits durch die Halbgruppenaxiome bereitgestellt werden.

In nichtkommutativen Halbgruppen kann es mehrere *linksneutrale Elemente* e_L geben, für welche (nur) $e_L \cdot a = a$ für jedes Halbgruppenelement a gilt (vgl. Beispiel 1.7 b), desgleichen können mehrere *rechtsneutrale Elemente* e_R auftreten, für welche $a \cdot e_R = a$ für jedes Halbgruppenelement a gilt.

Folgerung 1.2: In *jeder* Gruppe $(G;\cdot)$ existiert zu jedem Element a *genau ein* inverses Element a^{-1}.

Beweis: Die *Existenz* eines zu a inversen Elementes a^{-1} sichert das Gruppenaxiom (Inv). Die *Eindeutigkeit* zeigt man indirekt wie folgt: Angenommen a_1^{-1} und a_2^{-1} wären beide zu a inverse Elemente. Dann folgt aus $(a_1^{-1} \cdot a) \cdot a_2^{-1} = e \cdot a_2^{-1} = a_2^{-1}$ und $a_1^{-1} \cdot (a \cdot a_2^{-1}) = a_1^{-1} \cdot e = a_1^{-1}$ wegen (Ass) $a_2^{-1} = a_1^{-1}$. ■

Weges des symmetrischen Aufbaus der Gleichung $a \cdot a^{-1} = a^{-1} \cdot a = e$ sind die Elemente a und a^{-1} völlig gleichberechtigt. Es ist sowohl a^{-1} inverses Element von a als auch a inverses Element von a^{-1}: a und a^{-1} sind *zueinander invers.* Bestimmt man das Inverse des inversen Elements eines Gruppenelementes a, so erhält man wieder dieses Gruppenelement: $(a^{-1})^{-1} = a$.

Beispiel 1.6: ***Neutrale Elemente in Gruppen***

a) In $[\mathbb{Z};+]$ ist die Zahl 0 das neutrale Element.
b) In $[\mathbb{Q}_+^*;\cdot]$ ist $\frac{1}{1}$ das neutrale Element (vgl. Beispiel 1.2).
c) In $[\{e;a;b\};*]$ ist e das neutrale Element (vgl. Bild 1).
d) In $[\mathfrak{S}_3;\cdot]$ ist s_1 das neutrale Element (vgl. Beispiel 1.3).

Beispiel 1.7: ***Neutrale Elemente in Halbgruppen***

a) In $[\mathbb{N};+]$ ist die Zahl 0, in $[\mathbb{N};\cdot]$ ist die Zahl 1 das neutrale Element. $[\mathbb{N}^*;+]$ ist eine Halbgruppe ohne neutrales Element. Auch die multiplikative Halbgruppe der geraden Zahlen besitzt kein neutrales Element.
b) In $[M_{(2;2)};\cdot]$ ist die Matrix $\mathfrak{E}$ das neutrale Element (vgl. Beispiel 1.4). Schränkt man $M_{(2;2)}$ ein auf die Menge $\overline{M}_{(2;2)}$ aller Matrizen der Form $\begin{pmatrix} a_{11} & a_{12} \\ 0 & 0 \end{pmatrix}$, so ist (Ass) sicher erfüllt, ebenso (Ab), denn es gilt $\begin{pmatrix} a_{11} & a_{12} \\ 0 & 0 \end{pmatrix} \cdot \begin{pmatrix} b_{11} & b_{12} \\ 0 & 0 \end{pmatrix} = \begin{pmatrix} a_{11}b_{11} & a_{11}b_{12} \\ 0 & 0 \end{pmatrix}$. Offensichtlich gehört $\mathfrak{E}$ nicht zu $\overline{M}_{(2;2)}$. $[\overline{M}_{(2;2)};\cdot]$ ist eine Halbgruppe ohne neutrales Element. Allerdings gilt $\begin{pmatrix} 1 & x \\ 0 & 0 \end{pmatrix} \cdot \begin{pmatrix} a_{11} & a_{12} \\ 0 & 0 \end{pmatrix} = \begin{pmatrix} a_{11} & a_{12} \\ 0 & 0 \end{pmatrix}$, d.h., es gibt, da x beliebig aus $\mathbb{R}$ gewählt werden kann und $\begin{pmatrix} a_{11} & a_{12} \\ 0 & 0 \end{pmatrix}$ ein beliebiges Element aus $\overline{M}_{(2,2)}$ ist, unendlich viele linksneutrale Elemente.

Übung 1.4: a) In der Menge F aller Folgen reeller Zahlen wird durch $(a_n) \oplus (b_n) = (a_n + b_n)$ eine „Addition" erklärt. Welches ist das neutrale Element, welches das zu (a_n) entgegengesetzte Element? Ist $[F;\oplus]$ eine Gruppe?
b) Mit Pot(M) wird die Menge aller Teilmengen der Menge M (die Potenzmenge von M) bezeichnet. Man bestimme das neutrale Element in $[\text{Pot}(M);\cup]$ und untersuche, ob in $[\text{Pot}(M);\cap]$ ein neutrales Element existiert. Warum sind $[\text{Pot}(M);\cup]$ und $[\text{Pot}(M);\cap]$ kommutative Halbgruppen, aber keine Gruppen?
c) In $\mathbb{R}_+$ werden durch das Bilden des Maximums bzw. das Bilden des Minimums Operationen erklärt: $a \bigtriangleup b = \max(a;b)$ bzw. $a \bigtriangledown b = \min(a;b)$. Man weise nach, daß sowohl $[\mathbb{R}_+;\bigtriangleup]$ als auch $[\mathbb{R}_+;\bigtriangledown]$ die Struktur einer kommutativen Halbgruppe besitzt. Man untersuche, ob in den Gebilden neutrale Elemente existieren und ob alle linearen Gleichungen lösbar sind.
d) Im Beispiel 1.7b wurde gezeigt, daß in $[\overline{M}_{(2;2)};\cdot]$ unendlich viele linksneutrale Elemente existieren. Zeigen Sie, daß es in dieser Halbgruppe kein rechtsneutrales Element gibt. Konstruieren Sie eine Halbgruppe, welche unendlich viele rechtsneutrale Elemente, aber kein linksneutrales Element besitzt.
e) Man begründe: Existieren in einer Halbgruppe ein linksneutrales und ein rechtsneutrales Element, so besitzt die Halbgruppe genau ein neutrales Element.

1.2.2 Lösbarkeit von Gleichungen in Gruppen

Satz 1.1: In jeder Gruppe $(G;\cdot)$ besitzt jede der Gleichungen $a \cdot x = b$ und $y \cdot a = b$ *genau eine Lösung.*

Beweis: Multipliziert man beide Seiten der Gleichung $ax = b$ (von links) mit a^{-1}, so erhält man $a^{-1}(ax) = (a^{-1}a)x = ex = x = a^{-1}b$; also ist $a^{-1}b$ eine Lösung von $ax = b$. Angenommen, neben $x_1 = a^{-1}b$ existiert noch eine weitere Lösung x_2, so erhält man aus $ax_1 = ax_2$ durch Multiplikation mit a^{-1} (von links) $x_1 = x_2$. Analog zeigt man, daß auch $ya = b$ in $(G;\cdot)$ genau eine Lösung besitzt. ∎

Folgerung 1.3: Für beliebige Gruppenlemente a und b gilt: $(a \cdot b)^{-1} = b^{-1} \cdot a^{-1}$

Beweis: Offensichtlich ist $(ba)^{-1}$ Lösung der Gleichung $(ba)y = e$. Andererseits gilt $(ba)(a^{-1}b^{-1}) = b(aa^{-1})b^{-1} = beb^{-1} = bb^{-1} = e$; d.h., auch $a^{-1}b^{-1}$ ist Lösung dieser Gleichung. Damit folgt nach Satz (1.1) $a^{-1}b^{-1} = (ba)^{-1}$. ∎

In Halbgruppen und Gruppen „regelt" das Axiom (Ass) die Verknüpfung von *drei Elementen*: Das „Produkt" ist unabhängig von einer Beklammerung. Beim Addieren bzw. Multiplizieren von Zahlen kann man auf *Beklammerungen* verzichten, wenn *mehr als drei „Operanden"* auftreten:

Satz 1.2: In jeder Halbgruppe $(H;\cdot)$ ist ein Produkt von endlich vielen Elementen bereits durch die Angabe seiner Faktoren $a_1; a_2; \ldots; a_n$ und deren Reihenfolge eindeutig bestimmt.

Beweis: Mit Hilfe vollständiger Induktion wird gezeigt, daß sich $a_1a_2 \ldots a_n$ bei beliebiger Zusammenfassung von Faktoren nicht ändert. Den *Induktionsanfang* liefert (Ass) für $n = 3$. Es wird *vorausgesetzt*, daß man jedes Produkt von *weniger als n* Faktoren aus H beliebig beklammern darf. Wir betrachten nun die folgenden Beklammerungen bei n Faktoren: $a_1(a_2 \ldots a_n); (a_1a_2)(a_3 \ldots a_n); \ldots; (a_1 \ldots a_{n-1})a_n$. Es wird gezeigt, daß jedes dieser Produkte, etwa $(a_1 \ldots a_k)(a_{k+1} \ldots a_n)$, mit dem erstgenannten übereinstimmt: $(a_1 \ldots a_k)(a_{k+1} \ldots a_n) = (a_1(a_2 \ldots a_k))(a_{k+1} \ldots a_n)$ $= a_1((a_2 \ldots a_k)(a_{k+1} \ldots a_n)) = a_1(a_2 \ldots a_n)$. Bei den Umformungen wurden nur (Ass) und die Induktionsvoraussetzung genutzt. ∎

In einer abelschen Gruppe ist es erlaubt, *zwei* Faktoren zu vertauschen, ohne daß sich das Produkt ändert. Es gilt jedoch allgemeiner:

Satz 1.3: In jeder abelschen Halbgruppe $(H;\cdot)$ ist ein Produkt aus den Faktoren $a_1; a_2; \ldots; a_n$ bereits durch Angabe dieser Faktoren eindeutig bestimmt.

Beweis: Daß sich ein Produkt bei Vertauschung *benachbarter Faktoren* nicht ändert, ergibt sich aus Satz 1.2 und (Komm) wie folgt: $a_1 \ldots a_{k-1}a_ka_{k+1}a_{k+2} \ldots a_n$ $= (a_1 \ldots a_{k-1})(a_ka_{k+1})(a_{k+2} \ldots a_n) = (a_1 \ldots a_{k-1})(a_{k+1}a_k)(a_{k+2} \ldots a_n)$ $= a_1 \ldots a_{k-1}a_{k+1}a_ka_{k+2} \ldots a_n$. Jede *beliebige* Umordnung von Faktoren läßt sich jedoch auf eine schrittweise Vertauschung *benachbarter Faktoren* zurückführen. ∎

Beispiel 1.8: In dem Gebilde $[\{e; a; b; c; d\}; *]$ ist die Operation „$*$" durch eine Verknüpfungstafel gegeben (Bild 3). Es wird untersucht, welche Struktur das Gebilde besitzt:

Es ist (Ab) erfüllt, denn das Innere der Verknüpfungstafel ist vollkommen mit Elementen aus $\{e; a; b; c; d\}$ besetzt, d.h., beliebige Elemente dieser Menge sind „verknüpfbar" und liefern stets wieder ein Element aus $\{e; a; b; c; d\}$.

*	e	a	b	c	d
e	e	a	b	c	d
a	a	e	c	d	b
b	b	d	e	a	c
c	c	b	d	e	a
d	d	c	a	b	e

Bild 3

Es ist (Neu) erfüllt, denn die erste Zeile und die erste Spalte zeigen: Es gilt $e * x = x * e = x$ für jedes $x \in \{e; a; b; c; d\}$.

Es ist (Inv) erfüllt; jedes Element ist zu sich selbst invers: $e * e = e$; $a * a = e$; $b * b = e$; $c * c = e$ und $d * d = e$.

Die Operation ist ***nicht kommutativ***; z.B. gilt $a * b = c$, jedoch $b * a = d$.

Auch (Ass) ist nicht erfüllt; z.B. gilt $(a * a) * c = e * c = c$, jedoch $a * (a * c) = a * d = b$.

Damit kann das Gebilde ***keine Gruppe*** sein; es ist „nicht einmal" eine Halbgruppe. Allerdings gilt in dem Gebilde die Aussage des Satzes 1.1.

Übung 1.5: a) Warum gelten die Aussagen der Folgerungen 1.1 und 1.2 und die des Satzes 1.1 nicht notwendig in Halbgruppen?

b) Geben Sie in der Halbgruppe $[M_{(2;2)}; \cdot]$ Elemente an, die ein inverses Element besitzen, und solche, für die kein inverses Element existiert (vgl. Beispiel 1.4).

c) Wie erkennt man an der Verknüpfungstafel einer Gruppe, ob die Axiome (Ab), (Komm), (Neu) und (Inv) erfüllt sind und ob die Aussage des Satzes 1.1 gilt?

d) Führen Sie den 2. Teil des Beweises zu Satz 1.1. Unter welcher Bedingung stimmt die Lösung von $a \cdot x = b$ mit der von $y \cdot a = b$ überein?

e) Beweisen Sie: Ist in einer Gruppe $(G; \cdot)$ jedes Element zu sich selbst invers, so ist $(G; \cdot)$ eine abelsche Gruppe.

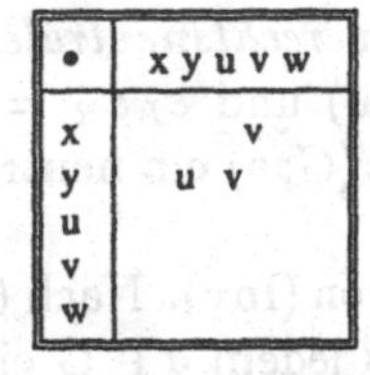

Bild 4

f) Man ergänze Bild 4 so, daß die Strukturtafel einer Gruppe entsteht.

g) Welches Element muß in der Gruppentafel (Bild 5) an der Stelle des Fragezeichens stehen?

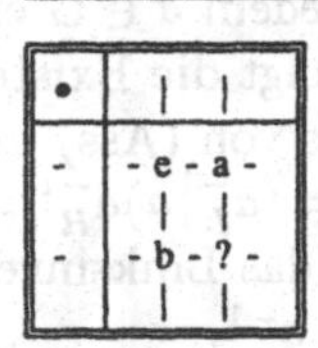

Bild 5

h) Man zeige: $[\text{Pot}(\{a; b; c\}); \triangle]$ ist eine Gruppe, wenn „$\triangle$" die durch $A \triangle B = (A \cap \overline{B}) \cup (B \cap \overline{A}) = (A \setminus B) \cup (B \setminus A)$ für alle $A; B \in \text{Pot}(\{a; b; c\})$ definierte symmetrische Differenz ist.

1.2.3 Unterschiedliche Axiomensysteme für Gruppen

Wir stellen uns folgende Fragen:
1. Sind die in Definition 1.1 angegebenen Axiome voneinander unabhängig?
2. Ist es möglich, den Begriff der Gruppe durch ein Axiomensystem zu charakterisieren, welches von dem in Definition 1.1 angegebenen verschieden ist?

Zu 1: Um die Unabhängigkeit eines (ausgewählten) Axioms von den restlichen Axiomen nachzuweisen, kann man ein Gebilde $[M; \circ]$ angeben, in welchem alle Gruppenaxiome mit Ausnahme des ausgewählten Axioms erfüllt sind. Offenbar ist (Ab) notwendige Voraussetzung für alle anderen Axiome. Außerdem kann (Inv) nicht ohne (Neu) formuliert werden. Also muß noch gezeigt werden:
Es existieren Gebilde, die (Neu) und (Inv) erfüllen, aber nicht (Ass).
Es existieren Gebilde, die (Neu) und (Ass) erfüllen, aber nicht (Inv).
Das im Beispiel 1.8 genannte Gebilde erfüllt die erstgenannte Bedingung; $[\mathbb{N}; +]$ ist ein Beispiel für den zweitgenannten Fall. Das Axiomensystem in Definition 1.1 ist „minimal"; es kann kein Axiom aus den restlichen abgeleitet werden.

Zu 2: Aus (Ab), (Ass), (Neu) und (Inv) folgt die Aussage des Satzes 1.1; sie wird mit (Um) abgekürzt, was an „Umkehrbarkeit" einer Operation erinnern soll. Wir zeigen, daß aus (Ab), (Ass) und (Um) die Aussagen (Neu) und (Inv) folgen.

Satz 1.4: Ist in einer *Halbgruppe* $(G; \cdot)$ das Axiom (Um) erfüllt, d.h., jede der Gleichungen $ax = b$ und $ya = b$ mit $a, b \in G$ besitzt in G eine Lösung, so ist $(G; \cdot)$ eine *Gruppe*.

Beweis: Nachweis von (Neu): Es sei c ein (*fest gewähltes*) Element aus G. Wegen (Um) ist die Gleichung $yc = c$ in G lösbar. Eine dieser Lösungen wird mit e_L bezeichnet; sie verhält sich *bez. des Elementes* c „linksneutral". Nun sei a ein *beliebiges* Element aus G, dann besitzt wegen (Um) auch $cx = a$ eine Lösung x_0 in G. Wegen (Ass) ergibt sich $e_L a = e_L(cx_0) = (e_L c)x_0 = cx_0 = a$. Dies bedeutet: e_L verhält sich *linksneutral bez. jeden Elementes* aus G. Analog zeigt man, daß in $(G; \cdot)$ ein *rechtsneutrales Element* e_R existiert. Weiter folgt: $e_L e_R = e_R$ (da e_L linksneutral) und $e_L e_R = e_L$ (da e_R rechtsneutral). Also gilt $e_L = e_R$; d.h., es existiert in $(G; \circ)$ ein neutrales Element e, und dies ist nach Folgerung 1.1 eindeutig bestimmt.
Nachweis von (Inv): Nach (Um) ist die Gleichung $ya = e$ für jedes $a \in G$ lösbar; also existiert zu jedem $a \in G$ ein „Linksinverses" a_L^{-1} mit $a_L^{-1}a = e$. Aus der Lösbarkeit von $ax = e$ folgt die Existenz eines „Rechtsinversen" a_R^{-1} mit $aa_R^{-1} = e$.
Auf der Basis von (Ass) und dem 1. Teil des Beweises kann man schließen:
$a_R^{-1} = ea_R^{-1} = (a_L^{-1}a)a_R^{-1} = a_L^{-1}(aa_R^{-1}) = a_L^{-1}e = a_L^{-1}$.
Also stimmt das Linksinverse a_L^{-1} von a mit dem Rechtsinversen a_R^{-1} überein:
$a_L^{-1} = a_R^{-1} = a^{-1}$. ■

Wie beim Beweis von Folgerung 1.2 schließt man, daß es außer a^{-1} kein weiteres Links- oder Rechtsinverses von a gibt.
Das Axiomensystem (Ab), (Ass), (Neu) und (Inv) ist somit logisch äquivalent zum Axiomensystem (Ab), (Ass) und (Um).

Alle Folgerungen aus den Gruppenaxiomen gelten in jedem Gruppenmodell.

Beispiel 1.9: Es sei $\mathfrak{D}_3$ die Menge aller *Bewegungen*, welche ein gleichseitiges Dreieck ABC auf sich abbilden. Dabei ist das Bild eines Eckpunktes von ABC wieder ein Eckpunkt dieses Dreiecks. Zu $\mathfrak{D}_3$ gehören drei Drehungen d_0, d_{120} und d_{240} um 0°; 120° bzw. 240° sowie drei Spiegelungen ρ_1, ρ_2 und ρ_3 an den drei Geraden, welche jeweils durch einen Eckpunkt des Dreiecks und den Mittelpunkt der gegenüberliegenden Seite bestimmt sind. $\{d_0; d_{120}; d_{240}; \rho_1; \rho_2; \rho_3\}$ wird als *Menge der Deckabbildungen* des Dreiecks ABC bezeichnet. Man kann sich vorstellen, daß das Dreieck ABC aus einem Blatt Papier herausgeschnitten wird, wobei die Ecken des „Ausschnittes" mit $A'B'C'$ bezeichnet werden (Bild 6). Jede Deckabbildung bedeutet dann ein Herauslösen und Wiedereinpassen des Dreiecks ABC in die „Schablone" $A'B'C'$; es entsteht eine „Symmetrielage" der beiden Dreiecke.

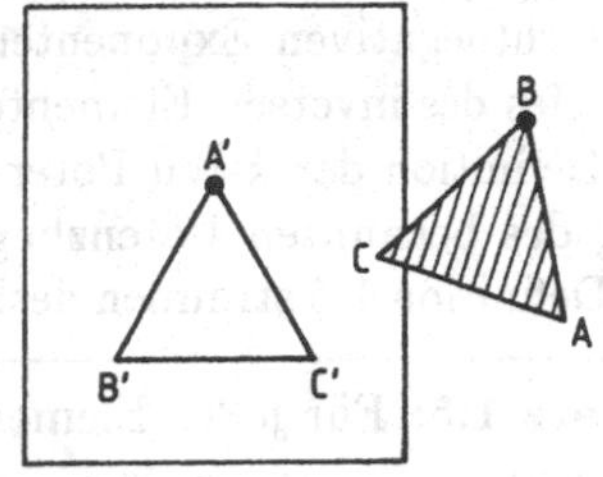

Bild 6

Offensichtlich führt die Nacheinanderausführung zweier Deckabbildungen von einer Symmetrielage zu einer (im allgemeinen anderen) Symmetrielage, d.h., daß die Nacheinanderausführung von Deckabbildungen als Operation „·" aufgefaßt werden kann, die aus $\mathfrak{D}_3$ nicht herausführt. Damit ist im Gebilde $[\mathfrak{D}_3; \cdot]$ das Axiom (Ab) erfüllt. Die Nacheinanderausführung *beliebiger* Abbildungen ist assoziativ, also gilt auch in $[\mathfrak{D}_3; \cdot]$ das Axiom (Ass). Die Drehung um 0° läßt alle Punkte des Dreiecks ABC in Ruhe; verknüpft man diese Deckabbildung mit einer beliebigen anderen, so „wirkt" nur letztere. Es ist d_0 (als identische Abbildung) das einzige neutrale Element in $\mathfrak{D}_3$. Jedes der Elemente $d_0, \rho_1; \rho_2$ und ρ_3 ist zu sich selbst invers, und d_{120} ist invers zu d_{240} (und umgekehrt); also gilt (Inv) sowie Folgerung 1.2.
$[\mathfrak{D}_3; \cdot]$ ist ein Beispiel für eine Gruppe.

Übung 1.6: a) Führen Sie im Beweis zu S(1.4) den Nachweis aus, daß in $(G; \cdot)$ ein rechtsneutrales Element e_R existiert.
b) Stellen Sie für das Gebilde im Beispiel 1.9 eine Verknüpfungstafel auf.
Weisen Sie nach, daß $[\mathfrak{D}_3; \cdot]$ keine *abelsche* Gruppe ist.
c) Begründen Sie, warum in jeder Gruppe $(G; \cdot)$ das neutrale Element e zu sich selbst invers ist.
d) Formulieren Sie die Aussagen der Folgerungen 1.1 und 1.2 sowie der Sätze 1.1, 1.2 und 1.3 für Moduln.
e) Weisen Sie nach: Eine *endliche* Halbgruppe $(H; \cdot)$ ist Gruppe genau dann, wenn gilt: Aus $ax_1 = ax_2$ folgt $x_1 = x_2$, und aus $y_1a = y_2a$ folgt $y_1 = y_2$ für alle $a \in H$ (man sagt: „·" ist *regulär* bzw. es gilt die „Kürzungsregel").

1.2.4 Potenzen von Gruppenelementen

Treten in einem Produkt von *Zahlen* gleiche Faktoren auf, so nutzt man die Potenzschreibweise. In gleicher Weise läßt sich der Begriff der Potenz für *Gruppenelemente* einführen:

> **Definition 1.5:** Für jedes Element a einer Gruppe $(G; \cdot)$ und jedes $k \in \mathbb{N}$ wird festgelegt: (Ia) $a^0 = e$. (Ib) $a^{k+1} = a^k \cdot a$. (II) $a^{-k} = (a^k)^{-1}$.
> Es heißt a^k die k-te **Potenz von** a.

Durch (Ia) und (Ib) wird rekursiv der Begriff der Potenz eines Gruppenelementes mit nichtnegativen Exponenten erklärt. In (II) wird der Potenzbegriff mit Hilfe des Begriffes des inversen Elementes auf Potenzen mit negativen Exponenten erweitert. Die Definition der k-ten Potenz von a für *Gruppenelemente* ist eine Verallgemeinerung des bekannten Potenzbegriffes in der speziellen Gruppe $[\mathbb{Q}^*; \cdot]$. Folgerungen aus Definition 1.5 stimmen deshalb mit *Potenzgesetzen für rationale Zahlen* überein.

> **Satz 1.5:** Für jedes Element a einer Gruppe $(G; \cdot)$ und $n, m \in \mathbb{N}$ gilt:
> (0) $a^1 = a$. (1) $a^n a^m = a^{n+m}$.
> (2) $(ab)^n = a^n b^n$, falls $(G; \cdot)$ *abelsche* Gruppe ist.
> (3) $(a^n)^m = a^{nm}$. (4) $(a^n)^{-1} = (a^{-1})^n$.

Die mit Hilfe der vollständigen Induktion durchgeführten Beweise für Zahlen unterscheiden sich nicht von den entsprechenden Beweisen für Gruppenelemente. In den Beispielen 1.10 und 1.11 werden solche Beweise für die Gruppe $[\mathbb{Q}^*; \cdot]$ geführt.
Die Aussage (0) erscheint „selbstverständlich". Geht man wie in Definition 1.5 vor, kann $a^1 = a$ *bewiesen* werden (vgl. Beispiel 1.10). Mit a^{-1} wurde bisher das zu a inverse Element in einer Gruppe bezeichnet. Setzt man in Definition 1.5 (II) $k = 1$, so zeigt sich: Die *Potenz* a^{-1} stimmt mit dem *Inversen von* a überein.

> **Satz 1.6:** Für jedes Element a einer Gruppe $(G; \cdot)$ und beliebige $n, m \in \mathbb{Z}$ gilt:
> (1) $a^n a^m = a^{n+m}$. (2) $(ab)^n = a^n b^n$, falls $(G; \cdot)$ eine *abelsche* Gruppe ist.
> (3) $(a^n)^m = a^{nm}$. (4) $(a^n)^{-1} = (a^{-1})^n$.

In Satz 1.6 wird ausgesagt, daß die für *natürliche Zahlen* formulierten Potenzgesetze gültig bleiben, wenn man *negative Exponenten* zuläßt.
Die durch Definition 1.5 (Ia), (Ib) vorgenommene Erklärung der k-ten Potenz kann auf Elemente einer *Halbgruppe mit neutralem Element* übertragen werden.
Für (multiplikative) Gruppen formulierte Zusammenhänge lassen sich in die *Sprache von Moduln* übertragen: Dem Begriff der *Potenz* entspricht der des *Vielfachen*. Definition 1.5 erhält dann folgende Fassung: Für jedes Element a eines Moduls mit dem neutralen Element $\mathbf{0}$ und jedes $k \in \mathbb{N}$ wird festgelegt:
(Ia) $0a = \mathbf{0}$, (Ib) $(k+1)a = (ka) + a$, (II) $(-k)a = -(ka)$.
Im Beispiel 1.12 sind die Aussagen des Satzes 1.6 für einen *Modul* formuliert.

Beispiel 1.10: In der Gruppe $[\mathbb{Q}^*; \cdot]$ wird der Begriff der Potenz wie in Definition 1.5 festgelegt. Aus diesem Grunde kann bei den folgenden Beweisen von Potenzgesetzen die Variable a sowohl durch ein *Element einer Gruppe* als auch durch eine *rationale Zahl* belegt werden:
Satz 1.5 (0): Aus (Ib) und (Ia) folgt unmittelbar $a^1 = a^{0+1} = a^0 a = ea = a$.
Die Beweise der Aussagen (1) und (3) erfolgen durch vollständige Induktion über m bei festem $n \in \mathbb{N}$:
Zu (1): *Induktionsanfang (IA):* $m = 1 : a^n a^1 = a^n a = a^{n+1}$.
Induktionsvoraussetzung (IV):
Die Beziehung (1) gelte für $m = k : a^n a^k = a^{n+k}$.
Beweis der Induktionsbehauptung (IB): $a^n a^{k+1} = a^n(a^k a^1) = (a^n a^k)a^1 = a^{n+k} a^1 = a^{(n+k)+1} = a^{n+(k+1)}$.
Zu (3): *IA:* $m = 1 : (a^m)^1 = a^m$ nach (0) und $a^m = a^{m\cdot 1}$; also $(a^m)^1 = a^{m\cdot 1}$.
IV: Die Beziehung (3) gelte für $m = k : (a^n)^k = a^{nk}$.
Beweis der IB: $(a^n)^{k+1} = (a^n)^k (a^n)^1 = a^{n\cdot k} a^{n\cdot 1} = a^{nk+n} = a^{n(k+1)}$.

Beispiel 1.11: Auch beim Beweis von Potenzgesetzen für *ganzzahlige Exponenten* (Satz 1.6) können in den Basen auftretende Variable sowohl als Elemente einer Gruppe als auch als rationale Zahlen aufgefaßt werden.
Satz 1.6 (4): Für $n = 0$ gilt $(a^0)^{-1} = e^{-1} = e$ und $(a^{-1})^0 = e$.
Setzen wir $n = -s$ mit $s > 0$, dann ergibt sich:
$(a^{-1})^n = (a^{-1})^{-s} = ((a^{-1})^s)^{-1} = \left((a^s)^{-1}\right)^{-1} = (a^{-s})^{-1} = (a^n)^{-1}$.

Übung 1.7: a) Beim Beweis im Beispiel 1.10 wurde die Induktion mit $m = 1$ begonnen. Weisen Sie nach, daß die Aussagen (1) und (3) auch für $m = 0$ gelten.
b) Begründen Sie jeden der Schritte bei den Beweisen im Beispiel 1.10 und 1.11.
c) Beweisen Sie die Aussage (2) im Satz 1.5 sowie die Aussage (3) im Satz 1.6.
d) Berechnen Sie im Modul der Restklassen (Beispiel 1.12) die folgenden Ausdrücke auf zweierlei Weise: $(4 \circ [3]_4) \oplus (7 \circ [3]_4)$; $2 \circ (5 \circ [2]_4)$; $-(3 \circ [1]_4)$.

Beispiel 1.12: Jedes $g \in \mathbb{Z}$ läßt bei Division durch 4 entweder den Rest 0 oder 1 oder 2 oder 3. Somit zerfällt $\mathbb{Z}$ in die vier Restklassen $[0]_4$; $[1]_4$; $[2]_4$ und $[3]_4$. Bezüglich der durch $[a]_4 \oplus [b]_4 = [a+b]_4$ definierten *Addition von Restklassen* ist $[\{[0]_4; [1]_4; [2]_4; [3]_4\}; \oplus]$ ein Modul. Den in Satz 1.6 formulierten Potenzgesetzen entsprechen *Gesetze der Vervielfachung.* Für beliebige Restklassen gilt:
(1) $(n\circ[a]_4)\oplus(m\circ[a]_4) = (n+m)\circ[a]_4$; (2) $n\circ([a]_4\oplus[b]_4) = (n\circ[a]_4)\oplus(n\circ[b]_4)$;
(3) $m \circ (n \circ [a]_4) = (n \cdot m) \circ [a]_4$; (4) $-(n \circ [a]_4) = n \circ (-[a]_4)$ für $n; m \in \mathbb{Z}$.
Dabei ersetzt das Zeichen für die Vielfachbildung „$\circ$" das „Hochstellen" des Exponenten bei der Potenzbildung.

1.3 Isomorphie

Inwiefern sich gewisse voneinander verschiedene Gruppenmodelle „im Prinzip" gar nicht unterscheiden

1.3.1 Begriff der Isomorphie

Betrachtet man die im Beispiel 1.13 angegebenen Gruppen der Ordnung 4 genauer, so stellt man fest:
Die Restklassengruppe mod 4 (Bild 7) und die Gruppe der vier Drehungen (Bild 10) besitzen „die gleiche Struktur", sie unterscheiden sich lediglich durch die *Bezeichnung der Elemente* und die *der jeweiligen Operation*. Genauer: Man kann eine *eineindeutige Abbildung* φ *von* der einen Gruppe *auf* die andere angeben, die folgendes leistet: Verknüpft man erst zwei Elemente a und b und bildet dann das „Produkt" bez. φ ab, so erhält man das gleiche Element (der Bildgruppe), als wenn man zunächst die Bilder der beiden Elemente a und b bez. φ bestimmt und diese in der Bildgruppe verknüpft:

a	$\longmapsto$	$\varphi(a)$	Produkt	Man kann sagen : Die Bijektion φ
$\oplus$		$\square$	der	verhält sich treu bez. der
b	$\longmapsto$	$\varphi(b)$	Bilder	beiden Operationen. Meist
$=$		$=$	gleich	nennt man diese Eigenschaft
$a \oplus b$	$\longmapsto$	$\varphi(a \oplus b)$	Bild des Produktes	(allgemeiner) *Relationstreue*.

Eine solche relationstreue Bijektion kann man auch zwischen den beiden durch Bild 7 und Bild 8 (Beispiel 1.13) angegebenen Gruppen finden. Dagegen ist es nicht möglich, diese „Strukturgleichheit" für die Restklassengruppe mod 4 und die Gruppe der vier Funktionen $f_1; f_2; f_3; f_4$ nachzuweisen; auch eine Umordnung der Elemente in den Strukturtafeln hilft dabei nicht weiter. Jede der vier Funktionen ist nämlich zu sich selbst invers, die Restklassen $[3]_4$ und $[1]_4$ dagegen nicht.
Eine solche „Strukturgleichheit" heißt *Isomorphie* (griech.: von gleicher Gestalt).

> **Definition 1.6:** Eine Gruppe $(G; \cdot)$ heißt **isomorph** zur Gruppe $(\overline{G}; *)$ genau dann, wenn eine Bijektion φ von G auf $\overline{G}$ existiert, welche die Eigenschaft der Relationstreue besitzt: Für alle $a; b \in G$ gilt $\varphi(a \cdot b) = \varphi(a) * \varphi(b)$.
> Die Bijektion φ heißt **Isomorphismus** von G auf $\overline{G}$.

Definition 1.6 ist sowohl auf *endliche* als auch auf *unendliche Gruppen* anwendbar. Im erstgenannten Fall besitzen zwei Gruppen, von denen die eine ein isomorphes Bild der anderen ist, bei geeigneter Anordnung der Elemente Strukturtafeln mit „gleichem Aufbau". In den Beispielen 1.14 und 1.15 werden unendliche Gruppen und dazu isomorphe Gruppen angegeben.

Der Begriff der Isomorphie kann auf *Halbgruppen* übertragen werden; man ersetzt in Definition 1.6 lediglich das Wort „Gruppe" durch „Halbgruppe".

Beispiel 1.13: Für vier voneinander verschiedene Gruppen werden Strukturtafeln angegeben.

$\oplus$	$[0]_4$	$[1]_4$	$[2]_4$	$[3]_4$
$[0]_4$	$[0]_4$	$[1]_4$	$[2]_4$	$[3]_4$
$[1]_4$	$[1]_4$	$[2]_4$	$[3]_4$	$[0]_4$
$[2]_4$	$[2]_4$	$[3]_4$	$[0]_4$	$[1]_4$
$[3]_4$	$[3]_4$	$[0]_4$	$[1]_4$	$[2]_4$

Bild 7

$\bullet$	1	i	-1	-i
1	1	i	-1	-i
i	i	-1	-i	i
-1	-1	-i	1	i
-i	-i	1	i	-1

Bild 8

$\bullet$	f_1	f_2	f_3	f_4
f_1	f_1	f_2	f_3	f_4
f_2	f_2	f_1	f_4	f_3
f_3	f_3	f_4	f_1	f_2
f_4	f_4	f_3	f_2	f_1

Bild 9

$\square$	d_0	d_{90}	d_{180}	d_{270}
d_0	d_0	d_{90}	d_{180}	d_{270}
d_{90}	d_{90}	d_{180}	d_{270}	d_0
d_{180}	d_{180}	d_{270}	d_0	d_{90}
d_{270}	d_{270}	d_0	d_{90}	d_{180}

Bild 10

Bild 7: Addition von Restklassen ganzer Zahlen modulo 4 (Beispiel 1.12).
Bild 8: Multiplikation komplexer Zahlen angewandt auf $1; -1; i; -i$ (man rechnet wie mit reellen Zahlen unter Berücksichtigung von $i \cdot i = -1$).
Bild 9: Nacheinanderausführung (Verkettung) der vier Funktionen $f_1(x) = x; f_2(x) = \frac{1}{x}; f_3(x) = -x; f_4(x) = -\frac{1}{x}$.
Bild 10: Nacheinanderausführung von Drehungen eines Quadrates um seinen Mittelpunkt im mathematisch positiven Drehsinn um 0°; 90°; 180°; 270°.

Beispiel 1.14: Isomorphie bei unendlichen Gruppen: Die Gruppe $[\mathbb{R}^*_+; \cdot]$ ist isomorph zur Gruppe $[\mathbb{R}; +]$. Als Isomorphismus kann eine Logarithmusfunktion gewählt werden. Es ist $f(x) = \log_a x$ (mit $a \in \mathbb{R}^*_+; a \neq 1$) eine *eineindeutige Abbildung von* $\mathbb{R}^*_+$ *auf* $\mathbb{R}$. Die Relationstreue liefert gerade ein Logarithmengesetz: Es gilt $\log_a(x \cdot y) = \log_a x + \log_a y$ für alle $x; y \in \mathbb{R}^*_+$. Auf diesem Gesetz beruht das (inzwischen nur noch historisch interessante) Rechnen mit Logarithmentafel und Rechenstab. Bezüglich des letzteren kann das Logarithmengesetz wie folgt gedeutet werden: Die zu dem *Produkt* $x \cdot y$ gehörende Streckenlänge erhält man durch *Addition* der zu den Faktoren x und y gehörenden Streckenlängen.

Übung 1.8: a) Bestimmen Sie für jede der durch die Bilder 7 bis 10 (im Beispiel 1.13) festgelegten Verknüpfungsgebilde das neutrale Element sowie alle Paare zueinander inverser Elemente. Begründen Sie, warum die Gebilde Gruppen sind.
b) Begründen Sie: Zwei endliche Gruppen sind genau dann isomorph, wenn ihre Strukturtafeln „in Übereinstimmung" gebracht werden können.
c) Geben Sie einen Isomorphismus von der Restklassengruppe mod 4 auf die Gruppe der Drehungen eines Quadrates um 0°, 90°, 180° bzw. 270° an und weisen Sie die Relationstreue nach. Führen Sie die gleiche Aufgabe für die in Bild 8 und Bild 10 angegebenen Verknüpfungsgebilde durch. Untersuchen Sie in jedem der Fälle, ob es mehr als einen Isomorphismus gibt.
d) Weisen Sie nach: Die im Beispiel 1.3 eingeführte Permutationsgruppe $[\mathfrak{S}_3; \cdot]$ ist isomorph zur Gruppe $\mathfrak{D}_3$ der Deckabbildungen (Beispiel 1.9).

1.3.2 Isomorphie als Äquivalenzrelation

Ist $(G;\cdot)$ isomorph zu $(\overline{G};*)$, so schreibt man kurz $G \overset{\sim}{\longleftrightarrow} \overline{G}$.
Die Isomorphie (im Sinne von „Strukturgleichheit") ist eine *Relation*. Man kann erwarten, daß diese Relation symmetrisch ist, obwohl in Definition 1.6 die Gruppe $(G;\cdot)$ von ihrem isomorphen Bild $(\overline{G};*)$ ausgezeichnet ist.

Satz 1.7: In jeder Menge von Gruppen (bzw. von Halbgruppen) ist die Isomorphie eine *Äquivalenzrelation*.

Beweis: Zu zeigen ist, daß die Isomorphie reflexiv, symmetrisch und transitiv ist.
Reflexivität: Die ***identische Abbildung*** $\iota : G \to G$ ist relationstreu, denn es gilt $\iota(a \cdot b) = a \cdot b = \iota(a) \cdot \iota(b)$ für alle $a; b \in G$. Also gilt $G \overset{\sim}{\longleftrightarrow} G$ für jede Gruppe G.
Symmetrie: Ist G isomorph zu $\overline{G}$, so gibt es einen Isomorphismus $\varphi : G \to \overline{G}$. Da φ bijektiv ist, existiert die (bijektive) inverse Abbildung $\varphi^{-1} : \overline{G} \to G$. Die Relationstreue überträgt sich von φ auf φ^{-1}: Für beliebige Elemente $\varphi(a); \varphi(b) \in \overline{G}$ gilt:
$\varphi^{-1}(\varphi(a)*\varphi(b)) = \varphi^{-1}(\varphi(ab)) = (\varphi\varphi^{-1})(ab) = \iota(ab) = ab = (\varphi^{-1}(\varphi(a))(\varphi^{-1}(\varphi(b)))$.
Also ist die Bijektion φ^{-1} ein Isomorphismus; G und $\overline{G}$ sind ***zueinander isomorph***.
Transitivität: Gegeben sind die drei Gruppen $(G;\cdot), (\overline{G};*)$ und $(\overline{\overline{G}};\circ)$. Wegen $G \overset{\sim}{\longleftrightarrow} \overline{G}$ und $\overline{G} \overset{\sim}{\longleftrightarrow} \overline{\overline{G}}$ existieren Isomorphismen $\varphi : G \to \overline{G}$ und $\psi : \overline{G} \to \overline{\overline{G}}$. Nun ist die Nacheinanderausführung der Bijektionen φ und ψ eine bijektive Abbildung von G auf $\overline{\overline{G}}$. Daß $\varphi \cdot \psi$ die Bedingungen der Relationstreue erfüllt, zeigt man unter Nutzung dieser Eigenschaft für φ und ψ wie folgt: Es gilt
$(\varphi\psi)(ab) = \psi(\varphi(ab)) = \psi(\varphi(a) * \varphi(b)) = \psi(\varphi(a)) \circ \psi(\varphi(b)) = (\varphi\psi)(a) \circ (\varphi\psi)(b)$
für alle $a; b \in G$. Somit folgt aus $G \overset{\sim}{\longleftrightarrow} \overline{G}$ und $\overline{G} \overset{\sim}{\longleftrightarrow} \overline{\overline{G}}$ auch $G \overset{\sim}{\longleftrightarrow} \overline{\overline{G}}$. ■

Folgerung 1.4: Jede Menge von Gruppen zerfällt bez. der Isomorphie in Klassen zueinander isomorpher Gruppen.

Die Folgerung ergibt sich unmittelbar aus Satz 1.7 und der (allgemeineren) Aussage, daß jede Äquivalenzrelation in einer Menge M eine ***Zerlegung*** von M (***Klasseneinteilung*** von M; ***Partition*** von M) erzeugt. In einer solchen ***Isomorphieklasse*** sind zueinander isomorphe Gruppenmodelle zusammengefaßt. So wie in der Mengentheorie gleichmächtige Mengen als „gleichwertig" aufgefaßt werden, sollen zueinander isomorphe Gruppe in der Algebra als „nicht wesentlich voneinander verschieden" betrachtet werden.
Endliche Gruppen mit voneinander verschiedener Ordnung können niemals isomorph sein. Da ihre Trägermengen nicht gleichmächtig sind, können sie nicht bijektiv aufeinander abgebildet werden. Beispiel 1.13 zeigt, daß auch ***Gruppen gleicher Ordnung*** nicht notwendig isomorph sein müssen. Dies bedeutet, daß es für Gruppen der Ordnung 4 mindestens zwei voneinander verschiedene Isomorphieklassen gibt. Für Gruppen der Ordnung 1 bzw. 2 bzw. 3 existiert jeweils genau eine Isomorphieklasse.

Beispiel 1.15: Wir betrachten die Menge $\tilde{\mathbb{Q}}$ aller rationalen Zahlen, die sich durch Brüche mit dem Nenner 1 darstellen lassen: $\tilde{\mathbb{Q}} = \{r | r \in \mathbb{Q}$ und es existiert ein $g \in \mathbb{Z}$ mit $r = \frac{g}{1}\}$. Mit „$\bullet$" bzw. „$+$" soll die Einschränkung der Multiplikation bzw. der Addition in $\mathbb{Q}$ auf die Teilmenge $\tilde{\mathbb{Q}}$ bezeichnet werden. Dann ist sowohl die *Halbgruppe* $[\mathbb{Z}; \cdot]$ isomorph zur *Halbgruppe* $[\tilde{\mathbb{Q}}; \bullet]$ als auch die *Gruppe* $[\mathbb{Z}; +]$ isomorph zur *Gruppe* $[\tilde{\mathbb{Q}}; +]$. Es ist nämlich $\varphi : \mathbb{Z} \to \tilde{\mathbb{Q}}$ mit $\varphi(g) = \frac{g}{1}$ eine bijektive Abbildung. Außerdem gilt sowohl $\varphi(g+h) = \frac{g+h}{1} = \frac{g}{1} + \frac{h}{1} = \varphi(g) + \varphi(h)$ als auch $\varphi(g \cdot h) = \frac{g \cdot h}{1} = \frac{g}{1} \bullet \frac{h}{1} = \varphi(g) \bullet \varphi(h)$ für alle $g; h \in \mathbb{Z}$. Also besitzt φ auch die Eigenschaft der Relationstreue bez. der angegebenen Operationen. Praktisch rechnet man statt in $\mathbb{Q}$ meist in $(\mathbb{Q} \setminus \tilde{\mathbb{Q}}) \cup \mathbb{Z}$. Man sagt, es ist $\mathbb{Z}$ in $\mathbb{Q}$ ***eingebettet***.

Beispiel 1.16: Alle Gruppen der Ordnung 1 bzw. der Ordnung 2 bzw. der Ordnung 3 sind zueinander isomorph. Besitzt $(G; \cdot)$ genau ein Element, so muß dieses das neutrale Element e sein. Die Isomorphieklasse von Gruppen der Ordnung 1 kann z.B. durch $[\{0\}, +]$ repräsentiert werden. Besitzt $(G; \cdot)$ genau zwei Elemente e und a, so muß gelten $e \cdot e = e, e \cdot a = a \cdot e = a$ und $a \cdot a = e$. Die ersten Gleichungen sind klar, wenn e neutrales Element in G ist; der Ansatz $a \cdot a = a$ führt zum Widerspruch, denn die Gleichung $a \cdot x = a$ hätte mit $x = a$ und $x = e$ dann zwei voneinander verschiedene Lösungen. Es ist z.B. $[\{1; -1\}; \cdot]$ ein Repräsentant für diese Isomorphieklasse. Ist $G = \{e; a; b\}$ mit e als neutralem Element, so kann die Verknüpfungstafel (Bild 11) *auf genau eine Weise* ausgefüllt werden, wenn die für Gruppen notwendige Bedingung erfüllt sein muß, daß in jeder Zeile und jeder Spalte der Verknüpfungstafel jedes Element von G genau einmal auftreten darf.

*	e	a	b
e	e	a	b
a	a	.	.
b	b	.	.

Bild 11

Übung 1.9: a) Vervollständigen Sie Bild 11 so, daß eine Verknüpfungstafel für eine Gruppe entsteht.
b) Warum ist $[\{d_0; d_{180}\}; \square]$ (vgl. Beispiel 1.3) zu jeder Gruppe der Ordnung 2 isomorph?
c) Geben Sie aus jeder Isomorphieklasse für Halbgruppen der Ordnung 2 einen Repräsentanten an.
d) Es ist die durch $\varphi(x) = a^x$ mit $a > 0$ definierte Abbildung ein Isomorphismus von $[\mathbb{R}; +]$ auf $[\mathbb{R}^+; \cdot]$. Weisen Sie dies nach. Zeigen Sie, daß bei diesem Isomorphismus das arithmetische Mittel zweier reeller Zahlen in das geometrische Mittel zweier positiver reeller Zahlen übergeht.

1.3.3 Übertragung von Struktureigenschaften durch Isomorphismen

Da wegen der Relationstreue in zueinander isomorphen Verknüpfungsgebilden nach demselben „Muster" gerechnet wird, müssen sich offenbar Eigenschaften der Struktur des Urbildes auf das isomorphe Bild übertragen:

Satz 1.8: Ist φ ein Isomorphismus von der Gruppe $(G;\cdot)$ auf die Gruppe $(\overline{G};*)$, so gilt:

(1) Das Bild des neutralen Elementes e in $(G;\cdot)$ ist das neutrale Element $\overline{e}$ in $(\overline{G};*)$: $\varphi(e)=\overline{e}$.

(2) Das Bild des zu $a\in G$ inversen Elementes ist das inverse Element des Bildes von a: $\varphi(a^{-1})=(\varphi(a))^{-1}$ für alle $a\in G$.

Beweis: Zu (1): Da e neutrales Element von G ist, gilt $a\cdot e=a$ und $e\cdot a=a$ für alle $a\in G$. Die Anwendung von φ ergibt:
$\varphi(ae)=\varphi(a)*\varphi(e)=\varphi(a)$ bzw. $\varphi(ea)=\varphi(e)*\varphi(a)=\varphi(a)$.
Da $\varphi(a)$ ein beliebiges Element aus $\overline{G}$ ist, verhält sich $\varphi(e)$ bez. „$*$" wie ein neutrales Element. Also gilt wegen Folgerung 1.1 $\varphi(e)=\overline{e}$.
Zu (2): Für jedes $a\in G$ existiert genau ein a^{-1} mit $a\cdot a^{-1}=e$ und $a^{-1}\cdot a=e$. Die Eigenschaft der Relationstreue des Isomorphismus φ bewirkt:
$\varphi(aa^{-1})=\varphi(a)*\varphi(a^{-1})=\varphi(e)$ und $\varphi(a^{-1}a)=\varphi(a^{-1})*\varphi(a)=\varphi(e)$;
also erfüllt $\varphi(a^{-1})$ die Bedingungen eines inversen Elementes von $\varphi(a)\in\overline{G}$. Wegen Folgerung 1.2 ergibt sich $\varphi(a^{-1})=(\varphi(a))^{-1}$. ∎

Satz 1.9: Ist $(G;\cdot)$ Gruppe und $(M;*)$ eine *beliebige Struktur* und gilt $(G;\cdot)\overset{\sim}{\longleftrightarrow}(M;*)$, so ist auch $(M;*)$ eine *Gruppe*.

Knapp formuliert besagt Satz 1.9: Das isomorphe Bild einer Gruppe ist eine Gruppe (vgl. auch Beispiel 1.17).

Beweis: Wegen $G\overset{\sim}{\longleftrightarrow}M$ existiert ein Isomorphismus $\varphi:G\to M$. Mit Hilfe der Gruppeneigenschaft von $(G;\cdot)$ und der Relationstreue von φ wird nachgewiesen, daß in $(M;*)$ die Axiome (Ab), (Ass) und (Um) erfüllt sind (vgl. Satz 1.4).
Für alle $\varphi(a),\varphi(b)\in M$ gilt $\varphi(a)*\varphi(b)=\varphi(ab)$; wegen $\varphi(ab)\in M$ liegt auch $\varphi(a)*\varphi(b)$ in M, also ist (Ab) erfüllt.
Aus $(\varphi(a)*\varphi(b))*\varphi(c)=\varphi(ab)*\varphi(c)=\varphi((ab)c)=\varphi(a(bc))=\varphi(a)*\varphi(bc)=\varphi(a)*(\varphi(b)*\varphi(c))$ ergibt sich, daß „$*$" assoziativ ist.
Es wird gezeigt, daß zu $\varphi(a)$ und $\varphi(b)$ aus M ein $y\in M$ existiert mit $\varphi(a)*y=\varphi(b)$. Da $(G;\cdot)$ eine Gruppe ist, existiert zu $a;b\in G$ ein $x\in G$ mit $a\cdot x=b$. Hieraus folgt $\varphi(ax)=\varphi(b)$ und wegen der Relationstreue $\varphi(a)*\varphi(x)=\varphi(b)$; also ist $y=\varphi(x)$.
Analog zeigt man, daß zu $\varphi(a)$ und $\varphi(b)$ ein $y\in M$ existiert mit $y*\varphi(a)=\varphi(b)$. ∎

Beispiel 1.17: Bild 12 zeigt die Verknüpfungstafel der Gruppe der Restklassen modulo 5 bez. der Addition. Das Verknüpfungsgebilde $[\{a_0; a_1; a_2; a_3; a_4\}; \diamond]$ sei zu dieser Gruppe isomorph; ein Isomorphismus sei durch $\varphi([i]_5) = a_i$ mit $i = 0; 1; 2; 3; 4$ gegeben. Dann ist nach Satz (1.9) auch $[\{a_0; a_1; a_2; a_3; a_4\}; \diamond]$ eine Gruppe der Ordnung 5. Jede weitere Gruppe der Ordnung 5 ist ebenfalls isomorph zur additiven Restklassengruppe modulo 5. Man kann dies durch mühevolle Fallunterscheidungen beim Aufstellen von Verknüpfungstafeln begründen. Ein einfacherer (und allgemeinerer) Nachweis erfolgt mit Hilfe des Begriffes der zyklischen Gruppe in den Abschnitten 1.6 und 1.7.

$\oplus$	$[0]_5$	$[1]_5$	$[2]_5$	$[3]_5$	$[4]_5$
$[0]_5$	$[0]_5$	$[1]_5$	$[2]_5$	$[3]_5$	$[4]_5$
$[1]_5$	$[1]_5$	$[2]_5$	$[3]_5$	$[4]_5$	$[0]_5$
$[2]_5$	$[2]_5$	$[3]_5$	$[4]_5$	$[0]_5$	$[1]_5$
$[3]_5$	$[3]_5$	$[4]_5$	$[0]_5$	$[1]_5$	$[2]_5$
$[4]_5$	$[4]_5$	$[0]_5$	$[1]_5$	$[2]_5$	$[3]_5$

Bild 12

Übung 1.10:

a) Stellen Sie eine Verknüpfungstafel für die in Beispiel 1.17 genannte Gruppe $[\{a_0; a_1; a_2; a_3; a_4\}; \diamond]$ auf. Nutzen Sie Bild 12.

b) Begründen Sie: Ist die *kommutative* Gruppe $(G; \cdot)$ isomorph zur Gruppe $(M; *)$, so ist auch $(M; *)$ eine kommutative Gruppe.

c) Weisen Sie nach: Ist $x = s$ Lösung der Gleichung $x \cdot a = b$ in einer Gruppe $(G; \cdot)$ und ist $(M; *)$ eine zu ihr isomorphe Gruppe, so ist $\varphi(s)$ Lösung der Gleichung $y * \varphi(a) = \varphi(b)$, wenn φ ein Isomorphismus von G auf M ist.

d) Gegeben ist die Menge $F = \{f_1; f_2; f_3; f_4; f_5; f_6\}$ mit $f_1(x) = x$; $f_2(x) = \frac{1}{1-x}$; $f_3(x) = \frac{1-x}{x}$; $f_4(x) = 1 - x$; $f_5(x) = \frac{1}{x}$; $f_6(x) = \frac{x}{1-x}$.
Weisen Sie nach: F ist bez. der Nacheinanderausführung von Funktionen eine Gruppe, die zur Gruppe $[\mathfrak{S}_3; \cdot]$ (Beispiel 1.3) isomorph ist.

e) In $\mathbb{Q}$ wird durch

$$x * y = \begin{cases} \frac{x \cdot y}{x+y} & \text{, falls } x \neq 0; y \neq 0; x + y \neq 0, \\ x + y & \text{sonst} \end{cases}$$

eine Operation „$*$" eingeführt. Man beweise $[\mathbb{Q}; +] \xleftrightarrow{\sim} [\mathbb{Q}; *]$. Woraus kann man schließen, daß $[\mathbb{Q}; *]$ eine Gruppe ist?

f) Weisen Sie nach: Die multiplikative Gruppe aller (3, 3)-Matrizen der Form

$$\begin{pmatrix} a & 0 & 0 \\ 0 & a & 0 \\ 0 & 0 & a \end{pmatrix} \text{ mit } a \in \mathbb{R} \text{ und } a \neq 0 \text{ ist isomorph zu } [\mathbb{R} \setminus \{0\}; \cdot].$$

1.4 Unterstrukturen

Wie man in einer Gruppe weitere Gruppen entdecken kann

1.4.1 Untergruppen und Unterhalbgruppen

Ist $(G;\cdot)$ eine Gruppe (oder eine Halbgruppe) und U eine *nichtleere Teilmenge von* G, so heißt $(U;\cdot)$ ein **Komplex**. Die auf U eingeschränkte Operation in G wird ebenfalls mit „$\cdot$" bezeichnet. Die Operation in $(U;\cdot)$ muß nun nicht notwendig abgeschlossen sein; auch das neutrale Element e liegt nicht in jedem Komplex.
Wir betrachten *spezielle* Komplexe:

Definition 1.7: Ist $(G;\cdot)$ eine Halbgruppe oder eine Gruppe und $U \subseteq G$ mit $U \neq \emptyset$, so heißt der Komplex $(U;\cdot)$ **Unterhalbgruppe von** $(G;\cdot)$ bzw. **Untergruppe von** $(G;\cdot)$ genau dann, wenn U bez. der Operation „$\cdot$" die Halbgruppenaxiome bzw. die Gruppenaxiome erfüllt.

Jede *Untergruppe* ist erst recht eine *Unterhalbgruppe* (aber nicht umgekehrt). Ist $(G;+)$ Modul, so nennt man $(U;+)$ einen **Untermodul von** $(G;+)$, wenn in $(U;+)$ die Modulaxiome erfüllt sind.
In den Beispielen 1.8 und 1.9 sind solche speziellen Komplexe angegeben. Jede Gruppe $(G;\cdot)$ besitzt mindestens zwei Untergruppen, nämlich $(G;\cdot)$ und $(\{e\};\cdot)$. Diese heißen **triviale Untergruppen**, sie stimmen überein, wenn $(G;\cdot)$ die Ordnung 1 besitzt.
Um festzustellen, ob ein Komplex $(U;\cdot)$ eine Untergruppe ist, muß in $(U;\cdot)$ nicht notwendig überprüft werden, ob *alle* Gruppenaxiome erfüllt sind:

Satz 1.10a (Untergruppenkriterium):
Ist $(G;\cdot)$ eine Gruppe und gilt $U \subseteq G$ und $U \neq \emptyset$, so ist der Komplex $(U;\cdot)$ *genau dann* Untergruppe von $(G;\cdot)$, *wenn* gilt:
(1) Für alle $a, b \in U$ gilt $a \cdot b \in U$.
(2) Mit jedem $a \in U$ liegt auch das zu a inverse Element a^{-1} in U.

Beweis: Die Formulierung „genau dann, ... wenn" besagt:
Wenn $(U;\cdot)$ Untergruppe ist, gelten (1) und (2); d.h., diese Forderungen sind *notwendige Bedingungen.*
Wenn für $(U;\cdot)$ die Forderungen (1) und (2) erfüllt sind, ist $(U;\cdot)$ Untergruppe, d.h., (1) und (2) sind *hinreichende Bedingungen.*
Der Beweis zerfällt also in *zwei Teilbeweise.*
($\Longrightarrow$) Ist $(U;\cdot)$ Untergruppe von $(G;\cdot)$, so sind in $(U;\cdot)$ *alle* Gruppenaxiome erfüllt; dabei entspricht (Ab) der Forderung (1) und (Inv) der Forderung (2).
($\Longleftarrow$) Sind in $(U;\cdot)$ die Bedingungen (1) und (2) erfüllt, so folgt aus $a \in U$ (wegen (2)) $a^{-1} \in U$ und (wegen (1) und $a \cdot a^{-1} = e$) auch $e \in U$; also ist (Neu) erfüllt. (Ass) gilt für alle Elemente aus G, damit auch für diejenigen der Teilmenge U. ■

Häufig ist es relativ einfach, Unterstrukturen in endlichen Gruppen zu entdecken, wenn eine Strukturtafel vorliegt (Beispiel 1.19).

Beispiel 1.18: a) Der Komplex aller nichtnegativen geraden Zahlen ist Unterhalbgruppe der Halbgruppe $[\mathbb{N};\cdot]$.
b) Der Komplex $[\{1\};\cdot]$ ist Untergruppe der Halbgruppe $[\mathbb{N};\cdot]$.
c) Der Komplex $[\mathbb{Z}^*;\cdot]$ ist Unterhalbgruppe der Gruppe $[\mathbb{Q}^*;\cdot]$.
d) Der Komplex aller geraden Zahlen ist Untermodul von $[\mathbb{Z};+]$.
e) Der Komplex aller Primzahlen ist keine Unterhalbgruppe und erst recht keine Untergruppe von $[\mathbb{Z};+]$, denn die Summe zweier Primzahlen ist nicht notwendig wieder eine Primzahl.

Beispiel 1.19: a) Die Gruppe $[\{e;a;b\};*]$ im Beispiel 1.1 besitzt nur die beiden *trivialen Untergruppen*, nämlich $[\{e\};*]$ und $[\{e;a;b\};*]$. In $[\{e;a;b\};*]$ existiert neben den genannten Untergruppen auch keine weitere *Unterhalbgruppe*.
b) Die Gruppe $[\mathfrak{S}_3;\cdot]$ in Beispiel 1.3 besitzt die sechs *Untergruppen* $[\{s_1\};\cdot]$; $[\{s_1;s_4\};\cdot]$; $[\{s_1;s_5\};\cdot]$; $[\{s_1;s_6\};\cdot]$; $[\{s_1;s_2;s_3\};\cdot]$ und $[\mathfrak{S}_3;\cdot]$. In $[\mathfrak{S}_3;\cdot]$ existieren keine (weiteren) *Unterhalbgruppen*.
c) Die Gruppe $[\{1;i;-1;-i\};\cdot]$ im Beispiel 1.13 besitzt genau drei Untergruppen, nämlich $[\{1\};\cdot]$; $[\{1;-1\};\cdot]$ und $[\{1;i;-1;-i\};\cdot]$. Da diese Gruppe isomorph ist zu den durch Bild 7 und Bild 10 festgelegten Gruppen im Beispiel 1.13, besitzt auch jede dieser Gruppen genau drei Untergruppen. Man erhält sie, wenn man einen Isomorphismus auf die Elemente jeder der genannten Untergruppen anwendet.

Übung 1.11: a) Entscheiden Sie, welche der folgenden Komplexe Untergruppen von $[\mathbb{Q}^*;\cdot]$ sind: $[\mathbb{Q}^*_+;\cdot]$; $[\{-1;+1\};\cdot]$; $[\{-1\};\cdot]$; $[\{r|r=2^g \text{ und } g\in\mathbb{Z}\};\cdot]$. Nutzen Sie das Untergruppenkriterium und begründen Sie Ihre Entscheidung.

b) Ist $(G;\cdot)$ Gruppe und gilt $(G;\cdot) \xrightarrow{\sim} (\overline{G};*)$, so entspricht jeder Untergruppe von $(G;\cdot)$ eine Untergruppe von $(\overline{G};*)$ und umgekehrt. Beweisen Sie diese Aussage.

c) Geben Sie alle Untergruppen der im Beispiel 1.17 genannten Gruppe an.

d) Untersuchen Sie, ob die Menge U aller rationalen Zahlen, die sich als Bruch mit ungeradem Nenner darstellen lassen, ein Untermodul von $[\mathbb{Q};+]$ ist.

e) Weisen Sie nach: Die Menge $V=\{z|z=3g \text{ und } g\in\mathbb{Z}\}$ ist ein Untermodul von $[\mathbb{Z};+]$. Verallgemeinern Sie diese Aussage.

f) Begründen Sie: Das neutrale Element e einer Gruppe $(G;\cdot)$ stimmt mit dem neutralen Element e_U einer beliebigen Untergruppe $(U;\cdot)$ von $(G;\cdot)$ überein.

g) Formulieren Sie ein notwendiges und hinreichendes Kriterium dafür, daß $(U;\cdot)$ *Unterhalbgruppe* einer Halbgruppe $(H;\cdot)$ ist.

1.4.2 Durchschnitt von Untergruppen - Komplexe erzeugen Untergruppen

Komplexe einer Gruppe $(G; \cdot)$ sind nichtleere Teilmengen von G, also Elemente von $\text{Pot}(G) \setminus \emptyset$, für die man mit Hilfe der Gruppenoperation eine „Komplexverknüpfung" erklären kann (vgl. Beispiel 1.20).

Definition 1.8: Sind A und B Komplexe einer Gruppe $(G; \cdot)$, so ist das **Komplexprodukt** $A \bullet B$ definiert durch $\{a \cdot b | a \in A \text{ und } b \in B\}$. Der **inverse Komplex** A^{-1} eines Komplexes A ist festgelegt durch $\{a^{-1} | a \in A\}$.

Auf analoge Weise definiert man in Moduln eine *Addition* von Komplexen. Die Komplexmultiplikation schließt die Multiplikation der Gruppenelemente ein. Man schreibt $a \cdot B$ statt $\{a\} \bullet B$ und unterscheidet i.allg. nicht zwischen dem Zeichen „$\bullet$" für die Komplexmultiplikation und dem Zeichen „$\cdot$" für die Multiplikation der Gruppenelemente. Der Komplex $E = \{e\}$ ist neutrales Element in $(\text{Pot}(G) \setminus \emptyset; \cdot)$. Die Komplexmultiplikation ist assoziativ, aber nicht notwendig kommutativ; mit ihrer Hilfe kann die Aussage des Satzes 1.10a umformuliert werden:

Satz 1.10 b (Untergruppenkriterium): Ist $(G; \cdot)$ eine Gruppe und gilt $U \subseteq G$ und $U \neq \emptyset$, so ist der Komplex $(U; \cdot)$ *genau dann* Untergruppe von $(G; \cdot)$, *wenn* gilt: (1) $U \cdot U \subseteq U$, (2) $U^{-1} \subseteq U$.

Bemerkung: Die Aussage von Satz 1.10 b läßt sich verschärfen: Ist $(U; \cdot)$ Untergruppe von $(G; \cdot)$, so gilt sogar $U \cdot U = U$ und $U^{-1} = U$ und umgekehrt.

Aus der Untergruppeneigenschaft von $(U; \cdot)$ folgt nämlich $E \subseteq U$ und damit $U = U \cdot E \subseteq U \cdot U$, woraus zusammen mit (1) $U \cdot U = U$ folgt. Aus $U^{-1} \subseteq U$ folgt durch Übergang zu den inversen Elementen $(U^{-1})^{-1} \subseteq U^{-1}$, also $U \subseteq U^{-1}$ und damit $U^{-1} = U$. ∎

Satz 1.11: Der Durchschnitt D beliebig vieler Untergruppen einer Gruppe $(G; \cdot)$ ist wieder eine Untergruppe von $(G; \cdot)$.

Beweis: Da das neutrale Element e von $(G; \cdot)$ in jeder Untergruppe liegt (vgl. Übung 1.11 f), ist der Durchschnitt D wegen $e \in D$ nicht leer. Sind a und b Elemente von D, so liegen sie in jedem der Komplexe, von denen der Durchschnitt gebildet wurde. Aus der Untergruppeneigenschaft dieser Komplexe folgt aber, daß auch $a \cdot b$ und a^{-1} in ihnen liegen. Also sind $a \cdot b$ und a^{-1} Elemente von D. Nach Satz 1.10a ist $(D; \cdot)$ Untergruppe von $(G; \cdot)$ ∎

Oft sucht man zu einem Komplex A einer Gruppe $(G; \cdot)$ eine „möglichst kleine" Untergruppe $(U; \cdot)$, welche A umfaßt. Eine solche Untergruppe ist der Durchschnitt D derjenigen Untergruppen, welche A als Teilmenge enthalten (Beispiel 1.21).

Definition 1.9: Ist A ein Komplex einer Gruppe $(G; \cdot)$, so heißt der Durchschnitt aller Untergruppen, die A umfassen, die **von A erzeugte Untergruppe**. Symbol: $< A >$.

Beispiel 1.20: Die im Beispiel 1.1 angegebene Gruppe besitzt genau 7 Komplexe: $E = \{e\}; A_1 = \{a\}; A_2 = \{b\}; A_3 = \{e;a\}; A_4 = \{e;b\}; A_5 = \{a;b\}$ und $A_6 = \{e;a;b\}$. Dabei sind nur E und A_6 Untergruppen. Es ist A_5 keine Untergruppe, denn es gilt $A_5 \cdot A_5 = \{aa;ab;bb\} = \{b;e;a\} \not\subseteq A_5$. Es ist A_2 keine Untergruppe wegen $A_2^{-1} = \{a\}$ und $\{a\} \not\subseteq A_2$.
Die Menge aller Komplexe ist bez. der Komplexmultiplikation *keine Gruppe*. Der zu einem Komplex A inverse Komplex A^{-1} spielt nämlich nicht die Rolle des inversen Elementes; z.B. ist $A_3^{-1} = \{e;b\}$, jedoch $A_3^{-1} \cdot A_3 = \{e;a;b\} \neq E$.

Beispiel 1.21: Die Gruppe $[\mathfrak{S}_3; \cdot]$ (vgl. Beispiel 1.3 und Beispiel 1.19 b)) besitzt $2^6 - 1 = 63$ Komplexe. Enthält nämlich die Trägermenge G einer Gruppe n Elemente, so besitzt deren Potenzmenge Pot (G) genau 2^n Elemente, welche mit Ausnahme der leeren Menge sämtlich Komplexe von $(G; \cdot)$ sind.
Der *Durchschnitt* beliebiger Untergruppen $[U; \cdot]$ ist $[\{s_1\}; \cdot]$, sofern $U \neq \mathfrak{S}_3$ gilt. Dagegen ist die *Vereinigung zweier Untergruppen* nicht notwendig wieder eine Untergruppe, wie das Beispiel $\{s_1; s_5\} \cup \{s_1; s_6\} = \{s_1; s_5; s_6\}$ zeigt; wegen $s_5 \cdot s_6 = s_2$ und $s_2 \notin \{s_1; s_5; s_6\}$ ist die Bedingung (1) von Satz 1.10a verletzt.
Will man die vom Komplex $K = \{s_1; s_5; s_6\}$ erzeugte Untergruppe bestimmen, so muß man alle Untergruppen suchen, welche K als Teilmenge enthalten. Dies ist lediglich die Gruppe $[\mathfrak{S}_3; \cdot]$ selbst; also gilt $< \{s_1; s_5; s_6\} >= \mathfrak{S}_3$. Zum gleichen Ergebnis kommt man, wenn man alle möglichen Produkte von Elementen aus K und aus deren Inversen bildet.

Übung 1.12: a) Begründen Sie:

- Jede Untergruppe einer abelschen Gruppe ist abelsch.
- Ist $(U; \cdot)$ Untergruppe von $(H; \cdot)$ und $(H; \cdot)$ Untergruppe von $(G; \cdot)$, so ist auch $(U; \cdot)$ Untergruppe von $(G; \cdot)$.
- Sind $(U_1; \cdot)$ und $(U_2; \cdot)$ Untergruppen von $(G; \cdot)$, so ist $(U_1 \cup U_2; \cdot)$ genau dann Untergruppe von $(G; \cdot)$, wenn $U_1 \subseteq U_2$ oder $U_2 \subseteq U_1$ gilt.

b) Die *echten* Untergruppen einer Gruppe $(G; \cdot)$ sind alle von $(G; \cdot)$ verschiedenen Untergruppen. Zeigen Sie: $(G; \cdot)$ kann nicht durch Vereinigung echter Untergruppen entstehen.
c) Es seien $(G; \cdot)$ eine Gruppe und Z der Komplex jener Elemente $x \in G$, die mit *jedem* Element $a \in G$ „vertauschbar" sind: $Z = \{x \in G | xa = ax\}$ für alle $a \in G\}$. Z heißt **Zentrum der Gruppe.** Zeigen Sie, daß $(Z; \cdot)$ Untergruppe von $(G; \cdot)$ ist.
d) Welche Untermoduln werden durch $\{1; -1\}; \{5\}$ bzw. $\{-6; 9\}$ in $[\mathbb{Z}; +]$ erzeugt?
e) Formulieren Sie Satz 1.10 a für Moduln.
f) Weisen Sie nach: Ist $(G; \cdot)$ Gruppe und U ein *endlicher* Komplex von G, dann ist $(U; \cdot)$ Untergruppe von $(G; \cdot)$, wenn mit $a; b \in U$ auch $a \cdot b \in U$ gilt.

1.5 Nebenklassen - der Satz von LAGRANGE

Wie man eine Gruppe in Klassen zerlegen kann

1.5.1 Konstruktion von Nebenklassen

Ist $(G;\cdot)$ eine Gruppe und $(U;\cdot)$ eine ihrer Untergruppen, so kann man für jedes Element $a \in G$ die Komplexprodukte $a \cdot U$ und $U \cdot a$ bilden. Solche speziellen Komplexe werden *Nebenklassen* genannt.

Definition 1.10: Ist $(G;\cdot)$ Gruppe, $(U;\cdot)$ Untergruppe von $(G;\cdot)$ und $a \in G$, so heißt
$a \cdot U$ die **von a erzeugte Linksnebenklasse von** U **in** G und
$U \cdot a$ die **von a erzeugte Rechtsnebenklasse von** U **in** G.

Für $a \in U$ gilt $aU = U$ und $Ua = U$.
Ist $U = G$, so stimmt jede Nebenklasse aU bzw. Ua mit G überein.
Ist $U = \{e\}$, so sind die Nebenklassen die *einelementigen Komplexe* in G.
Ist G nicht kommutativ, so gilt im allgemeinen $aU \neq Ua$.
Wir untersuchen, unter welcher Bedingung der Fall $aU = bU$ eintritt. Beispiel 1.22 verdeutlicht die Zusammenhänge an der Gruppe $[\mathfrak{S}_3;\cdot]$.

Satz 1.12 (Kriterium für die Gleichheit von Nebenklassen):
Sind aU und bU zwei *Linksnebenklassen* einer Gruppe $(G;\cdot)$, so gilt: aU und bU stimmen *genau dann* überein, wenn $a^{-1}b \in U$. Eine entsprechende Aussage gilt für Rechtsnebenklassen.

Beweis: $(\Longrightarrow)$ Aus $aU = bU$ folgt durch Multiplikation mit a^{-1} (von links) $U = a^{-1}bU$. Also existieren Elemente u' und u'' aus U mit $u' = a^{-1}bu''$. Da U Untergruppe ist, gilt nach Satz 1.1 $a^{-1}b \in U$.
$(\Longleftarrow)$ Aus $a^{-1}b \in U$ folgt $U = a^{-1}bU$ und hieraus $aU = bU$.
Auf gleiche Weise führt man den Beweis der Aussage für Rechtsnebenklassen. ■

Beispiel 1.22 zeigt, daß *voneinander verschiedene* Linksnebenklassen sogar *elementfremd* sind.

Satz 1.13 (Satz von der paarweisen Disjunktheit von Nebenklassen):
Ist $(G;\cdot)$ Gruppe und $(U;\cdot)$ eine ihrer Untergruppen, so gilt: Aus $aU \neq bU$ folgt $aU \cap bU = \emptyset$. Eine entsprechende Aussage gilt für Rechtnebenklassen.

Beweis: Es wird gezeigt: Gilt $aU \cap bU \neq \emptyset$, so folgt $aU = bU$ (indirekter Beweis): Angenommen, es liegt x in $aU \cap bU$, dann müssen in U Elemente u' und u'' existieren, so daß gilt $au' = bu''$. Multipliziert man diese Gleichung von links mit a^{-1} und von rechts mit $(u'')^{-1}$, so erhält man $a^{-1}b \in U$. Also gilt nach Satz 1.12 $aU = bU$. Die entsprechende Aussage für Rechtsnebenklassen beweist man analog. ■

Überträgt man die Konstruktion von Nebenklassen auf einen *Modul* $(G;+)$, so entstehen Komplexe $a + U$ bzw. $U + a$. Dabei gilt stets $a + U = U + a$.

Beispiel 1.22: Die Gruppe $[\mathfrak{S}_3;\cdot]$ besitzt 6 Untergruppen (vgl. Beispiel 1.19). Bildung von Links- bzw. Rechtsnebenklassen von zwei ausgewählten Untergruppen:

Linksnebenklassen	*Rechtsnebenklassen*
$U_1 = \{s_1; s_4\};$	$U_1 = \{s_1; s_4\};$
$s_2U_1 = \{s_2; s_6\}; s_3U_1 = \{s_3; s_5\}$	$U_1s_2 = \{s_2; s_5\}; U_1s_3 = \{s_3; s_6\}$
$U_2 = \{s_1; s_2; s_3\}; s_4U_2 = \{s_4; s_5; s_6\}$	$U_2 = \{s_1; s_2; s_3\}; U_2s_4 = \{s_4; s_6; s_5\}$

Bezüglich der gewählten Beispiele stellt man fest:
Eine Linksnebenklasse sU stimmt nicht notwendig mit der Rechtsnebenklasse Us überein. Der Durchschnitt zweier voneinander verschiedener Linksnebenklassen (bzw. Rechtsnebenklassen) von U ist leer. In jeder Nebenklasse von einer Untergruppe U liegen gleich viele Elemente. Die Vereinigung aller Linksnebenklassen (bzw. aller Rechtsnebenklassen) ist $\mathfrak{S}_3$. Multipliziert man die Ordnung einer Untergruppe U mit der Anzahl der Nebenklassen von U, so erhält man die Ordnung der Gruppe $[\mathfrak{S}_3;\cdot]$.

Übung 1.13: a) Die Gruppe $[\{1; i; -1; -i\};\cdot]$ besitzt 3 Untergruppen. Konstruieren Sie zu jeder dieser Untergruppen die Menge aller Linksnebenklassen und die Menge aller Rechtsnebenklassen. Überprüfen Sie, ob die im Beispiel 1.22 formulierten Aussagen auch für die Nebenklassen in $[\{1; i; -1; -i\};\cdot]$ gelten.

b) Es sei $(U;\cdot)$ eine nichttriviale Untergruppe einer Gruppe $(G;\cdot)$ der Ordnung n. Zur Gewinnung der Linksnebenklassen von U wird folgendes Verfahren angewandt: Als erste Nebenklasse wird U festgelegt. Man wählt nun ein Element $a_1 \in G \setminus U$ und bildet a_1U. Danach wählt man ein Element $a_2 \in G\setminus(U \cup a_1U)$ - falls ein solches Element noch existiert - und bildet a_2U. Man setzt das Verfahren auf diese Weise fort. Warum bricht es nach endlich vielen Schritten ab? Was kann man über die Anzahl der konstruierten Nebenklassen aussagen? Begründen Sie Ihre Auffassung.

c) Bilden Sie die Links- und die Rechtsnebenklassen der Untergruppe $\{f_1; f_2\}$ in der Gruppe $[\{f_1; f_2; f_3; f_4\};\cdot]$ im Beispiel 1.13. Warum stimmt jede Linksnebenklasse mit der entsprechenden Rechtsnebenklasse überein?

d) Man begründe: Sind U und U' Untergruppen einer Gruppe $(G;\cdot)$ und existieren Elemente $a, b \in G$ mit $aU = bU'$, so stimmen die Untergruppen U und U' überein.

1.5.2 Zusammenhang zwischen Gruppenordnung und Ordnung einer Untergruppe

Die im Beispiel 1.19b) angegebenen Untergruppen der Gruppe $[\mathfrak{S}_3; \cdot]$ haben die Ordnung 1; 2; 3 oder 6; es sind sämtlich *Teiler der Gruppenordnung.*
Gilt eine solche Aussage für beliebige (endliche) Gruppen? Gibt es eine gruppentheoretische Bedeutung für die Komplementärteiler?

> **Satz 1.14:** Ist $(G; \cdot)$ eine Gruppe und $(U; \cdot)$ eine ihrer Untergruppen, so sind alle Linksnebenklassen von U in G gleichmächtig. Eine entsprechende Aussage gilt für Rechtsnebenklassen.

Beweis: Es wird gezeigt, daß jede beliebige Nebenklasse aU gleichmächtig zur Untergruppe U ist. Dazu weisen wir nach, daß die für alle $u \in U$ durch $\varphi_a(u) = a \cdot u$ definierte Abbildung $\varphi_a : U \to aU$ *bijektiv* ist.
Aus $au_1 = au_2$ folgt $a^{-1}(au_1) = a^{-1}(au_2)$ und schließlich $u_1 = u_2$, also ist φ_a *injektiv.* Jedes $au \in aU$ ist nach Konstruktion Bild eines Elementes u, also ist φ_a *surjektiv.* ■

In den Beispielen 1.22 und 1.23 erkennt man, daß die Menge aller Nebenklassen aU eine *Klasseneinteilung* (*Zerlegung, Partition*) der Gruppe bildet.

> **Satz 1.15:** Die voneinander verschiedenen Links- bzw. Rechtsnebenklassen von U in einer Gruppe $(G; \cdot)$ sind *Klassen einer Zerlegung von G:*
> $G = U \cup aU \cup bU \cup cU \cup \ldots$ bzw. $G = U \cup Ua \cup Ub \cup Uc \cup \ldots$
> Die Elemente $e; a; b; c; \ldots$ bilden ein *vollständiges Repräsentantensystem.*

Beweis: (1) Keine Klasse ist leer; wegen $e \in U$ gilt $a \in aU$.
(2) Aus $aU \neq bU$ folgt $aU \cap bU = \emptyset$ (Satz 1.13).
(3) Bildet man xU für *alle Elemente* $x \in G$, so erhält man *alle* möglichen *Nebenklassen*; ihre Vereinigung ist wegen $x \in xU$ gleich G. ■

> **Definition 1.11:** Ist $(G; \cdot)$ *endliche* Gruppe und $(U; \cdot)$ eine ihrer Untergruppen, so heißt die Anzahl der Linksnebenklassen (bzw. Rechtsnebenklassen) von U in G der **Index von U in G.** Symbol $(G : U)$

> **Satz 1.16** (Satz von LAGRANGE):
> Ist $(G; \cdot)$ eine endliche Gruppe und $(U; \cdot)$ eine ihrer Untergruppen und $E = \{e\}$, so ist die *Ordnung von* $(U; \cdot)$ *ein Teiler der Ordnung von* $(G; \cdot)$.
> Der *Komplementärteiler ist der Index von U in G:*
> $(G : E) = (G : U) \cdot (U : E)$.

Beweis: Mit G ist auch U endlich. Die Anzahl der Elemente *in jeder Nebenklasse* ist gleich der Ordnung von U. Nach Satz 1.15 ist dann das Produkt aus der Ordnung von U und der Anzahl der Nebenklassen gleich der Ordnung von G. ■

Beispiel 1.23: Es ist $U_4 = \{x|x = 4g$ und $g \in \mathbb{Z}\}$ ein Untermodul von $[\mathbb{Z};+]$. Die Bildung der Linksnebenklassen von U_4 ergibt: $U_4 = 0+U_4; 1+U_4 = \{x|x = 1+4g$ und $g \in \mathbb{Z}\}$; $2+U_4 = \{x|x = 2+4g$ und $g \in \mathbb{Z}\}$; $3+U_4 = \{x|x = 3+4g$ und $g \in \mathbb{Z}\}$. Offensichtlich gilt $U_4 \cup (1+U_4) \cup (2+U_4) \cup (3+U_4) = \mathbb{Z}$. Da je zwei voneinander verschiedene Nebenklassen disjunkt sind, liegt eine *Zerlegung* von $\mathbb{Z}$ vor. Diese bestimmt eine Äquivalenzrelation in $\mathbb{Z}$: Zwei Zahlen $x, y \in \mathbb{Z}$ stehen genau dann in Relation zueinander, wenn sie in der gleichen Nebenklasse liegen; d.h., wenn $x - y \in U_4$ gilt. Man schreibt dafür auch $x \equiv y$ mod 4 und bezeichnet die Relation mit „kongruent modulo 4". Die vier *Nebenklassen von* U_4 sind also gerade die vier *Restklassen modulo* 4 (Beispiel 1.12 und Beispiel 1.13). Repräsentiert man jede dieser Restklassen durch die kleinste in ihr enthaltene nichtnegative ganze Zahl, so schreibt man $[0]_4$ für $0+U_4$; $[1]_4$ für $1+U_4$; $[2]_4$ für $2+U_4$ und $[3_4]$ für $3+U_4$. Allgemein ist $\{[0]_m; [1]_m; \ldots; [m-1]_m\}$ die Menge der Nebenklassen des Untermoduls $U_m = \{x|x = mg$ und $g \in \mathbb{Z}\}$ in $[\mathbb{Z};+]$; sie wird mit $\mathbb{Z}/(m)$ bezeichnet.

Wendet man auf die Nebenklassen von U_4 in $[\mathbb{Z};+]$ die Komplexaddition an, so erhält man eine Operation, die mit der durch die Strukturtafel im Beispiel 1.13 (Bild 7) dargestellten Addition für Restklassen übereinstimmt. Beispiel 1.23 zeigt, daß das aus der elementaren Zahlentheorie bekannte Rechnen mit Restklassen allgemeineren gruppentheoretischen Zusammenhängen untergeordnet werden kann.

Beispiel 1.24: Für die im Beispiel 1.22 genannten Untergruppen der Gruppe $[\mathfrak{S}_3;\cdot]$ kann der *Index* angegeben werden: $(\mathfrak{S}_3 : U_1) = 3; (\mathfrak{S}_3 : U_2) = 2$. Für die trivialen Untergruppen gilt: $(\mathfrak{S}_3 : E) = 6$ und $(\mathfrak{S}_3 : \mathfrak{S}_3) = 1$.

Übung 1.14: a) Die Restklassen $[1]_{15}; [2]_{15}; [4]_{15}; [7]_{15}; [8]_{15}; [11]_{15}; [13]_{15}; [14]_{15}$ bilden bez. der durch $[a]_{15} \cdot [b]_{15} = [ab]_{15}$ festgelegten Restklassenmultiplikation eine Gruppe. Bilden Sie die Menge aller Linksnebenklassen von $U = \{[1]_{15}; [4]_{15}\}$.

b) Begründen Sie:

- Ist U Untergruppe einer Gruppe $(G;\cdot)$ und gilt $(G : U) = 2$, so stimmt jede Linksnebenklasse aU mit der entsprechenden Rechtsnebenklasse Ua überein.
- Keine von U verschiedene Nebenklasse aU ist eine Untergruppe.
- Ist die Ordnung einer Gruppe eine Primzahl, so existieren nur die trivialen Untergruppen.

c) Beschreiben Sie die Äquivalenzrelation, die durch die Einteilung einer Gruppe $(G;\cdot)$ in Nebenklassen von einer Untergruppe $(U;\cdot)$ erzeugt wird.

d) In der Gruppe $(\tilde{M}_{(n,n)};\cdot)$ aller regulären Matrizen (d.h. aller Matrizen mit von Null verschiedenen Determinanten) bildet die Menge derjenigen Matrizen, deren Determinante 1 ist, eine Untergruppe. Unter welcher Bedingung liegen zwei Matrizen in der gleichen Linksnebenklasse nach dieser Untergruppe?

1.6 Zyklische Gruppen

Wie man Gruppen aus einem Element erzeugen kann

1.6.1 Erzeugende Elemente

Beispiel 1.25 zeigt, daß durch Potenzieren von Gruppenelementen mit ganzzahligen Exponenten Untergruppen entstehen. Dieser Sachverhalt gilt allgemein:

Satz 1.17: Die Menge aller ganzzahligen Potenzen a^g eines Elementes einer Gruppe G ist eine Untergruppe U von G.

Beweis: Mit $b; c \in U$ gilt $b = a^g$ und $c = a^h$ $(g; h \in \mathbb{Z})$. Damit liegt auch $b \cdot c = a^g \cdot a^h = a^{g+h}$ in U. Ist $b \in U$ und $b = a^n$, so gilt $b^{-1} = (a^n)^{-1} = a^{-n}$; also liegt auch b^{-1} in U. Nach dem in Satz 1.10 a angegebenen Kriterium ist die Menge U aller Potenzen von a eine Untergruppe. ∎

Man sagt: U wird von dem Gruppenelement a „erzeugt".

Definition 1.12: Existiert in einer Gruppe $(G; \cdot)$ ein Element a, so daß sich *jedes Element* $b \in G$ durch eine Potenz a^g mit $g \in \mathbb{Z}$ darstellen läßt, so heißen $(G; \cdot)$ eine **zyklische Gruppe** und a ein **erzeugendes Element** (oder auch *primitives Element) von* $(G; \cdot)$. Symbol: $G =< a >$.

Ist ein *Modul* zyklisch, so läßt sich jedes Modulelement als *ganzzahliges Vielfaches* eines erzeugenden Elementes a darstellen.

Alle Gruppen im Beispiel 1.25 sind zyklisch. Sie sind alle abelsch. Die Beispiele zeigen zudem: Nicht alle Potenzen eines erzeugenden Elementes müssen voneinander verschieden sein. Dagegen sind die im Beispiel 1.26 angegebenen Gruppen zwar kommutativ, es existieren jedoch keine erzeugenden Elemente.

Folgerung 1.5: Jede zyklische Gruppe G ist abelsch.

Beweis: Gilt $G =< a >$, so lassen sich Elemente b und c darstellen durch $b = a^m; c = a^n$. Dann folgt: $b \cdot c = a^m \cdot a^n = a^{m+n} = a^{n+m} = a^n \cdot a^m = c \cdot b$. ∎

Folgerung 1.6: Ist $(G; \cdot)$ zyklische Gruppe mit $G =< a >$, so gilt auch $G =< a^{-1} >$.

Beweis: Jedes beliebige Element $b \in G$ läßt sich als Potenz a^g (mit $g \in \mathbb{Z}$) darstellen. Wegen $a^g = (a^{-1})^{-g}$ ist b auch ganzzahlige Potenz von a^{-1}. ∎

Definition 1.13: Ist b ein beliebiges Element einer Gruppe G, so heißt die Ordnung der von b erzeugten zyklischen Untergruppe U die **Ordnung des Elementes b**.

Ist $< b >$ eine endliche Gruppe der Ordnung n, so besitzt auch b die Ordnung n. Ist $< b >$ unendliche Gruppe, so nennt man b ein Element von unendlicher Ordnung.

Beispiel 1.25: ***Gruppen mit erzeugenden Elementen***

a) In der Gruppe $[\{e;a;b\};\cdot]$ (vgl. Beispiel 1.3) kann man durch Potenzieren von a oder durch Potenzieren von b *alle Gruppenelemente* „erzeugen":
$a^1 = a, a^2 = b; a^3 = e$ und $b^1 = b; b^2 = a; b^3 = e$.

b) Die Gruppe $[\{1;i;-1;-i\};\cdot]$ kann sowohl durch das Element i als auch durch das Element $-i$ erzeugt werden. Die Potenzen von i (bzw. von $-i$) beschreiben dabei einen „Zyklus" (Bild 13). Dagegen führt Potenzieren von -1 zur Untergruppe $[\{1;-1\};\cdot]$.

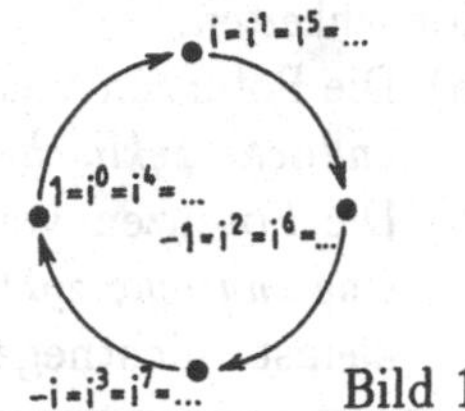

Bild 13

c) Im Modul $[\mathbb{Z}/_{(5)};+]$ ist das *Potenzieren* durch die *Vielfachbildung* zu ersetzen. Alle von $[0]_5$ verschiedenen Elemente erzeugen die Gruppe, z.B.:
$1[2]_5 = [2]_5;\ 2[2]_5 = [4]_5;\ 3[2]_5 = [1]_5;\ 4[2]_5 = [3]_5;\ 5[2]_5 = [0]_5;\ \ldots$
$1[3]_5 = [3]_5;\ 2[3]_5 = [1]_5;\ 3[3]_5 = [4]_5;\ 4[3]_5 = [2]_5;\ 5[3]_5 = [0]_5;\ \ldots$

d) Der Modul $[\mathbb{Z};+]$ besitzt zwei erzeugende Elemente: Die ganzzahligen Vielfachen von 1 und auch die ganzzahligen Vielfachen von -1 ergeben $\mathbb{Z}$.

Beispiel 1.26: ***Gruppen ohne erzeugendes Element***

a) In der Menge $\{e;a;b;c\}$ wird durch die im Bild 14 angegebene Strukturtafel eine Operation festgelegt. $[\{e;a;b;c\};*]$ ist eine Gruppe, sie heißt - nach FELIX KLEIN (1849 - 1925) - KLEINsche *Vierergruppe* und wird mit $\mathfrak{V}_4$ bezeichnet. Da jedes der Elemente zu sich selbst invers ist, kann $\mathfrak{V}_4$ *keine zyklische Gruppe* sein.

*	e	a	b	c
e	e	a	b	c
a	a	e	c	b
b	b	c	e	a
c	c	b	a	e

Bild 14

b) Die multiplikative Gruppe der rationalen Zahlen ist ebenfalls *keine zyklische Gruppe*; es existiert kein $\frac{p}{q} \in \mathbb{Q}^*$, so daß gilt: $r = \left(\frac{p}{q}\right)^g$ für jedes $r \in \mathbb{Q}^*$.

Übung 1.15: a) Untersuchen Sie, ob die im Beispiel 1.9 angegebene Gruppe der Deckabbildungen eines gleichseitigen Dreiecks eine zyklische Gruppe ist.

b) Ist $(G;\cdot)$ isomorph zur Gruppe $(\overline{G};*)$, dann ist die Ordnung eines Elementes $a \in G$ gleich der Ordnung des Bildelementes $\overline{a} \in \overline{G}$. Beweisen Sie diese Aussage.

c) Begründen Sie:

- Das neutrale Element ist das einzige Element mit der Ordnung 1.
- In einer zyklischen Gruppe der Ordnung $n (n > 2)$ existieren mindestens zwei Elemente mit der Ordnung n.
- Ist die Ordnung einer Gruppe G eine Primzahl p, so besitzt G genau $p-1$ erzeugende Elemente.

1.6.2 Struktur zyklischer Gruppen

Im Beispiel 1.25 sind *endliche* und *unendliche* zyklische Gruppen angegeben.

Satz 1.18: Für eine zyklische Gruppe $G = < a >$ existieren genau zwei Möglichkeiten:

a) Die Potenzen von a sind alle voneinander verschieden; $(G; \cdot)$ ist eine *unendliche zyklische* Gruppe.

b) Die Potenzen von a sind nicht alle voneinander verschieden; $(G; \cdot)$ ist eine *endliche zyklische Gruppe.* Die Ordnung von $(G; \cdot)$ ist n, wenn n der kleinste nichtnegative Exponent ist, für den $a^n = e$ gilt.

Beweis: Zu a): Zu jeder ganzen Zahl g existiert genau ein Gruppenelement a^g und umgekehrt. Also ist $G = < a >$ unendliche Gruppe.

Zu b): Es gibt mindestens zwei übereinstimmende Potenzen, z.B. $a^h = a^k$ mit $h \neq k$. Ohne Beschränkung der Allgemeinheit sei $h > k$. Multipliziert man $a^h = a^k$ mit a^{-k}, so erhält man $a^{h-k} = e$ (mit $h - k > 0$). Unter allen Exponenten s, für die $a^s = e$ gilt, gibt es einen kleinsten positiven, etwa n. Also gilt $a^n = e$, die Potenzen $a^0; a^1; \ldots; a^{n-1}$ sind dann sämtlich voneinander verschieden.

Man kann nun zeigen, daß jede *beliebige* Potenz a^i bereits mit einer der oben genannten Potenzen übereinstimmt: Aus der elementaren Zahlentheorie ist bekannt, daß zu jedem Paar ganzer Zahlen i und n zwei eindeutig bestimmte ganze Zahlen q und r existieren, so daß $i = q \cdot n + r$ mit $0 \leq r < n$ gilt („Satz von der Division mit Rest").

Damit ergibt sich: $a^i = a^{q \cdot n + r} = a^{q\,n} \cdot a^r = (a^n)^q \cdot a^r = e^q \cdot a^r = a^r$. Also besteht wegen $0 \leq r < n$ die Gruppe $G = < a >$ aus den n Elementen $a^0; a^1; \ldots; a^{n-1}$. ■

Satz 1.19: a) Jede unendliche zyklische Gruppe ist isomorph zu $[\mathbb{Z}; +]$.
b) Jede endliche zyklische Gruppe der Ordnung n ist isomorph zu $\mathbb{Z}/(n)$.

Beweis: Zu a) Ist $G = < a >$ eine unendliche zyklische Gruppe, so ist nach Satz 1.18 a) $\varphi : G \to \mathbb{Z}$ mit $\varphi(a^g) = g$ eine bijektive Abbildung. Wegen $\varphi(a^g \cdot a^h) = \varphi(a^{g+h}) = g + h = \varphi(a^g) + \varphi(a^h)$ ist φ relationstreu; also gilt $G \overset{\sim}{\leftrightarrow} \mathbb{Z}$.

Zu b) Ist $G = < a >$ eine endliche zyklische Gruppe der Ordnung n, so ist nach Satz 1.18 b) $\varphi : G \to \mathbb{Z}/(n)$ mit $\varphi(a^g) = [g]_n$ eine bijektive Abbildung (vgl. auch Beispiel 1.27). Die Relationstreue ergibt sich wie folgt: $\varphi(a^g \cdot a^h) = \varphi(a^{g+h}) = [g+h]_n = [g]_n + [h]_n = \varphi(a^g) + \varphi(a^h)$. Dabei lassen sich für g und h Repräsentanten aus der Menge $\{0; 1; \ldots; n-1\}$ wählen. ■

Aus Satz 1.19 ergibt sich unmittelbar:

Folgerung 1.7: a) Alle unendlichen zyklischen Gruppen sind zueinander isomorph. Ein Repräsentant der Isomorphieklasse wird mit $\mathfrak{Z}_\infty$ bezeichnet.
b) Alle endlichen zyklischen Gruppen der Ordnung n sind zueinander isomorph. Ein Repräsentant der Isomorphieklasse wird mit $\mathfrak{Z}_n$ bezeichnet.

Das folgende Beispiel illustriert die Aussagen des Satzes 1.19 und der Folgerung 1.7.

Beispiel 1.27: a) Jedem Element a^g der von a erzeugten unendlichen Gruppe $\mathfrak{Z}_\infty$ läßt sich umkehrbar eindeutig die ganze Zahl g zuordnen:

$$\begin{array}{cccccccccccc} \ldots a^{-5} & a^{-4} & a^{-3} & a^{-2} & a^{-1} & a^0 & a^1 & a^2 & a^3 & a^4 & a^5 \ldots & [\mathfrak{Z}_\infty;\cdot] \\ \ldots -5 & -4 & -3 & -2 & -1 & 0 & 1 & 2 & 3 & 4 & 5 \ldots & [\mathbb{Z};+] \end{array}$$

Nach den Potenzgesetzen in Gruppen läßt sich die Multiplikation von Elementen aus $\mathfrak{Z}_\infty$ auf die Addition der Exponenten und damit auf ganze Zahlen zurückführen; z.B. gilt:

$$\begin{array}{cccc} a^{-2}\cdot & a^5 & = a^{(-2)+5} & = a^3 \\ \updownarrow & \updownarrow & & \updownarrow \\ -2\,+ & 5 & & = 3 \end{array}$$

Die Gleichung spiegelt die Relationstreue der oben genannten Bijektion wider.

b) Die von a erzeugte Gruppe $\mathfrak{Z}_6$ besteht aus den Elementen $a^0; a^1; a^2; a^3; a^4; a^5$, und es gilt $a^6 = a^0 = e$. Jede beliebige Potenz a^i stimmt mit genau einem dieser sechs Elemente überein:
$a^i = a^{q\,6+r} = a^{q\,6} \cdot a^r = (a^6)^q \cdot a^r = e^q \cdot a^r = a^r$ mit $r \in \{0; 1; 2; 3; 4; 5\}$.
Dies bedeutet: Jeder Potenz a^i kann eine Restklasse $[r]_6$ zugeordnet werden, wobei gilt $a^i = a^r$, wenn $i \equiv r \bmod 6$. Die Relationstreue dieser Abbildung von $\mathfrak{Z}_6$ auf $\mathbb{Z}/_{(6)}$ äußert sich nun gerade darin, daß die Multiplikation in $\mathfrak{Z}_6$ auf die Addition von Restklassen modulo 6 zurückgeführt werden kann; z.B. entspricht der Gleichung $a^7 \cdot a^{15} = a^1 \cdot a^3 = a^4$ in $\mathfrak{Z}_6$ die Gleichung $[7]_6 \oplus [15]_6 = [1]_6 \oplus [3]_6 = [4]_6$ in $\mathbb{Z}/_{(6)}$.

Übung 1.16: a) Man begründe:
- Die zyklische Gruppe $\mathfrak{Z}_\infty$ besitzt genau zwei erzeugende Elemente.
- Für jedes Element a einer Gruppe $(G; \cdot)$ der Ordnung n gilt $a^n = e$.
- Jede Gruppe mit Primzahlordnung ist zyklisch.

b) Die Gruppe $\mathfrak{Z}_{24}$ besitzt acht Untergruppen. Geben Sie diese Untergruppen sowie deren erzeugende Elemente an.
c) Beweisen Sie: Jede Untergruppe einer zyklischen Gruppe ist zyklisch. Was bedeutet dies bez. $[\mathbb{Z}; +]$?
d) Begründen Sie: In den zyklischen Gruppen $\mathfrak{Z}_n = < a >$ ist das Element a^k mit $0 < k \leq n$ genau dann erzeugendes Element, wenn $ggT(n; k) = 1$ gilt.

Beispiel 1.28: Gesucht sind alle erzeugenden Elemente der Gruppe $\mathfrak{Z}_6$. Mit a hat auch das zu a inverse Element a^5 die Ordnung 6. Also gilt $\mathfrak{Z}_6 = < a > = < a^5 >$. Alle anderen Elemente besitzen eine Ordnung, die ein echter Teiler von 6 ist. Sie erzeugen von $\mathfrak{Z}_6$ verschiedene zyklische Untergruppen: $< a^0 > = \{a^0\}$; $< a^3 > = \{a^0; a^3\}$; $< a^2 > = < a^4 > = \{a^0; a^2; a^4\}$. Die Gruppe $\mathfrak{Z}_6$ besitzt also genau vier Untergruppen.

1.7 Permutationsgruppen, Restklassengruppen und Gruppen von Deckabbildungen

Wie man bei der Untersuchung spezieller Gruppen allgemeine Ergebnisse gewinnen kann

1.7.1 Gruppen von Permutationen

Der im Beispiel 1.3 dargestellte Zusammenhang läßt sich verallgemeinern: Wir betrachten *Permutationen vom Grad n*, d.h. Bijektionen der endlichen Menge $\{a_1; a_2; \ldots; a_n\}$ auf sich.

> **Satz 1.20:** Die Menge aller Permutationen einer n-elementigen Menge M bildet bez. der Nacheinanderausführung eine *Gruppe der Ordnung* $n!$

Man bezeichnet diese Nacheinanderausführung auch als *Produkt* von Permutationen.

Beweis: Da es auf die Bezeichnung der Elemente von M nicht ankommt, wählen wir $M = \{1; 2; \ldots; n\}$ und stellen eine Permutation s_i durch $\begin{pmatrix} 1\,2 \ldots n \\ i_1\,i_2 \ldots i_n \end{pmatrix}$ dar.
Nachweis der Gruppenaxiome: (Ab) Für ein Produkt $s_i \cdot s_j$ gilt

$$\begin{pmatrix} 1\,2 \ldots n \\ i_1\,i_2 \ldots i_n \end{pmatrix} \cdot \begin{pmatrix} 1\,2 \ldots n \\ j_1\,j_2 \ldots j_n \end{pmatrix} = \begin{pmatrix} 1\,2 \ldots n \\ i_1\,i_2 \ldots i_n \end{pmatrix} \cdot \begin{pmatrix} i_1\,i_2 \ldots i_n \\ k_1\,k_2 \ldots k_n \end{pmatrix} = \begin{pmatrix} 1\,2 \ldots n \\ k_1\,k_2 \ldots k_n \end{pmatrix}.$$

Dabei wurde die Permutation s_j lediglich auf zwei Arten *dargestellt*:
In $s_j = \begin{pmatrix} i_1\,i_2 \ldots i_n \\ k_1\,k_2 \ldots k_n \end{pmatrix}$ wurden die Originale umgeordnet und die zu den Elementen $i_1; \ldots; i_n$ bez. s_j gehörenden Bilder mit $k_1; \ldots; k_n$ bezeichnet.
(Ass) Da die Nacheinanderausführung *beliebiger* Abbildungen assoziativ ist, gilt dies auch für Permutationen.
(Neu) Neutrales Element ist die identische Abbildung $\begin{pmatrix} 1\,2 \ldots n \\ 1\,2 \ldots n \end{pmatrix}$.
(Inv) Man erkennt: Es ist $\begin{pmatrix} i_1\,i_2 \ldots i_n \\ 1\,2 \ldots n \end{pmatrix}$ das zu $\begin{pmatrix} 1\,2 \ldots n \\ i_1\,i_2 \ldots i_n \end{pmatrix}$ inverse Element.

Die Aussage über die Ordnung der Permutationsgruppe beweist man durch vollständige Induktion: Für $M = \{1\}$ existiert genau eine Permutation. Angenommen, die Permutationsgruppe einer k-elementigen Menge besitzt die Ordnung $k!$. Nimmt man zu M das Element $k+1$ hinzu, so kann dies $k+1$ verschiedene Bilder haben. Zu jedem dieser Fälle existieren nach Induktionsvoraussetzung $k!$ Permutationen für die Elemente $1, \ldots, k$. Somit besitzt die Permutationsgruppe einer $(k+1)$-elementigen Menge genau $(k+1) \cdot k! = (k+1)!$ Permutationen als Elemente. ■

Die Permutationsgruppe $\mathfrak{S}_n$ von $M = \{a_1; \ldots; a_n\}$ wird als **symmetrische Gruppe** bezeichnet. Wie bereits das Beispiel 1.3 zeigt, sind die $\mathfrak{S}_n$ für $n \geq 3$ nicht kommutativ. Im Beispiel 1.29 ist eine Untergruppe der $\mathfrak{S}_4$ angegeben.
Interessanterweise findet man zu *jeder endlichen Gruppe G* eine Untergruppe einer Permutationsgruppe, die zu G isomorph ist: *Untergruppen von Permutationsgruppen können als „Stellvertreter" für endliche Gruppen gewählt werden.*

Beispiel 1.29: Die Menge aller Permutationen der Menge $M = \{1;2;3;4\}$ bildet bez. der Nacheinanderausführung eine Gruppe der Ordnung $4! = 24$. Es werden 12 Elemente ausgewählt und darunter die zu ihnen inversen Elemente geschrieben:

$$\mathbf{s}: \quad s_1 = \begin{pmatrix} 1\,2\,3\,4 \\ 1\,2\,3\,4 \end{pmatrix} \quad s_2 = \begin{pmatrix} 1\,2\,3\,4 \\ 2\,1\,4\,3 \end{pmatrix} \quad s_3 = \begin{pmatrix} 1\,2\,3\,4 \\ 3\,4\,1\,2 \end{pmatrix} \quad s_4 = \begin{pmatrix} 1\,2\,3\,4 \\ 4\,3\,2\,1 \end{pmatrix}$$

$$\mathbf{s^{-1}}: \quad s_1 \qquad s_2 \qquad s_3 \qquad s_4$$

$$\mathbf{s}: \quad s_5 = \begin{pmatrix} 1\,2\,3\,4 \\ 2\,3\,1\,4 \end{pmatrix} \quad s_7 = \begin{pmatrix} 1\,2\,3\,4 \\ 3\,2\,4\,1 \end{pmatrix} \quad s_9 = \begin{pmatrix} 1\,2\,3\,4 \\ 1\,3\,4\,2 \end{pmatrix} \quad s_{11} = \begin{pmatrix} 1\,2\,3\,4 \\ 2\,4\,3\,1 \end{pmatrix}$$

$$\mathbf{s^{-1}}: s_6 = \begin{pmatrix} 1\,2\,3\,4 \\ 3\,1\,2\,4 \end{pmatrix} \quad s_8 = \begin{pmatrix} 1\,2\,3\,4 \\ 4\,2\,1\,3 \end{pmatrix} \quad s_{10} = \begin{pmatrix} 1\,2\,3\,4 \\ 1\,4\,2\,3 \end{pmatrix} \quad s_{12} = \begin{pmatrix} 1\,2\,3\,4 \\ 4\,1\,3\,2 \end{pmatrix}$$

Die Elemente $s_1; s_2; \ldots; s_{12}$ bilden eine Untergruppe der $\mathfrak{S}_4$, sie wird mit $\mathfrak{A}_4$ bezeichnet. Im Bild 15 sind für ausgewählte Elemente s_i und s_j die Produkte $s_i \cdot s_j$ eingetragen.

•	s_1	s_2	s_3	s_4	s_5	s_6	s_7	⋯	s_{12}
s_1	s_1	s_2	s_3	s_4	s_5	s_6	s_7	⋯	s_{12}
s_2	s_2	s_1	s_4	s_3	s_7				s_{10}
s_3	s_3	s_4							
s_4	s_4			s_1					
s_5	s_5	s_{10}							
s_6	s_6								
s_7	s_7		s_{10}						
⋮	⋮								
s_{12}	s_{12}								s_{11}

Bild 15

Übung 1.17: a) Vervollständigen Sie die Verknüpfungstafel (Bild 15).
b) Begründen Sie, warum $[\mathfrak{A}_4; \cdot]$ eine Untergruppe der $[\mathfrak{S}_4; \cdot]$ ist.
c) Bestimmen Sie die Ordnung von jedem der Elemente $s_1; \ldots; s_{12}$.
d) Geben Sie in der Gruppe $[\mathfrak{A}_4; \cdot]$ je eine Untergruppe der Ordnung 1; 2; 3 und 4 an.
e) Die Gruppe $[\mathfrak{A}_4; \cdot]$ kann durch die Menge $\{s_5; s_{11}\}$ erzeugt werden. Stellen Sie jedes Element der $\mathfrak{A}_4$ als Produkt von Potenzen dieser beiden Elemente dar.
f) Weisen Sie nach: Für $n \geq m$ gilt: Die symmetrische Gruppe $\mathfrak{S}_m$ ist zu einer Untergruppe der $\mathfrak{S}_n$ isomorph.
g) Begründen Sie: Die symmetrische Gruppe $\mathfrak{S}_n$ ist genau dann nichtkommutativ, wenn $n \geq 3$ ist.

Satz 1.21 (Satz von CAYLEY): Ist $(G;\cdot)$ eine Gruppe mit $G = \{a_1;\ldots;a_n\}$, dann sind $s_i = \begin{pmatrix} a_1 & \ldots & a_n \\ a_1a_i & \ldots & a_na_i \end{pmatrix}$ mit $i \in \{1;2;\ldots;n\}$ n Permutationen dieser Elemente, und es gilt $G \overset{\sim}{\leftrightarrow} \mathfrak{U}$, wobei $\mathfrak{U}$ diejenige Untergruppe von $\mathfrak{S}_n$ ist, welche aus den Permutationen $s_1;\ldots;s_n$ besteht.

Beweis: Die Bilder in der Abbildung s_i entstehen durch Multiplikation der Originale a_j mit dem Gruppenelement a_i. Aus der Gruppeneigenschaft von G folgt, daß diese Bilder sämtlich voneinander verschieden sind. Also sind die s_i *Permutationen*. Ist $i \neq j$, so folgt (aus dem gleichen Grunde) $s_i \neq s_j$.
Die durch $\varphi(a_i) = s_i$ definierte Abbildung $\varphi : G \rightarrow \mathfrak{U}$ ist somit *bijektiv*. Die *Relationstreue* ergibt sich wie folgt: Es ist $\varphi(a_i \cdot a_j) = \begin{pmatrix} a_1 & \ldots & a_n \\ a_1(a_ia_j) & \ldots & a_n(a_ia_j) \end{pmatrix}$.
Andererseits ergibt sich:

$$\varphi(a_i)\cdot\varphi(a_j) = \begin{pmatrix} a_1 & \ldots & a_n \\ a_1a_i & \ldots & a_na_i \end{pmatrix}\cdot\begin{pmatrix} a_1 & \ldots & a_n \\ a_1a_j & \ldots & a_na_j \end{pmatrix}$$

$$= \begin{pmatrix} a_1 & \ldots & a_n \\ a_1a_i & \ldots & a_na_i \end{pmatrix}\cdot\begin{pmatrix} a_1a_i & \ldots & a_na_i \\ (a_1a_i)a_j & \ldots & (a_na_i)a_j \end{pmatrix} = \begin{pmatrix} a_1 & \ldots & a_n \\ a_1(a_ia_j) & \ldots & a_n(a_ia_j) \end{pmatrix}$$

(da in $(G;\cdot)$ das Axiom (Ass) erfüllt ist); also gilt $\varphi(a_i \cdot a_j) = \varphi(a_i)\cdot\varphi(a_j)$.
Es ist $\mathfrak{U}$ als isomorphes Bild der Gruppe $(G;\cdot)$ selbst eine Gruppe, und zwar eine Untergruppe der $\mathfrak{S}_n$. ■

Man würde also die Struktur *aller* endlichen Gruppen kennen, wenn man für *jedes* $n \in \mathbb{N}^*$ die Untergruppen der symmetrischen Gruppe $\mathfrak{S}_n$ ermitteln könnte. Dies ist freilich für immer größer werdende n mühevoll, denn mit zunehmenden n wächst die Ordnung der $\mathfrak{S}_n$ mit $n!$ außerordentlich schnell. Computerprogramme vermindern den Rechenaufwand, können das Problem jedoch nicht prinzipiell lösen.
Offenbar folgt aus Satz 1.21 unmittelbar, daß es zu jeder Ordnung n nur endlich viele zueinander nichtisomorphe Gruppen geben kann, denn die $\mathfrak{S}_n$ besitzt nur endlich viele Untergruppen.
Wir wollen *gerade* Permutationen von *ungeraden Permutationen* unterscheiden:

Definition 1.14: Es sei $s = \begin{pmatrix} 1 & 2 & \ldots & j & \ldots & k & \ldots n \\ i_1 & i_2 & \ldots & i_j & \ldots & i_k & \ldots i_n \end{pmatrix}$ ein Element der Gruppe $\mathfrak{S}_n$. Das Spaltenpaar $\begin{pmatrix} j \\ i_j \end{pmatrix}\begin{pmatrix} k \\ i_k \end{pmatrix}$ heißt **Inversion von** s genau dann, wenn $j - k$ und $i_j - i_k$ unterschiedliche Vorzeichen besitzen. Eine **Permutation** heißt **gerade** genau dann, wenn die Anzahl der Inversionen gerade ist, andernfalls heißt s eine **ungerade Permutation**.

Jede Permutation ist entweder gerade oder ungerade. Alle im Beispiel 1.29 angegebenen Permutationen sind gerade.

Beispiel 1.30: *Anwendung des Satzes von* CAYLEY
a) Gesucht ist eine Permutationsgruppe U, welche isomorph zum Modul $[\mathbb{Z}/_{(3)};\oplus]$ ist. Da der Restklassenmodul die Ordnung 3 besitzt, kommt für U nur eine Untergruppe der $\mathfrak{S}_3$ in Betracht. Es ist zweckmäßig, die Elemente der $\mathfrak{S}_3$ mit $s_0 = \begin{pmatrix} 0\,1\,2 \\ 0\,1\,2 \end{pmatrix}$; $s_1 = \begin{pmatrix} 0\,1\,2 \\ 1\,2\,0 \end{pmatrix}$; $s_2 = \begin{pmatrix} 0\,1\,2 \\ 2\,0\,1 \end{pmatrix}$; $s_3 = \begin{pmatrix} 0\,1\,2 \\ 0\,2\,1 \end{pmatrix}$; $s_4 = \begin{pmatrix} 0\,1\,2 \\ 2\,1\,0 \end{pmatrix}$ und $s_5 = \begin{pmatrix} 0\,1\,2 \\ 1\,0\,2 \end{pmatrix}$ zu bezeichnen. Die Elemente s_1 und s_2 besitzen die Ordnung 3, kommen also - zusammen mit s_0 - für die zu $\mathbb{Z}/_{(3)}$ isomorphe Untergruppe U in Betracht. Diese Aussage wird bestätigt, wenn man die zu U gehörenden Permutationen wie im Satz 1.21 bildet:

$$s_0 = \begin{pmatrix} 0 & 1 & 2 \\ 0+0 & 1+0 & 2+0 \end{pmatrix} = \begin{pmatrix} 0\,1\,2 \\ 0\,1\,2 \end{pmatrix};$$
$$s_1 = \begin{pmatrix} 0 & 1 & 2 \\ 0+1 & 1+1 & 2+1 \end{pmatrix} = \begin{pmatrix} 0\,1\,2 \\ 1\,2\,0 \end{pmatrix};$$
$$s_2 = \begin{pmatrix} 0 & 1 & 2 \\ 0+2 & 1+2 & 2+2 \end{pmatrix} = \begin{pmatrix} 0\,1\,2 \\ 2\,0\,1 \end{pmatrix}.$$

b) Die Gruppe $\mathfrak{V}_4$ (vgl. Beispiel 1.26) ist isomorph zu einer Untergruppe U der $\mathfrak{S}_4$. Wir bezeichnen hier die Elemente der $\mathfrak{V}_4$ mit 1 (neutrales Element) und 2; 3; 4 (Elemente der Ordnung 2). Dann ergibt sich für die Elemente von U:

$$s_1 = \begin{pmatrix} 1 & 2 & 3 & 4 \\ 1\cdot 1 & 2\cdot 1 & 3\cdot 1 & 4\cdot 1 \end{pmatrix} = \begin{pmatrix} 1\,2\,3\,4 \\ 1\,2\,3\,4 \end{pmatrix};$$
$$s_2 = \begin{pmatrix} 1 & 2 & 3 & 4 \\ 1\cdot 2 & 2\cdot 2 & 3\cdot 2 & 4\cdot 2 \end{pmatrix} = \begin{pmatrix} 1\,2\,3\,4 \\ 2\,1\,4\,3 \end{pmatrix};$$
$$s_3 = \begin{pmatrix} 1 & 2 & 3 & 4 \\ 1\cdot 3 & 2\cdot 3 & 3\cdot 3 & 4\cdot 3 \end{pmatrix} = \begin{pmatrix} 1\,2\,3\,4 \\ 3\,4\,1\,2 \end{pmatrix};$$
$$s_4 = \begin{pmatrix} 1 & 2 & 3 & 4 \\ 1\cdot 4 & 2\cdot 4 & 3\cdot 4 & 4\cdot 4 \end{pmatrix} = \begin{pmatrix} 1\,2\,3\,4 \\ 4\,3\,2\,1 \end{pmatrix}.$$

c) Nach dem Satz von CAYLEY ist die in Übung 1.10 d) untersuchte Gruppe F der Ordnung 6 isomorph zu einer Untergruppe der $\mathfrak{S}_6$. Andererseits ist F isomorph zur $\mathfrak{S}_3$. Dies zeigt: Mitunter ist es möglich, eine zu einer Gruppe G isomorphe Permutationsgruppe zu finden, deren Grad kleiner ist als die Ordnung von G.

Übung 1.18: a) Die Potenzen des Elementes $\begin{pmatrix} 1\,2\,3 \\ 2\,3\,1 \end{pmatrix}$ bilden eine Untergruppe der $\mathfrak{S}_3$. Beschreiben Sie diese Untergruppe.

b) Geben Sie eine zur zyklischen Gruppe $\mathfrak{Z}_4$ isomorphe Permutationsgruppe an.

c) Die zyklische Gruppe $\mathfrak{Z}_5$ ist isomorph zu einer Untergruppe der $\mathfrak{S}_5$. Konstruieren Sie diese Untergruppe. Nutzen Sie den Satz von CAYLEY.

Allgemein gilt:
$s_i \cdot s_j$ ist eine gerade Permutation, falls sowohl s_i als auch s_j gerade ist.
$s_i \cdot s_j$ ist eine ungerade Permutation, falls eine der Permutationen gerade und die andere ungerade ist.
$s_i \cdot s_j$ ist eine gerade Permutation, falls sowohl s_i als auch s_j ungerade ist.
Die Permutation $s_0 = \begin{pmatrix} 1\,2\,\ldots\,n \\ 1\,2\,\ldots\,n \end{pmatrix}$ ist (für jedes $n \in \mathbb{N}$) eine gerade Permutation (vgl. Beispiel 1.31). Also ist stets auch die zu einer geraden Permutation s_i inverse Permutation s_i^{-1} gerade. Damit ist für die Menge der geraden Permutationen das Untergruppenkriterium erfüllt und es gilt:

Folgerung 1.8: Die *Menge aller geraden Permutationen* der symmetrischen Gruppe $\mathfrak{S}_n$ ist eine *Untergruppe der* $\mathfrak{S}_n$. Sie heißt **alternierende Gruppe** und wird mit $\mathfrak{A}_n$ bezeichnet.

Im Beispiel 1.29 sind die Elemente der alternierenden Gruppe $\mathfrak{A}_4$ angegeben. Sie besteht aus $\frac{4!}{2} = 12$ Elementen. Allgemein gilt:

Satz 1.22: Jede Untergruppe U der symmetrischen Gruppe $\mathfrak{S}_n$ besteht (für $n > 1$) entweder nur aus geraden Permutationen oder aus gleich vielen geraden und ungeraden Permutationen.

Beweis: Angenommen, eine Untergruppe U enthalte k *gerade* Permutationen $g_1; g_2; \ldots; g_k$ und l *ungerade* Permutationen $u_1; u_2; \ldots; u_l$.
1. Fall: Für $l = 0$ besteht U *nur aus geraden* Permutationen.
2. Fall: Es sei $l > 0$: Jedes Element der Untergruppe U wird mit dem Element u_l multipliziert. Man erhält (wegen der Gruppenstruktur von U) wieder alle $k + l$ Elemente von U, allerdings k *ungerade* und l *gerade* Permutationen. Also muß gelten $k = l$. ■

Permutationen lassen sich rationell in *Zyklenschreibweise* angeben.

Definition 1.15: Ein Element $s \in \mathfrak{S}_n$ heißt *zyklische Permutation* genau dann, wenn s durch Vertauschung von Spalten auf die Form
$\begin{pmatrix} i_1 & i_2 & \ldots & i_{r-1} & i_r & i_{r+1} & \ldots i_n \\ i_2 & i_3 & \ldots & i_r & i_1 & i_{r+1} & \ldots i_n \end{pmatrix}$ gebracht werden kann.
Man schreibt: $s = (i_1\ i_2\ \ldots\ i_r)(i_{r+1})\ldots(i_n)$ bzw. kurz $s = (i_1 i_2 \ldots i_r)$.

Nicht jede Permutation s ist zyklisch; man kann jedoch jede Permutation als ein *Produkt von elementfremden Zyklen* darstellen (Beispiel 1.32).

Beispiel 1.31: $s_1 = \begin{pmatrix}1&2&3&4\\1&3&2&4\end{pmatrix}$ besitzt mit $\begin{pmatrix}2\\3\end{pmatrix}\begin{pmatrix}3\\2\end{pmatrix}$ genau eine Inversion; s_1 ist eine *ungerade* Permutation. Bei $s_2 = \begin{pmatrix}1&2&3&4\\2&1&4&3\end{pmatrix}$ liegen mit $\begin{pmatrix}1\\2\end{pmatrix}\begin{pmatrix}2\\1\end{pmatrix}$ und $\begin{pmatrix}3\\4\end{pmatrix}\begin{pmatrix}4\\3\end{pmatrix}$ genau zwei Inversionen vor; s_2 ist eine *gerade* Permutation.
Bei $s_3 = \begin{pmatrix}1&2&3&4\\4&3&2&1\end{pmatrix}$ treten 6 Inversionen auf; man benötigt 6 schrittweise Vertauschungen, um bei den Bildern die „natürliche Reihenfolge" herzustellen; s_3 ist eine *gerade* Permutation. Dagegen ist $s_4 = \begin{pmatrix}1&2&3&4\\2&3&4&1\end{pmatrix}$ eine *ungerade* Permutation, sie besitzt drei Inversionen.

$s_1 \cdot s_2 = \begin{pmatrix}1&2&3&4\\2&4&1&3\end{pmatrix}$ „ungerade mal gerade ergibt ungerade Permutation".

$s_2 \cdot s_3 = \begin{pmatrix}1&2&3&4\\3&4&1&2\end{pmatrix}$ „gerade mal gerade ergibt gerade Permutation".

$s_1 \cdot s_4 = \begin{pmatrix}1&2&3&4\\2&4&3&1\end{pmatrix}$ „ungerade mal ungerade ergibt gerade Permutation".

Übung 1.19: a) Einer Permutation s wird die Zahl $+1$ zugeordnet, falls s gerade, und die Zahl -1, falls s ungerade ist. Diese Abbildung $\mathrm{sgn}: \mathfrak{S}_n \to \{+1; -1\}$ heißt das *Signum* einer Permutation. Vergleichen Sie $\mathrm{sgn}(s_i \cdot s_j)$ und $\mathrm{sgn}(s_i) \cdot \mathrm{sgn}(s_j)$.
b) Die im Beispiel 1.9 angegebene Gruppe ist isomorph zur $\mathfrak{S}_3$. Welche Eigenschaft besitzen ihre Elemente, die geraden (bzw. ungeraden) Permutationen entsprechen?

Beispiel 1.32: Nach Umordnung der Spalten kann die Permutation $s = \begin{pmatrix}1&2&3&4&5&6\\5&2&1&3&4&6\end{pmatrix}$ auch durch $s = \begin{pmatrix}1&5&4&3&2&6\\5&4&3&1&2&6\end{pmatrix}$ angegeben werden. Die ersten vier Spalten beschreiben einen „Zyklus" (Bild 16), die letzten beiden Spalten zeigen, daß sowohl 2 als auch 6 auf sich selbst abgebildet wird. Für s schreibt man $(1\,5\,4\,3)(2)(6)$ oder (noch kürzer) $(1\,5\,4\,3)$.
Die Permutation $\begin{pmatrix}1&2&3&4&5&6&7&8&9\\3&5&7&4&8&9&1&2&6\end{pmatrix}$ kann als Produkt elementfremder Zyklen durch $(1\,3\,7)(2\,5\,8)(6\,9)(4)$ dargestellt werden.

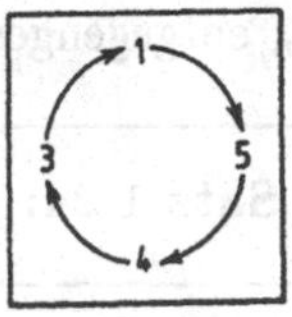

Bild 16

Übung 1.20: a) Berechnen Sie $(1\,2\,3\,4\,5)^n$ für $n \in \{0; 1; 2; 3; 4; 5\}$.
b) Stellen Sie die Elemente der Gruppe $\mathfrak{A}_3$ durch Potenzen von $(1\,2\,3)$ dar.
c) Beweisen Sie: Jedes Element der $\mathfrak{S}_3$ ist eine zyklische Permutation.
d) Bilden Sie von den Komplexen $A = \{(1); (1\,2); (1\,2\,3)\}$ und $B = \{(1\,3\,2); (2\,3)\}$ das Komplexprodukt $A \cdot B$ sowie A^{-1} und B^{-1}.

1.7.2 Restklassengruppen

Wir verallgemeinern die in den Beispielen 1.12, 1.17, 1.23 und 1.25c) dargestellten Zusammenhänge für das Rechnen mit Restklassen:

> **Definition 1.16:** Es heißt **a kongruent** b **modulo** m genau dann, wenn $a - b$ ein ganzzahliges Vielfaches von m ist ($a, b \in \mathbb{Z}; m \in \mathbb{Z}_+^*$).
> Symbol: $a \equiv b \bmod m$ (kürzer: $a \equiv b(m)$ oder $a \equiv_m b$).

Man kann unschwer zeigen (Übung 1.21 b)):

> **Folgerung 1.9:** Die Kongruenz modulo m ist eine Äquivalenzrelation.

Die Äquivalenzrelation „$\equiv_m$" bewirkt eine Zerlegung von $\mathbb{Z}$ in die m *Restklassen* $[0]_m; [1]_m; \ldots; [m-1]_m$. Die Menge dieser Restklassen wird mit $\mathbb{Z}/_{(m)}$ bezeichnet (vgl. auch Beispiel 1.23).
In $\mathbb{Z}/_{(m)}$ werden zwei Operationen „$\oplus$" und „$\odot$" eingeführt:
$[a]_m \oplus [b]_m = [a+b]_m$ (Restklassenaddition) und $[a]_m \odot [b]_m = [ab]_m$ (Restklassenmultiplikation).
Die Festlegung dieser Operationen ist unabhängig von der Wahl der Repräsentanten (Beispiel 1.33 a); Übung 1.21c)).

> **Satz 1.23:** $[\mathbb{Z}/_{(m)}; \oplus]$ ist ein Modul (**Restklassenmodul mod** m).

Beweis: (Ab) Die Summe zweier Restklassen mod m ist wieder eine Restklasse mod m (vgl. Definition von „$\oplus$").
(Ass) $([a]_m \oplus [b]_m) \oplus [c]_m = [a+b]_m \oplus [c]_m = [(a+b)+c]_m = [a+(b+c)]_m$
$= [a]_m \oplus [b+c]_m = [a]_m \oplus ([b]_m \oplus [c]_m)$.
(Komm) $[a]_m \oplus [b]_m = [a+b]_m = [b+a]_m = [b]_m \oplus [a]_m$.
(Neu) $[a]_m + [0]_m = [a+0]_m = [a]_m$, also ist $[0]_m$ Nullelement in $\mathbb{Z}/_{(m)}$.
(Inv) Es ist wegen $[a]_m \oplus [-a]_m = [a+(-a)]_m = [0]_m$ das Element $[-a]_m$ das zu $[a]_m$ entgegengesetzte Element: $-[a]_m = [-a]_m$. ■

> **Satz 1.24:** $[\mathbb{Z}/_{(m)}; \odot]$ ist eine *abelsche Halbgruppe mit Einselement.*

Beweis: Bez. (Ab), (Ass) und (Komm) werden wie beim Beweis von Satz 1.23 die zu beweisenden Aussagen über Restklassen auf Eigenschaften der entsprechenden Operationen in $\mathbb{Z}$ zurückgeführt. Wegen $[a]_m \odot [1]_m = [a \cdot 1]_m = [a]_m$ für jede Restklasse $[a]_m$ ist $[1]_m$ Einselement in $[\mathbb{Z}/_{(m)}; \odot]$. Da jedoch $[0]_m$ kein inverses Element besitzt, ist $[\mathbb{Z}/_{(m)}; \odot]$ *keine* Gruppe. ■

Offenbar liegt im allgemeinen bez. „$\odot$" auch dann keine Gruppe vor, wenn man als Trägermenge $\mathbb{Z}/_{(m)} \setminus \{[0]_m\}$ wählt (vgl. auch Übung 1.22 c)).

Beispiel 1.33: a) Jede Restklasse mod m kann durch unendlich viele ganze Zahlen repräsentiert werden, z.B. $[3]_8$ durch alle Zahlen $a = 8g + 3 (g \in \mathbb{Z})$. Addiert man zwei Restklassen, so erhält man stets eine wohlbestimmte Restklasse unabhängig von der Wahl der Repräsentanten; z.B. ist $[3]_8 = [11]_8, [-6]_8 = [2]_8$ und $[3]_8 \oplus [-6]_8 = [11]_8 \oplus [2]_8$, denn es ist $[-3]_8 = [13]_8$. Allgemein gilt: Aus $[a]_m = [a']_m$ und $[b]_m = [b']_m$ folgt $a \equiv a' \bmod m$ und $b \equiv b' \bmod m$, d.h. $a = a' + gm$ und $b = b' + hm$ $(g; h \in \mathbb{Z})$. Damit ergibt sich: $a + b = a' + b' + (g + h)m$, also $a + b \equiv a' + b' \bmod m$. Damit gilt $[a + b]_m = [a' + b']_m$.
b) Zu jedem $m \in \mathbb{N}^*$ existiert ein Restklassenmodul; für $m = 1$ besteht er aus genau einem Element. Jeder Restklassenmodul mod m ist eine zyklische Gruppe; er besitzt so viele erzeugende Elemente, wie es zu m teilerfremde Zahlen gibt. Es besitzt z.B. $[\mathbb{Z}/_{(8)}; \oplus]$ die vier erzeugenden Elemente $[1]_8; [3]_8; [5]_8; [7]_8$.
c) Wie in allen Gruppen sind auch in Restklassenmoduln Gleichungen $a \cdot x = b$ eindeutig lösbar; die Lösung der Gleichung $[a]_m \oplus [x]_m = [b]_m$ kann durch $b - a + gm$ (mit beliebigem g aus $\mathbb{Z}$) repräsentiert werden.

Übung 1.21: a) Zeigen Sie: Es ist $a \equiv b(m)$ genau dann, wenn a und b bei Division durch m den gleichen Rest besitzen.
b) Man beweise: Die Kongruenz mod m ist eine Äquivalenzrelation.
c) Zeigen Sie, daß die Multiplikation von Restklassen mod m unabhängig von der Wahl der Repräsentanten ist (vgl. auch Beispiel 1.33 a)).
d) Begründen Sie, warum $[0]_m; [1]_m; \ldots; [m-1]_m$ als Restklassen ganzer Zahlen paarweise disjunkt sind.
e) Geben Sie alle erzeugende Elemente in $[\mathbb{Z}/_{(12)}; \oplus]$ an. Lösen Sie die Gleichungen $[11]_{12} \oplus [x]_{12} = [7]_{12}$ und $[y]_{12} \oplus [17]_{12} = [-1]_{12}$.
f) Lösen Sie die Gleichungen $[3]_m \oplus [x]_m = [7]_m$ und $[5]_m \oplus [y]_m = [-9]_m$ für $m = 6$ und $m = 8$.
g) Ermitteln Sie die zu $[1]_m, [2]_m$ und $[19]_m$ in $\mathbb{Z}/_{(m)}$ entgegengesetzten Elemente für $m = 3, m = 4$ und $m = 5$.
h) Durch $[a]_m \ominus [b]_m = [a]_m \oplus (-[b]_m)$ wird in $[\mathbb{Z}/_{(m)}; \oplus]$ eine Subtraktion „$\ominus$" definiert. Berechnen Sie $[5]_8 \ominus [11]_8$ und $[3]_6 \ominus [-4]_6$.

Beispiel 1.34: In der Halbgruppe $[\mathbb{Z}/_{(12)}; \odot]$ gibt es unlösbare Gleichungen und solche, welche mehr als eine Lösung besitzen. Es kann z.B. $[4]_{12} \odot [x]_{12} = [7]_{12}$ nicht lösbar sein, denn die Differenz $4x - 7$ ist für jedes $x \in \mathbb{Z}$ ungerade, sie kann also kein ganzzahliges Vielfaches des Moduls 12 sein. Dagegen besitzt die Gleichung $[3]_{12} \odot [x]_{12} = [9]_{12}$ die voneinander verschiedenen Restklassen $[3]_{12}; [7]_{12}$ und $[11]_{12}$ als Lösung.

1.7.3 Der kleine FERMATsche Satz

Es wird $\mathbb{Z}/_{(m)} \setminus \{[0]_m\}$ weiter eingeschränkt, indem nur Restklassen $[a]_m$ zugelassen werden, für die ggT $(a; m) = 1$ gilt; sie heißen **prime Restklassen mod** m.

Eine solche Bezeichnung ist erst dann gerechtfertigt, wenn gezeigt wurde, daß alle Repräsentanten von $[a]_m$ mit m den gleichen größten gemeinsamen Teiler besitzen (Übung 1.22).

Satz 1.25: Die Menge aller primen Restklassen mod m bildet bez. der Restklassenmultiplikation eine abelsche Gruppe (die **prime Restklassengruppe mod** m).

Beweis: (Ab) Da das Produkt zweier zu m teilerfremder Zahlen a und b wieder eine zu m teilerfremde Zahl ist, ist $[ab]_m$ eine prime Restklasse mod m. Der Nachweis von (Ass), (Komm) und (Neu) erfolgt wie im Beweis zu Satz 1.24 angegeben. Damit bilden die endlich vielen primen Restklassen mod m eine abelsche Halbgruppe. Für den Nachweis der Gruppeneigenschaft genügt es, noch zu zeigen, daß aus $[a]_m \cdot [x_1]_m = [a]_m \cdot [x_2]_m$ stets $[x_1]_m = [x_2]_m$ folgt (vgl. Übung 1.6 e)): $[ax_1]_m = [ax_2]_m$ führt auf $a(x_1 - x_2) = g \cdot m$ $(g \in \mathbb{Z})$, und aus ggT $(a; m) = 1$ folgt $m/(x_1 - x_2)$; also gilt $x_1 \equiv x_2 \bmod m$ bzw. $[x_1]_m = [x_2]_m$. ■

Ist m eine *Primzahl* p, so besitzt die *prime Restklassengruppe mod* p genau $p - 1$ Elemente. Für ein *beliebiges* m kann die Ordnung der primen Restklassengruppe mit Hilfe der nach EULER[1] benannten Funktion $\varphi(m)$ ermittelt werden. Man erhält die Anzahl $\varphi(m)$ der zu m teilerfremden Zahlen durch $\varphi(m) = m \cdot \left(1 - \frac{1}{p_1}\right) \cdot \left(1 - \frac{1}{p_2}\right) \cdot \ldots \cdot \left(1 - \frac{1}{p_r}\right)$, wobei $m = p_1^{i_1} \cdot p_2^{i_2} \cdot \ldots \cdot p_r^{i_r}$ die Primfaktorzerlegung von m ist (vgl. Beispiel 1.35). Da die Objekte, mit denen man in *Kongruenzen* operiert, *Restklassen* sind, ergibt sich aus dem *gruppentheoretischen Satz 1.25* nahezu unmittelbar ein *Satz der elementaren Zahlentheorie:*

Satz 1.26 (Kleiner FERMATscher Satz[2]):
Für alle $a; m \in \mathbb{Z}_+^*$ mit ggT $(a; m) = 1$ gilt $a^{\varphi(m)} \equiv 1 \bmod m$.

Beweis: In einer Gruppe der Ordnung n gilt für jedes Element a die Gleichung $a^n = e$. Wendet man diese Aussage auf die prime Restklassengruppe mod m an, so ergibt sich $([a]_m)^{\varphi(m)} = [1]_m$. Dies bedeutet jedoch $a^{\varphi(m)} \equiv 1 \bmod m$. ■

Ist m eine Primzahl p, so folgt aus Satz 1.26 unmittelbar: Für jedes $a \in \mathbb{N}^*$ mit p teilt nicht a gilt $a^{p-1} \equiv 1 \bmod p$ (*).
Im Beispiel 1.36 a, b) sind Anwendungen des FERMATschen Satzes angegeben.

---

1) LEONHARD EULER (geb. 1707 in Basel, gest. 1783 in St. Petersburg).
2) PIERRE de FERMAT (1601 - 1655; französischer Mathematiker).
Die Aussage (*) wurde von FERMAT bewiesen, die Verallgemeinerung (Satz 1.26) stammt von EULER, dennoch wird sie häufig als FERMATscher Satz bezeichnet.

Beispiel 1.35: Die Ordnung der primen Restklassengruppe mod 12 ist $\varphi(12) = 12 \cdot (1-\frac{1}{2}) \cdot (1-\frac{1}{3}) = 4$. Sie besteht aus den Elementen $[1]_{12}; [5]_{12}; [7]_{12}$ und $[11]_{12}$. An der Verknüpfungstafel (Bild 17) erkennt man, daß sie isomorph zur KLEINschen Vierergruppe ist.

$\odot$	$[1]_{12}$	$[5]_{12}$	$[7]_{12}$	$[11]_{12}$
$[1]_{12}$	$[1]_{12}$	$[5]_{12}$	$[7]_{12}$	$[11]_{12}$
$[5]_{12}$	$[5]_{12}$	$[1]_{12}$	$[11]_{12}$	$[7]_{12}$
$[7]_{12}$	$[7]_{12}$	$[11]_{12}$	$[1]_{12}$	$[5]_{12}$
$[11]_{12}$	$[11]_{12}$	$[7]_{12}$	$[5]_{12}$	$[1]_{12}$

Bild 17

Übung 1.22: a) Weisen Sie nach: Alle Repräsentanten einer Restklasse mod m haben mit m den gleichen größten gemeinsamen Teiler.
b) Man begründe: Aus ggT $(a; m) = 1$ und ggT $(b; m) = 1$ folgt ggT $(ab; m) = 1$.
c) Begründen Sie: $[\{[1]_{10}; [3]_{10}; [7]_{10}; [9]_{10}\}; \odot]$ ist eine kommutative Gruppe, $[\mathbb{Z}/_{(10)} \setminus \{[0]_{10}\}; \odot]$ dagegen nicht.
d) Wieviel Elemente besitzt die prime Restklassengruppe mod m für $m = 20$, $m = 36$ bzw. $m = 140$?
e) Bestimmen Sie die Struktur von $[\{[0]_6; [2]_6; [3]_6; [4]_6\}; \odot]$.
f) Welche Teilmengen von $\mathbb{Z}/_{(9)}$ bilden bez. der Multiplikation eine Gruppe?
g) Man beweise:
(1) $a \equiv b \bmod m \Longrightarrow a^n \equiv b^n \bmod m$. (2) $a \equiv b \bmod m \Longrightarrow ca \equiv cb \bmod m$.
h) Man zerlege die prime Restklassengruppe mod 15 in Nebenklassen nach der von $[4]_{15}$ erzeugten Untergruppe und stelle eine Beziehung zum Satz von LAGRANGE her. Man bestimme die Ordnung jedes Gruppenelements.

Beispiel 1.36: *Anwendung des* FERMAT*schen Satzes*
a) Gesucht ist eine Lösung der Kongruenz $2^{10000} \equiv x \bmod 5$. Die Anwendung des FERMATschen Satzes liefert $2^4 \equiv 1 \bmod 5$. Durch Potenzieren dieser Kongruenz mit 2500 erhält man $2^{10000} \equiv 1^{2500} \bmod 5$. Also ist mit $x_0 = 1$ auch jedes $x = x_0 + 5g$ $(g \in \mathbb{Z})$ Lösung.
b) Zu entscheiden ist, ob $2^{1093} - 2$ durch 1093 teilbar ist. Da 1093 Primzahl ist, gilt nach dem Satz von FERMAT $2^{1093-1} \equiv 1 \bmod 1093$. Multipliziert man diese Kongruenz mit 2, so erhält man $2^{1093} \equiv 2 \bmod 1093$. Also gilt $1093/(2^{1093} - 2)$.

Übung 1.23: a) Man ermittle eine Lösung von $17^{97} \equiv x \bmod 7$.
b) Man beweise $a^p \equiv a \bmod p$ für jede Primzahl p.
c) Belegen Sie durch ein Zahlenbeispiel die Notwendigkeit der Voraussetzung ggT $(a; m) = 1$ für $a^{\varphi(m)} \equiv 1 \bmod m$.
d) Nutzen Sie den FERMATschen Satz zur Lösung der Kongruenz $ax \equiv b \bmod m$ (mit ggT $(a; m) = 1$).
e) Beweisen Sie: Gilt ggT$(a; m) = d$ und $d \neq 1$, so kann keine Potenz von a kongruent zu 1 mod m sein.

1.7.4 Gruppen von Deckabbildungen

Im Abschnitt 1.7.1 wurde gezeigt, daß *Permutationen*, d.h. Bijektionen einer *endlichen Menge M* auf sich, bez. der Nacheinanderausführung eine Gruppe bilden. Wir betrachten nun Bijektionen einer *beliebigen Menge M* auf sich. Solche Abbildungen heißen **Transformationen.**

> **Satz 1.27:** Die Menge T aller Transformationen einer Menge M auf sich bildet bez. der Nacheinanderausführung von Abbildungen eine Gruppe.

Wir verwenden auch für die Nacheinanderausführung von Transformationen die Bezeichnung „Multiplikation" und benutzen die Begriffe Faktor und Produkt.

Beweis: (Ab) Da die Nacheinanderausführung zweier Bijektionen wieder eine bijektive Abbildung ist, liegt mit $s_i, s_k \in T$ auch $s_i s_k$ in T.
(Ass) Für alle $a \in M$ und beliebige $s_i; s_j; s_k \in T$ gilt:
$((s_i \cdot s_j) \cdot s_k)(a) = s_k((s_i \cdot s_j)(a)) = s_k(s_j(s_i(a))) = (s_j \cdot s_k)(s_i(a)) = (s_i \cdot (s_j \cdot s_k))(a)$.
(Neu) Die identische Abbildung ι ist neutrales Element in T.
(Inv) Zu jeder Transformation $s \in T$ ist die inverse Abbildung s^{-1} wieder ein Element aus T, und es gilt $(s \cdot s^{-1})(a) = \iota(a)$. ∎

An keiner Stelle des Beweises wurde auf eine spezielle Eigenschaft der Menge M Bezug genommen; also ist Satz 1.27 eine *Verallgemeinerung* des Satzes 1.20.

Wählt man für M die Menge aller Punkte einer Ebene oder die des Anschauungsraumes, so können gruppentheoretische Methoden als „Ordnungsprinzip" in der Geometrie genutzt werden (Beispiel 1.37).

Unter einer **Deckabbildung einer geometrischen Figur** F versteht man eine Transformation, welche F „starr" auf sich selbst abbildet (vgl. auch Beispiel 1.9). Die Menge aller Deckabbildungen von F ist somit ein Komplex in der Gruppe T_K der Kongruenzabbildungen (Beispiel 1.37).

> **Satz 1.28:** Die Menge D aller Deckabbildungen einer geometrischen Figur F bildet bez. der Nacheinanderausführung von Abbildungen eine Gruppe.

Da eine Deckabbildung $\rho \in D$ die Figur F von einer Symmetrielage in eine (i.allg. andere) Symmetrielage überführt, heißt $[D; \cdot]$ die **Symmetriegruppe der Figur** F.

Beweis. Da D ein Komplex von T_K ist, kann das Untergruppenkriterium genutzt werden: Mit $\rho_1; \rho_2 \in D$ führt auch $\rho_1 \cdot \rho_2$ wieder zu einer Symmetrielage von F, und mit ρ ist auch ρ^{-1} eine Deckabbildung von F. ∎

Beispiel 1.37: Es sei M die Menge aller Punkte einer Ebene (oder des Anschauungsraumes). Aus der Menge aller Transformationen von M auf sich werden diejenigen ausgewählt, die je zwei zueinander parallele Geraden auf ein paralleles Geradenpaar abbilden; sie heißen *affine Transformationen.* Sind s_1 und s_2 affine Transformationen, so führt auch $s_1 \cdot s_2$ zueinander parallele Geraden wieder in parallele Geraden über, das gleiche gilt für die inverse Abbildung s^{-1} einer affinen Transformation s. Nach Satz 1.10a bildet damit die Menge T_A aller affinen Transformationen eine Untergruppe von T. Durch Abbildungen aus T_A wird ein Quadrat auf ein Parallelogramm abgebildet, i.allg. bleiben aber weder Winkelgrößen noch Seitenlängen erhalten, diese Eigenschaften sind keine *Invarianten* in T_A.
Transformationen, welche „winkeltreu" sind, heißen *äquiforme Transformationen*; sie lassen auch alle Längenverhältnisse invariant. Die Menge T_Q der äquiformen Transformationen bildet eine echte Untergruppe von T_A; ihre Elemente bewirken eine „maßstabsgerechte Veränderung" jeder geometrischen Figur.
Fordert man von Transformationen zusätzlich noch die „Längentreue", so erhält man die Untergruppe T_K der *Kongruenztransformationen* (metrischen Transformationen).
Bewegungen sind orientierungserhaltende metrische Transformationen. Sie bilden wiederum eine echte Untergruppe T_B von T_K.

FELIX KLEIN erkannte als erster, daß diese Hierarchie von Transformationsgruppen $T_B \subset T_K \subset T_Q \subset T_A$ eine Ordnung geometrischer Zusammenhänge ermöglicht: Die „verschiedenen Geometrien" (affine Geometrie; Ähnlichkeitsgeometrie; Kongruenzgeometrie) werden als „Theorien von Invarianten" aufgefaßt: Je umfassender die Transformationsgruppe ist, desto weniger Invarianten besitzt die zugehörige Geometrie und desto ärmer ist sie an Sätzen. KLEINs Antrittsvorlesung 1872 in Erlangen („Vergleichende Betrachtungen über neuere geometrische Forschungen") wurde als Erlanger Programm bekannt.

Übung 1.24: Bezüglich eines Koordinatensystems kann man die im Beispiel 1.37 angegebenen Transformationen durch Gleichungen der Form $(\vec{x})' = \mathfrak{A}\vec{x} + \vec{t}$ beschreiben. Dabei gehören zu den affinen Transformationen die regulären Matrizen und zu den Kongruenztransformationen die orthogonalen Matrizen (dies sind Matrizen $\mathfrak{A}$, für die $\mathfrak{A} \cdot \mathfrak{A}^T = \mathfrak{E}$ gilt). Weisen Sie nach:
a) Zum Produkt zweier Transformationen gehört das Produkt der die Transformationen kennzeichnenden Matrizen.
b) Die Menge der orthogonalen Matrizen bildet eine Untergruppe der Gruppe der regulären Matrizen (vgl. auch Übung 1.14 d)).

Symmetriegruppen regelmäßiger n-Ecke

Die Gruppe der Deckabbildungen eines *regelmäßigen n-Ecks* wird **Diedergruppe**[1]) genannt und mit $\mathfrak{D}_n$ bezeichnet.

> **Folgerung 1.10:** Die Diedergruppe $\mathfrak{D}_n$ besitzt die Ordnung $2n$.

Beweis: Die Gruppe $\mathfrak{D}_n$ besteht aus n *Drehungen* $d_0; d_1; \ldots; d_{n-1}$ um den Mittelpunkt des regelmäßigen n-Ecks mit dem Drehwinkel $i\frac{360°}{n}$ $(i \in \{0; 1; \ldots; n-1\})$ und aus n *Spiegelungen* an den $\frac{n}{2}$ Diagonalen und den $\frac{n}{2}$ Seitenhalbierenden, falls n gerade, bzw. n Spiegelungen an der Geraden durch einen Eckpunkt und den Mittelpunkt der gegenüberliegenden Seite, falls n ungerade ist (Beispiel 1.38). ∎

> **Folgerung 1.11:** Die Diedergruppe $\mathfrak{D}_n$ ist isomorph zu einer Untergruppe der symmetrischen Gruppe $\mathfrak{S}_n$.

Beweis: Zu jeder Deckabbildung gehört eine Permutation der n Eckpunkte. ∎

> **Folgerung 1.12:** Die Diedergruppe $\mathfrak{D}_n$ kann erzeugt werden von einem primitiven Element d aus der zyklischen Gruppe der Drehungen und einer Spiegelung s: $\mathfrak{D}_n = < d; s >$.

Beweis: Die Vereinigung der beiden Nebenklassen $< d > \cup < d > \cdot s$ enthält $2 \cdot n$ Elemente, stimmt also mit $\mathfrak{D}_n$ überein. ∎

Diedergruppen $\mathfrak{D}_n$ sind *nicht kommutativ*.
Ist d ein erzeugendes Element der Untergruppe der Drehungen und k eine Umklappung, so gilt $d \cdot k \neq k \cdot d$; man kann jedoch zeigen, daß $k \cdot d = d^{n-1} \cdot k$ gilt.

Anschauliche Deutung von Folgerung 1.12: Aus einem Blatt wird ein regelmäßiges n-Eck herausgeschnitten. Es gibt sowohl vor als auch nach einem einmaligen „Umdrehen" des n-Eckes je n voneinander verschiedene Möglichkeiten, das n-Eck wieder in den Ausschnitt einzupassen.

Versieht man ein regelmäßiges n-Eck mit „Verzierungen", so führen nicht alle Deckabbildungen des n-Ecks das „verzierte" n-Eck in sich über. Man erhält i.allg. eine nichttriviale Untergruppe der Diedergruppe $\mathfrak{D}_n$ (Beispiel 1.38 b)).

---

[1])Die regelmäßigen n-Ecke lassen sich als „entartete Polyeder" mit nur zwei Seitenflächen deuten; man nennt sie deshalb auch „Zweiflächner" (Dieder).

Beispiel 1.38: a) Die Diedergruppe $[\mathfrak{D}_4; \cdot]$ eines Quadrates enthält
1 Element der Ordnung 1 (identische Abbildung),
2 Elemente der Ordnung 4 (Drehungen $d_{90°}$ und $d_{270°}$),
5 Elemente der Ordnung 2 (Drehung $d_{180°}$; Spiegelungen $s_1; s_2; s_{d_1}$ und s_{d_2} an den in Bild 18 angegebenen Geraden).

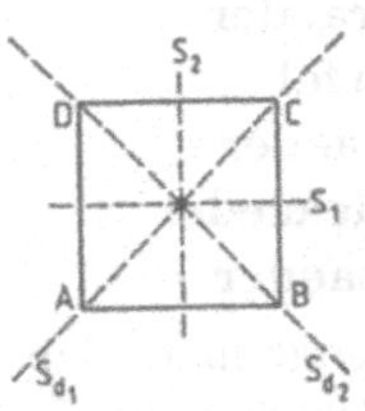

Bild 18

b) Die Diedergruppe $[\mathfrak{D}_5; \cdot]$ eines regelmäßigen Fünfecks besitzt 10 Elemente. Zu den fünf Drehungen um 0°; 72°; 144°; 216° und 288° kommen noch Spiegelungen an Geraden, die durch einen der fünf Eckpunkte und den Mittelpunkt der gegenüberliegenden Seite gehen. Verziert man das Fünfeck wie in Bild 19 angegeben, reduziert sich die Zahl der möglichen Deckabbildungen auf die Drehung $d_{0°}$ und die Spiegelung an der Geraden g_D. Dabei entspricht $d_{0°}$ der identischen Permutation der Eckpunkte und g_D der Permutation $\begin{pmatrix} A\,B\,C\,D\,E \\ B\,A\,E\,D\,C \end{pmatrix}$. Es ist $[\{d_{0°}; g_D\}; \cdot]$ eine zur Gruppe $\mathfrak{Z}_2$ isomorphe Untergruppe der Gruppe $\mathfrak{D}_5$.

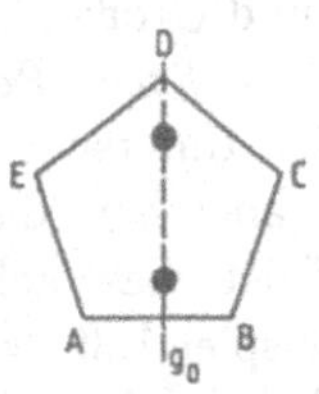

Bild 19

Übung 1.25: a) Man gebe die Elemente der Untergruppe U der $\mathfrak{S}_4$ an, welche isomorph zur Diedergruppe $\mathfrak{D}_4$ ist.

b) Man erzeuge die Gruppe $\mathfrak{D}_4$, indem man jedes Element als Produkt von Potenzen der Elemente $d_{90°}$ und s_1 darstellt.

c) Beschreiben Sie die Symmetriegruppen der in den Bildern 20 bzw. 21 dargestellten Quadrate und geben Sie jeweils sämtliche Untergruppen an. Zu welchen Gruppen sind diese Symmetriegruppen isomorph?

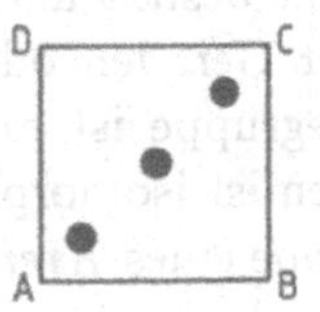

Bild 20

d) Konstruieren Sie je ein Quadrat, so daß die zugehörigen Symmetriegruppen gerade die folgenden Untergruppen von $\mathfrak{D}_4$ sind:
$U_1 = \{(1); (13)(24)\}; U_2 = \{(1)\}; U_3 = \{(1); (14)(23)\}$.

Bild 21

e) Weisen Sie nach, daß die Symmetriegruppe eines (nicht-quadratischen) Rechtecks isomorph zur KLEINschen Vierergruppe ist.

Symmetriegruppen regulärer Polyeder

Es existieren 5 reguläre Polyeder[1] (Bild 22).

	Begrenzungsflächen f	*Kanten k*	*Eckpunkte e*
Tetraeder	4 gleichseitige Dreiecke	6 Kanten	4 Eckpunkte
Würfel	6 Quadrate	12 Kanten	8 Eckpunkte
Oktaeder	8 gleichseitige Dreiecke	12 Kanten	6 Eckpunkte
Dodekaeder	12 regelmäßige Fünfecke	30 Kanten	20 Eckpunkte
Ikosaeder	20 gleichseitige Dreiecke	30 Kanten	12 Eckpunkte

Verlangt man, daß ein regelmäßiger Körper sich nur aus zueinander kongruenten regelmäßigen Vielecken zusammensetzt und daß in jeder Ecke gleich viele Begrenzungsflächen unter gleichen Winkeln zusammentreffen, so kann es - sieht man von Lage und Größe ab - nicht mehr als die fünf genannten Körper geben. Für sie gilt der *EULERsche Polyedersatz:* $e - k + f = 2$.

Bei der Untersuchung der Symmetriegruppen der regulären Polyeder kann man davon ausgehen, daß jede Deckabbildung eine Drehung um eine „Dreh-Symmetrieachse" ist; diese gehen sämtlich durch den Schwerpunkt des Körpers.

Im Beispiel 1.39 wird die Symmetriegruppe des Tetraeders beschrieben. Es fällt auf, daß die Zahl der *Ecken* eines Oktaeders (bzw. Würfels) mit der Zahl der *Begrenzungsflächen* eines Würfels (bzw. Oktaeders) übereinstimmt.

Jeder Würfel kann deshalb einem Oktaeder so einbeschrieben bzw. umbeschrieben werden, daß jede Symmetrieachse des Würfels mit einer des Oktaeders zusammenfällt. Man sagt, Würfel und Oktaeder sind zueinander *duale* dreidimensionale Figuren. Aus diesem Grunde entspricht jeder Deckabbildung eines Würfels eine eindeutig bestimmte Deckabbildung des Oktaeders und umgekehrt. Die Symmetriegruppe des Würfels ist zur Symmetriegruppe des Oktaeders isomorph (Beispiel 1.40). Ein analoger Sachverhalt liegt bei einem Dodekaeder und einem Ikosaeder vor. Die Dodekaedergruppe und die Ikosaedergruppe besitzen jeweils die Ordnung 60.

Symmetriegruppen von Geraden, Kreis und Kugel.

Eine *Gerade* besitzt unendlich viele Symmetrielagen, sie entstehen durch *Verschiebungen* der Geraden oder durch *Spiegelungen* an einem Punkt. Die (unendliche) Symmetriegruppe ist nicht kommutativ. Die kommutative Untergruppe der Verschiebungen ist isomorph zur additiven Gruppe der reellen Zahlen. Auch die Symmetriegruppe eines *Kreises* ist von unendlicher Ordnung. Die Spiegelungen erfolgen an den Durchmessern des Kreises. Die Untergruppe der Drehungen ist isomorph zur additiven Gruppe der reellen Zahlen, wobei man „modulo 2π" zu rechnen hat. Die unendliche Gruppe der Deckabbildungen einer *Kugel* besteht aus allen möglichen Drehungen um alle möglichen Durchmesser.

---

[1] Der Begriff „platonische Körper" für die fünf regulären Polyeder geht auf PLATON (427 v.u.Z. bis 347 v.u.Z.) zurück. In seiner Schrift *Timaios* ordnet er den „Grundbestandteilen der Welt" die fünf regelmäßigen Polyeder zu. Mathematik war für PLATON die Entdeckung idealer Strukturen.

Beispiel 1.39: Ein regelmäßiges *Tetraeder* (Bild 23 a)) besitzt 12 Symmetrielagen und damit 12 Deckabbildungen. Dazu gehören Drehungen um 0°; 120° bzw. 240° um eine Achse, die durch einen Eckpunkt und den Mittelpunkt des gegenüberliegenden Dreiecks bestimmt wird. Dies sind bei 4 Ecken 4 mal 3 Drehungen, wobei die identische Abbildung viermal gezählt wird (also 9 voneinander verschiedene Drehungen d_i). Dazu kommen 3 Drehungen k_j um 180° um Achsen, welche durch die Mittelpunkte gegenüberliegender Kanten bestimmt werden; sie lassen - im Gegensatz zu den erstgenannten Drehungen - keinen Eckpunkt fest. Die „Tetraedergruppe" kann erzeugt werden von einer (nichttrivialen) Drehung d_i und einer Kantendrehung k_j. Sie ist zu einer Untergruppe der $\mathfrak{S}_4$ isomorph und besitzt folgende nichttrivialen Untergruppen:
3 Untergruppen K_j, die zur Gruppe $\mathfrak{Z}_2$ isomorph sind: $K_j =< k_j >$,
eine Untergruppe, die zur Gruppe $\mathfrak{V}_4$ isomorph ist,
4 Untergruppen U_i, die zur Gruppe $\mathfrak{Z}_3$ isomorph sind: $U_i =< d_i >$.

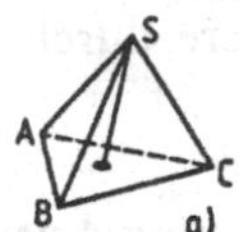

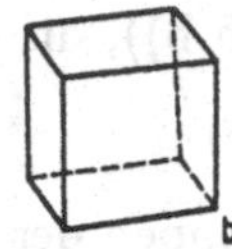

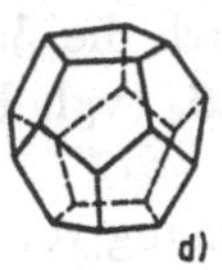

Bild 22

Beispiel 1.40: Die Symmetriegruppe eines *Würfels* ist isomorph zu einer Untergruppe der $\mathfrak{S}_8$. Es existieren 3 Typen von Drehsymmetrieachsen:
3 Achsen g_f durch Mittelpunkte gegenüberliegender Seitenflächen.
6 Achsen g_k durch Mittelpunkte gegenüberliegender Kanten.
4 Achsen g_d, die eine Raumdiagonale enthalten.
Zu den g_f gehören Drehungen um 90°, 180° und 270°, zu den g_k Drehungen um 180° und zu den g_d Drehungen um 120° und 180°. Zu diesen 23 Deckabbildungen kommt noch die identische Abbildung hinzu. Da bei jeder dieser 24 Drehungen eine Raumdiagonale wieder auf eine Raumdiagonale abgebildet wird, ist die Würfelgruppe sogar isomorph zu $\mathfrak{S}_4$.

Übung 1.26: a) Warum kann es nicht mehr als fünf reguläre Polyeder geben?
b) Die Gruppe der Deckabbildungen eines regelmäßigen Tetraeders enthält 12 Elemente. Zu welcher Untergruppe einer Permutationsgruppe ist sie isomorph? Stellen Sie die Elemente der Gruppe durch Permutation der 4 Eckpunkte dar.
c) Zu einem Oktaeder gehören 24 Deckabbildungen. Beschreiben Sie die Dreh-Symmetrieachsen des Oktaeders sowie die zugehörigen Drehwinkel. Beachten Sie, daß ein Oktaeder einem Würfel einbeschrieben werden kann (Bild 23).

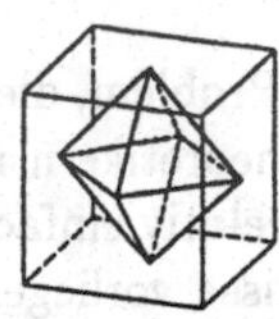
Bild 23

1.8 Isomorphieklassen von Gruppen kleiner Ordnung

Über Schwierigkeiten beim Erkennen von Gruppenstrukturen

Ein *allgemeines Verfahren*, für jede Isomorphieklasse von Gruppen einer gegebenen Ordnung n einen Repräsentanten zu bestimmen, ist noch nicht gefunden worden. Anknüpfend an die am Ende des Abschnitts 1.3.2 genannten Beispiele soll jedoch versucht werden, einen Überblick über die Isomorphieklassen von Gruppen wenigstens bis zur Ordnung 8 zu gewinnen.

Da jede Gruppe mit Primzahlordnung p zyklisch (Übung 1.16 a)) und damit isomorph zum Restklassenmodul $[\mathbb{Z}/_{(p)}; \oplus]$ ist, existiert zu jeder Primzahl p genau eine Isomorphieklasse. Damit ist das Problem für $n = 2; 3; 5$ und 7 gelöst.

Für Gruppen der Ordnung 4 haben wir 2 Isomorphieklassen kennengelernt; die eine wird repräsentiert durch die $\mathfrak{Z}_4$ (vgl. Beispiel 1.25 b)), die andere durch die KLEINsche Vierergruppe $\mathfrak{V}_4$ (vgl. Beispiel 1.26 a)).

Die Untersuchung der Ordnung von Elementen von Gruppen der Ordnung 4 zeigt, daß es keine weiteren Isomorphieklassen geben kann (vgl. Beispiel 1.41 a)).

Es gibt auch nur zwei Isomorphieklassen für Gruppen der Ordnung 6. Sie können durch die Gruppen $\mathfrak{Z}_6$ bzw. $\mathfrak{S}_3$ repräsentiert werden. Im Beispiel 1.41 b) wird begründet, warum es keine weiteren Isomorphieklassen geben kann.

Etwas komplizierter sind die Verhältnisse bei Gruppen der Ordnung 8.
Es gibt genau 5 Isomorphieklassen: Die in Übung 1.5 h) untersuchte Gruppe $[\text{Pot}(\{a; b; c\}); \triangle]$, die zyklische Gruppe $\mathfrak{Z}_8$ sowie die in Übung 1.26 b) angegebene Gruppe sind sämtlich Repräsentanten von voneinander verschiedenen Isomorphieklassen *abelscher* Gruppen der Ordnung 8.

Zu den beiden *nichtabelschen* Gruppen gehört die Gruppe $\mathfrak{D}_4$ (Symmetriegruppe eines Quadrates). Die andere Gruppe wird in der Übung 1.26 c) untersucht.

Das Problem, die Struktur *aller* Gruppen beschreiben zu können, ist von den Gruppentheoretikern noch nicht gelöst worden, obwohl für einige Spezialfälle - etwa für den relativ einfachen Fall der Gruppen mit Primzahlordnung - allgemeingültige Ergebnisse vorliegen. Andererseits ist - von solchen trivialen Fällen abgesehen - für beliebiges $n \in \mathbb{N}$ im allgemeinen noch nicht einmal die *Anzahl* der Isomorphieklassen von Gruppen bekannt.

Beispiel 1.41: a) Ist $G = \{e; a; b; c\}$ eine Gruppe der Ordnung 4, die nicht isomorph zur Gruppe $\mathfrak{Z}_4$ ist, so kommen für die *Gruppenelemente* nur die Ordnungen 1 und 2 in Betracht. Da in einer Gruppe das neutrale Element e das einzige mit der Ordnung 1 ist, müssen $a; b$ und c die Ordnung 2 besitzen. Damit gilt $G \stackrel{\sim}{\leftrightarrow} \mathfrak{V}_4$.
b) Es sei G eine Gruppe der Ordnung 6, die nicht zyklisch ist. Die Elemente von G können dann *nur die Ordnung* 1; 2 *oder* 3 haben.
1. Fall: Alle von e verschiedenen Elemente besitzen die Ordnung 2. Seien e, a und b *voneinander verschiedene* Elemente von G. Das Produkt $a \cdot b$ stimmt dann mit keinem der genannten Elemente überein:
$a \cdot b \neq e$, denn $ab = e$ führt mit $(ab)b = b$ zum Widerspruch $a = b$.
$a \cdot b \neq a$, denn $ab = a$ würde bedeuten $b = e$.
$a \cdot b \neq b$, denn $a \cdot b = b$ würde bedeuten $a = e$.
Da $a \cdot b$ ebenfalls die Ordnung 2 besitzt, wäre $[\{e; a; b; ab\}; \cdot]$ eine Untergruppe U von G mit $U \stackrel{\sim}{\leftrightarrow} \mathfrak{V}_4$. Dies ist wegen Satz 1.16 nicht möglich.
2. Fall: In G existiert mit a ein Element der Ordnung 3. Dann ist $< a >= \{e; a; a^2\}$ Untergruppe U von G. Mit $b \notin U$ und $(G : U) = 2$ ergibt sich $\{e; a; a^2\} \cup \{b; ab; a^2b\} = G$; $\{e; a; a^2\} \cap \{b; ab; a^2b\} = \emptyset$ und $Ub = bU$. Wir weisen nach, daß kein Element von Ub die Ordnung 3 besitzt: $b^3 = e$ mit $b \notin U$ führt auf $b^2 \notin Ub$, also $b^2 \in U$ und $b^3 \in Ub$ im Widerspruch zu $e \notin Ub$. Angenommen, es gilt $(ab)^3 = e$. Wegen $Ub = bU$ existiert ein $u \in U$ mit $ab = bu$. Hieraus folgt $(ab)^2 = abab = abbu = au \in U$ und $(ab)^3 = (ab)^2(ab) = ((ab)^2 \cdot a)b \in Ub$ im Widerspruch zu $e \notin Ub$. Mit $a \cdot b$ besitzt auch $b \cdot a$ die Ordnung 2. Multipliziert man die Gleichung $(ab)(ab) = e$ von links mit a^{-1} und von rechts mit b^{-1}, so ergibt sich wegen $a^2 = a^{-1}$ und $b^{-1} = b$ sofort $ba = a^{-1}b^{-1} = a^{-1}b = a^2b$, d.h., auch a^2b besitzt die Ordnung 2. Die Gruppe G kann also von a und b erzeugt werden; sie ist zur $\mathfrak{S}_3$ (bzw. zur Diedergruppe $\mathfrak{D}_3$) isomorph.

Übung 1.27: a) Begründen Sie, warum es zu jeder natürlichen Zahl n ($n \neq 0$) nur endlich viele Isomorphieklassen von Gruppen der Ordnung n geben kann. Geben Sie zu n eine obere Schranke für diese Anzahl von Isomorphieklassen an.
b) Die Elemente einer Menge G seien die geordneten Paare $(a; b)$ mit $a \in \mathfrak{Z}_2$ und $b \in \mathfrak{Z}_4$. In G wird eine Verknüpfung definiert durch $(a; b) \cdot (c; d) = (a \bullet c; b \circ d)$, wobei „$\bullet$" die Gruppenoperation in $\mathfrak{Z}_2$ und „$\circ$" diejenige in $\mathfrak{Z}_4$ ist. Begründen Sie, warum $[G; \cdot]$ eine Gruppe der Ordnung 8 ist.
c) In $[\{1; -1; i; -i; j; -j; k; -k\}; \cdot]$ sei 1 neutrales Element. Weiter gelte $i^2 = j^2 = k^2 = -1; i \cdot j = k; i \cdot k = -j; j \cdot i = -k; j \cdot k = i; k \cdot i = j$ und $k \cdot j = -i$. Bez. des Vorzeichens „$-$" gelten die für die Multiplikation reeller Zahlen bekannten Regeln, d.h., es gilt z.B. $(-j) \cdot (-k) = j \cdot k$. Untersuchen Sie, ob das Gebilde eine Gruppe ist.

2 Strukturen mit zwei binären Operationen

Beim Rechnen mit Zahlen beschränkt man sich i.allg. nicht nur auf *eine* Verknüpfung, sondern nutzt die (miteinander verbundenen) Operationen „Addition" und „Multiplikation" nebeneinander. Wir wollen Strukturen für derartige algebraische Gebilde untersuchen.

2.1 Ringe und Körper

Wie zwei Operationen miteinander verbunden werden können

2.1.1 Die Struktur eines Ringes

So wie im Abschnitt 1.1.1 der Gruppenbegriff *axiomatisch* charakterisiert wurde, werden nun Axiomensysteme für zwei typische Strukturen mit zwei Operationen angegeben. Dabei wird auf Begriffe der Gruppentheorie zurückgegriffen.

Definition 2.1: Eine Struktur $(R;+;\cdot)$ heißt **Ring** genau dann, wenn folgende Axiome erfüllt sind:
(1) $(R;+)$ ist Modul. (2) $(R;\cdot)$ ist Halbgruppe.
(Dis) Es ist „·" **distributiv** mit „+" verbunden:
Für alle $a;b;c \in R$ gilt: $a\cdot(b+c) = (a\cdot b)+(a\cdot c)$ und $(b+c)\cdot a = (b\cdot a)+(c\cdot a)$.
Insbesondere heißt $(R;+;\cdot)$ ein **kommutativer Ring**, wenn neben (1), (2) und (Dis) noch gilt: (Komm) Für alle $a;b \in R$ ist $a \cdot b = b \cdot a$.

Im Beispiel 2.1 sind Gebilde angegeben, welche die Struktur eines Ringes besitzen.

Würde man für einen Ring lediglich die Axiome (1) und (2) fordern, so gewänne man kaum strukturelle Zusammenhänge, die über die aus der Gruppentheorie bekannten hinausgehen. Erst das Axiom (Dis) kettet die Operationen „+" und „·" aneinander, und es wird sich zeigen, daß dieses Axiom grundlegende Aussagen der Ringtheorie ermöglicht.

Bei der Charakterisierung von (Dis) sind zwei Gleichungen erforderlich, aus der Gültigkeit der einen kann man nicht auf die der anderen schließen. Denkt man daran, daß „·" und „+" Symbole für *beliebige* Operationen sind, erkennt man, daß auf die Klammern um die Produkte, die zuerst gebildet werden müssen, nicht verzichtet werden kann. Wir wollen jedoch (wie beim Rechnen mit Zahlen) die Vereinbarung „Punktrechnung geht vor Strichrechnung" treffen und künftig die genannten Klammernpaare einsparen.

Eine erste „Ausbeutung" der Axiome (1) und (2) ergibt:
In jedem Ring existiert genau ein *Nullelement* 0 (neutrales Element bez. „+"). In jedem Ring existiert zu a genau ein entgegengesetztes Element $-a$. In einem Ring muß nicht notwendig ein *Einselement* e (neutrales Element bez. „·") existieren.

Beispiel 2.1: a) $[\mathbb{Z};+;\cdot]$ ist ein (kommutativer) Ring. Er enthält mit der Zahl 1 auch ein neutrales Element bez. der Multiplikation. Es sind 1 und -1 die einzigen Elemente, die ein inverses Element besitzen.
b) $[\mathbb{Z}/_{(4)};\oplus;\odot]$ ist ein (kommutativer) Ring mit dem Nullelement $[0]_4$ und dem Einselement $[1]_4$. Da in $[\mathbb{Z};+;\cdot]$ das Axiom (Dis) erfüllt ist, gilt auch für das Rechnen mit Restklassen:
$[a]_4 \odot ([b]_4 \oplus [c]_4) = [a]_4 \odot [b+c]_4 = [a \cdot (b+c)]_4 = [ab+ac]_4 = [ab]_4 \oplus [ac]_4$
$= ([a]_4 \odot [b]_4) \oplus ([a]_4 \odot [c]_4)$.
In diesem Restklassenring gilt z.B. $[2]_4 \odot [2]_4 = [4]_4 = [0]_4$; d.h., im Gegensatz zum Rechnen mit *Zahlen* kann hier ein *Produkt* gleich dem Nullelement sein, ohne daß dies für einen der *Faktoren* zutrifft.
c) Besteht ein Ring R aus nur einem Element, so muß dies das Nullelement 0 des Ringes sein. Offensichtlich sind alle Ringaxiome erfüllt. Man nennt R den Nullring. Besteht ein Ring R aus genau zwei Elementen 0 und a, so existiert genau eine Möglichkeit für die additive Gruppe des Ringes, sie muß isomorph zur Gruppe $\mathfrak{Z}_2$ sein. Bei der Konstruktion der multiplikativen Halbgruppe muß darauf geachtet werden, daß (Dis) erfüllt ist. Dies ist der Fall, wenn $0 \cdot 0 = a; a \cdot 0 = 0 \cdot a = 0$ und $a \cdot a = a$ gilt. Es ist a dann das Einselement des Ringes. Sind dagegegen sämtliche Produkte gleich dem Nullelement, so liegt ein Ring ohne Einselement vor.

Übung 2.1: a) Geben Sie die Strukturtafeln von jedem der Ringe $[\mathbb{Z}/_{(5)};\oplus;\odot]$ und $[\mathbb{Z}/_{(6)};\oplus;\odot]$ an. Äußern Sie sich zur Lösbarkeit von Gleichungen $a+x=b$ und $a \cdot x = b$ (für $a \neq 0$) in jedem der beiden Ringe.
b) Untersuchen Sie, ob die Menge aller zum Modul $m=9$ relativ primen Restklassen zusammen mit $[0]_9$ bez. der Restklassenoperationen „$\oplus$" und „$\odot$" einen Ring bildet.
c) Untersuchen Sie, ob die Menge aller *geraden* ganzen Zahlen bez. der in $\mathbb{Z}$ definierten Addition und Multiplikation einen Ring bildet.
d) Weisen Sie nach, daß $[\mathbb{Z}+\mathbb{Z}i;\ +;\bullet]$ bez. der durch $(a+bi)+(c+di)=(a+c)+(b+d)i$ bzw. $(a+bi)\bullet(c+di)=(ac-bd)+(ad+bc)i$ definierten Operation „$+$" und „$\bullet$" ein kommutativer Ring ist. $[\mathbb{Z}+\mathbb{Z}i;+;\bullet]$ heißt *Ring der ganzen GAUSSschen Zahlen.* Geben Sie in $\mathbb{Z}+\mathbb{Z}i$ nicht lösbare Gleichungen an. Elemente, die in einem Ring ein inverses Element besitzen, nennt man *Einheiten.* Welches sind die Einheiten in $\mathbb{Z}+\mathbb{Z}i$? Wie könnte man die Elemente des Ringes der ganzen GAUSSschen Zahlen in einer Ebene veranschaulichen?
e) Weisen Sie nach: $(R;+;\cdot)$ ist ein Ring mit dem Nullelement 0, wenn gilt: $(R;+)$ ist Modul und $a \cdot b = 0$ für alle $a;b \in R$. Warum ist in diesem „entarteten" Ring zwar jede Gleichung $a+x=b$, nicht aber jede Gleichung $a \cdot y = b$ lösbar?
f) Weisen Sie nach: $[M_{(n,n)};+;\cdot]$ ist ein (nichtkommutativer) Ring.
Hinweis: Orientieren Sie sich an den Übungen 1.2 d) und 1.3 a), d).

2.1.2 Die Struktur eines Körpers

Die Ringstruktur ist noch unvollkommen; es ist z.B. offen, ob es überhaupt ein Ringelement gibt, zu welchem ein (bez. „·") inverses Element existiert. Diese sich in den Ringaxiomen (1) und (2) äußernde Asymmetrie soll nun beseitigt werden:

> **Definition 2.2:** Eine Struktur $(K; +; \cdot)$ mit mindestens zwei Elementen heißt **Körper** genau dann, wenn folgende Axiome erfüllt sind:
> (1) $(K; +)$ ist Modul. (2*) $(K \setminus \{0\}; \cdot)$ ist kommutative Gruppe.
> (Dis) Es ist „·" distributiv mit „+" verbunden:
> Für alle $a; b; c \in K$ gilt: $a \cdot (b + c) = a \cdot b + a \cdot c$ und $(b + c) \cdot a = b \cdot a + c \cdot a$.

Offenbar ist jeder Körper (auch) ein Ring, aber nicht umgekehrt (vgl. Beispiel 2.2).
Schwächt man das Axiom (2*) ab, indem man für $K \setminus \{0\}$ nur die Struktur einer (nicht notwendig abelschen) Gruppe fordert, so nennt man $(K; +; \cdot)$ einen **Schiefkörper**.

Es ist die Forderung, daß ein Körper aus mindestens zwei Elementen bestehen muß, notwendig. Besäße K nämlich nur ein Element, so müßte dies nach (1) das Nullelement 0 sein; dann wäre $K \setminus \{0\}$ jedoch die leere Menge.

Jeder Körper besitzt neben dem Nullelement 0 ein Einselement e und zu jedem von 0 verschiedenen Element a ein eindeutig bestimmtes inverses Element a^{-1}.

Im Axiom (Dis) wird ausdrücklich (auch verbal) formuliert, daß die *Multiplikation* mit der *Addition* distributiv verbunden ist (man darf „Ausmultiplizieren", aber nicht „Ausaddieren"). Es treten häufig Gebilde auf, in denen die Beziehung „ist distributiv zu" symmetrisch ist; z.B. gilt in $[\mathrm{Pot}(M); \cap; \cup]$ sowohl $A \cap (B \cup C) = (A \cap B) \cup (A \cap C)$ als auch $A \cup (B \cap C) = (A \cup B) \cap (A \cup B)$ für alle $A; B; C \in \mathrm{Pot}(M)$. Solche Gebilde besitzen weder die Struktur eines Körpers noch die eines Ringes, man spricht von einem *BOOLEschen Verband*. In einem solchen Verband $(V; \circ; \square)$ sind *beide* Operationen abgeschlossen, kommutativ, assoziativ und zueinander distributiv. Außerdem gelten sogenannte „Verschmelzungsregeln": $a \circ (a \square b) = a$ und $a \square (a \circ b) = a$. Wegen der völlig analogen Eigenschaften von „∘" und „□" sagt man auch, die Operationen „∘" und „□" sind *dual* zueinander.
Ein wichtiges Beispiel für einen Verband ist eine Menge V (spezieller) Aussagen, welche bez. der Operation „∧" (logisches „und") und „∨" (logisches „oder") betrachtet werden. Verbände beschreiben somit „Gesetze des Denkens" und „Regeln des Schließens". Die Verbandstheorie trägt dazu bei, Computern diese Gesetzmäßigkeiten zu lehren.

Beispiel 2.2: a) $[\mathbb{Q};+;\cdot]$; $[\mathbb{R};+;\cdot]$ und $[\mathbb{C};+;\cdot]$ sind Zahlbereiche, welche sämtlich die Struktur eines Körpers besitzen.

b) $[\mathbb{Z}/_{(7)};\oplus;\odot]$ ist ein Körper. Begründung: $[\mathbb{Z}/_{(7)};\oplus]$ ist Modul und $[\mathbb{Z}/_{(7)}\setminus\{[0]_7\};\cdot]$ Gruppe (vgl. Satz 1.23 und Satz 1.25), außerdem ist die Restklassenmultiplikation distributiv mit der Restklassenaddition verbunden (der Nachweis im Beispiel 2.1 ist unabhängig vom Modul m).

Allgemein gilt: Ist m eine *Primzahl* p, so ist $[\mathbb{Z}/_{(p)}\setminus\{[0]_p\};\odot]$ eine abelsche Gruppe, denn alle von $[0]_p$ verschiedenen Restklassen $[i]_p$ besitzen zu p relativ prime Repräsentanten (vgl. Satz 1.25).

Ist der Modul m ($m > 3$) dagegen *keine Primzahl*, so existiert eine Zerlegung $m = m_1 \cdot m_2$ (mit $1 < m_1 < m$ und $1 < m_2 < m$). Dann treten wegen $[m_1]_m \odot [m_2]_m = [m]_m = [0]_m$ jedoch *Nullteiler* (vgl. Definition 2.4) auf. Es ist der Restklassenring $[\mathbb{Z}/_{(m)};\oplus;\odot]$ genau dann ein Körper, wenn der Modul m eine Primzahl p ist (vgl. auch Folgerung 2.4).

Im Beispiel 2.1 c) wurden zwei Ringe mit den Elementen 0 und a konstruiert. Der erstgenannte Ring (mit Einselement) entspricht dem oben genannten Restklassenkörper mit $p = 2$.

Übung 2.2: a) Man konstruiere einen Körper mit vier Elementen durch Angabe der beiden Verknüpfungstafeln und überprüfe insbesondere, ob das Axiom (Dis) erfüllt ist.

b) Es sei $\widehat{\mathbb{Q}}$ die Menge aller derjenigen rationalen Zahlen, die sich als Dezimalbrüche mit höchstens 5 Stellen nach dem Komma schreiben lassen. Warum ist $[\widehat{\mathbb{Q}};+;\cdot]$ weder ein Ring noch ein Körper, wenn „+" und „·" die Einschränkung der Addition bzw. der Multiplikation von $\mathbb{Q}$ auf die Teilmenge $\widehat{\mathbb{Q}}$ ist?

c) Untersuchen Sie, ob $[\mathbb{Z}\times\mathbb{Z};\otimes;\circ]$ die Struktur eines Ringes oder sogar die eines Körpers besitzt. Dabei sind „⊗" und „∘" definiert durch $(a_1;a_2)\otimes(b_1;b_2) = (a_1+b_1;a_2+b_2)$ und $(a_1;a_2)\circ(b_1;b_2) = (a_1\cdot b_1;a_2\cdot b_2)$.

d) Warum besitzt weder $[\mathbb{Q}_+^*;+;\cdot]$ noch $[\text{Pot}(\{a;b;c\});\cup;\cap]$ die Struktur eines Ringes, also erst recht nicht die eines Körpers?

e) Begründen Sie: Die Menge aller $(n;n)$-Matrizen reeller Zahlen bildet bez. der Matrizenaddition und der Matrizenmultiplikation einen Ring, jedoch keinen Körper.

f) Ein kommutativer Ring R, der nicht nur aus dem Nullelement besteht, ist genau dann ein Körper, wenn in R jede Gleichung $a\cdot x = b$ für $a \neq 0$ eindeutig lösbar ist. Begründen Sie die Richtigkeit dieser Aussage.

2.2 Folgerungen aus Ring- und Körperaxiomen

Wie man in Ringen und Körpern zu rechnen hat

2.2.1 Rechenregeln in Ringen

Wegen der Ringaxiome (1) und (2) gelten in einem Ring bez. „+" alle für Moduln und bez. „·" alle für Halbgruppen formulierten „Rechengesetze". Das „Zusammenspiel" zwischen den beiden Operationen wird zunächst nur durch das Axiom (Dis) festgeschrieben. Wie beim Rechnen mit Zahlen kann man auch in Ringen „ausmultiplizieren", wenn *beide* Faktoren aus Summen bestehen:

Folgerung 2.1: In einem Ring $(R;+;\cdot)$ gilt für beliebige Elemente $a_i; b_j$:

$$\left(\sum_{i=1}^{n} a_i\right) \cdot \left(\sum_{j=1}^{m} b_j\right) = \sum_{i=1}^{n} \left(\sum_{j=1}^{m} a_i b_j\right).$$

Der Beweis erfolgt durch zweimaliges Anwenden der vollständigen Induktion (vgl. auch Beispiel 2.3).
Wie beim Rechnen mit Zahlen verhält sich das Nullelement 0 der *additiven Gruppe* des Ringes bez. der *Multiplikation*:

Folgerung 2.2: In jedem Ring $(R;+;\cdot)$ gilt $a \cdot 0 = 0 \cdot a = 0$ für alle $a \in R$.

Beweis: Wegen (Dis) gilt $a \cdot (b+0) = a \cdot b + a \cdot 0$ und wegen $b + 0 = b$ ergibt sich $a \cdot b = a \cdot b + a \cdot 0$. Da die Gleichung $a \cdot b = a \cdot b + x$ jedoch die eindeutig bestimmte Lösung $x = 0$ besitzt, gilt $a \cdot 0 = 0$. Analog beweist man $0 \cdot a = 0$. ■

Bei der Berechnung von Produkten ganzer Zahlen hat man „Vorzeichenregeln" zu beachten. Daß z.B. $(-a) \cdot (-b) = a \cdot b$ ist, wird im Mathematikunterricht im allgemeinen nur als „sinnvolle" Festlegung angesehen. Beim axiomatischen Aufbau können solche Regeln aus den Ringaxiomen abgeleitet werden:

Folgerung 2.3: In jedem Ring $(R;+;\cdot)$ gilt für alle $a; b \in R$:
(1) $(-a) \cdot b = -(a \cdot b)$. (2) $a \cdot (-b) = -(a \cdot b)$. (3) $(-a) \cdot (-b) = a \cdot b$.

Beweis: Zu (1): Aus $(-a)+a = 0$ folgt nach Multiplikation mit b von rechts wegen (Dis) und Folgerung 2.2: $(-a) \cdot b + ab = 0$. Andererseits gilt $-(a \cdot b) + a \cdot b = 0$. Nach Satz 1.1 ergibt sich $(-a) \cdot b = -(a \cdot b)$. Analog beweist man (2).
Zu (3): Multipliziert man die Gleichung $(-a)+a = 0$ von rechts mit $(-b)$, so erhält man mit (Dis) und (2): $(-a) \cdot (-b) + (-a \cdot b) = 0$. Andererseits ist $a \cdot b$ das zu $-a \cdot b$ entgegengesetzte Element. Dies bedeutet $(-a) \cdot (-b) = a \cdot b$. ■

In Ringen kann man mit einer „Subtraktion" eine weitere Operation einführen:

Definition 2.3: In einem Ring $(R;+;\cdot)$ heißt die durch $a - b := a + (-b)$ festgelegte Verknüpfung von Ringelementen **Subtraktion**.

Beispiel 2.3: Folgerung 2.1 erlaubt, in jedem Ring ein Produkt wie z.B. $(a_1 + a_2 + a_3) \cdot (b_1 + b_2)$ „auf gewohnte Weise" umzuformen in $a_1b_1 + a_1b_2 + a_2b_1 + a_2b_2 + a_3b_1 + a_3b_2$, wobei die Reihenfolge der Faktoren nur in kommutativen Ringen abgeändert werden darf. Zum Beweis der allgemeinen Aussagen wendet man das Verfahren der vollständigen Induktion an. Den Induktionsanfang liefert (Dis) für $n = 2$.

Angenommen, es gilt $\left(\sum\limits_{i=1}^{k} a_i\right) \cdot b = \left(\sum\limits_{i=1}^{k} (a_i \cdot b)\right)$, dann folgt für $n = k+1$:

$$\left(\sum_{i=1}^{k+1} a_i\right) \cdot b = \left(\sum_{i=1}^{k} a_i + a_{k+1}\right) \cdot b \underset{JA}{=} \left(\sum_{i=1}^{k} a_i\right) b + a_{k+1} \cdot b \underset{JV}{=} \sum_{i=1}^{k} a_i b + a_{k+1} b$$

$= \sum\limits_{i=0}^{k+1} (a_i b)$. Auf analoge Weise folgt durch vollständige Induktion über m:

$$\left(\sum_{i=1}^{n} a_i\right) \cdot \left(\sum_{j=1}^{m} b_j\right) = A \cdot \left(\sum_{j=1}^{m} b_j\right) = \sum_{i=1}^{n} \left(\sum_{j=1}^{m} a_i b_j\right).$$

In 1.2.3 wurde begründet, daß das Axiomensystem für Gruppen aus voneinander unabhängigen Axiomen besteht. Eine analoge Aussage gilt für Definition 2.1 nicht:

Beispiel 2.4: a) Die Kommutativität der Addition in Ringen folgt bereits aus den übrigen Ringaxiomen. Man kann dies wie folgt zeigen: $a + a + b + b$ = a(e+e) + b(e+e) = (a+b)· (e+e) = (a+b)e + (a+b)e = $a + b + a + b$. Addiert man auf beiden Seiten dieser Gleichung $-a$ (von links) und $-b$ (von rechts), so erhält man $a + b = b + a$.
b) In Definition 2.2 wurde im Axiom (Dis) sowohl die Gültigkeit von $a \cdot (b + c) = ab + ac$ (L) als auch die von $(b + c) \cdot a = ba + ca$ (R) für alle Körperelemente $a; b; c$ gefordert. Der Schluß, man könne wegen der in (2*) geforderten Kommutativität in (Dis) auf die Forderung nach „Rechtsdistributivität" verzichten, ist jedoch falsch. In der durch

+	0	1
0	0	1
1	1	0

und

·	0	1
0	0	1
1	0	1

beschriebenen Struktur sind alle Körperaxiome mit Ausnahme von (R) erfüllt; es gilt nämlich $(0 + 0) \cdot 1 = 1 \neq 0 \cdot 1 + 0 \cdot 1 = 0$.

Übung 2.3: Es sei $(R; +; \cdot)$ ein Ring mit e, in welchem $a^2 = a$ für jedes $a \in R$ gilt. Weisen Sie nach:
(1) Ist $a \in R$ und $a \neq e$, so existiert ein Element $x \neq 0$ mit $a \cdot x = 0$.
(2) Für alle $a \in R$ gilt $a + a = 0$. (3) R ist ein kommutativer Ring.

2.2.2 Nullteiler

In Ringen kann das Produkt zweier vom Nullelement verschiedener Elemente gleich dem Nullelement sein. Solche Elemente heißen "Nullteiler" (Beispiel 2.5).

Definition 2.4: Ein Element a eines Ringes $(R; +; \cdot)$ heißt **linker Nullteiler** (bzw. **rechter Nullteiler**) genau dann, wenn in R ein Element $b \neq 0$ existiert, so daß $a \cdot b = 0$ (bzw. $b \cdot a = 0$) gilt.

In *kommutativen* Ringen ist jeder rechte Nullteiler auch linker Nullteiler (und umgekehrt). Das Nullelement 0 ist wegen Folgerung 2.2 in jedem Ring sowohl rechter als auch linker Nullteiler. In vielen Ringen, z.B. in $[\mathbb{Z}; +; \cdot]$, ist 0 der einzige Nullteiler.

Definition 2.5: Ein Ring $(R; +; \cdot)$ heißt **nullteilerfreier Ring** genau dann, wenn R *außer dem Nullelement* weder linke noch rechte Nullteiler besitzt. Ein *kommutativer nullteilerfreier* Ring R heißt **Integritätsbereich**.

Folgerung 2.4: Jeder Körper $(K; +; \cdot)$ ist nullteilerfrei.

Beweis: Angenommen $a \in K$ und $a \neq 0$ ist Nullteiler, dann existiert ein $b \in K$ mit $b \neq 0$, so daß $ab = 0$ gilt. Multipliziert man mit a^{-1}, so folgt $b = 0$. ■

In $\mathbb{Z}$ schließt man aus $ax_1 = ax_2$ auf $x_1 = x_2$, sofern $a \neq 0$ ist. Für Ringe gilt:

Satz 2.1: Ist $(R; +; \cdot)$ ein Ring mit $a \in R$, so gilt für alle $x_1; x_2 \in R$:

(1) $ax_1 = ax_2 \Rightarrow x_1 = x_2$ genau dann, wenn a kein linker Nullteiler ist.

(2) $x_1 a = x_2 a \Rightarrow x_1 = x_2$ genau dann, wenn a kein rechter Nullteiler ist.

Beweis: Zu (1): ($\Leftarrow$) Ist a *kein* linker Nullteiler, dann folgt aus $ax_1 = ax_2$ sofort $a(x_1 - x_2) = 0$ und damit $x_1 - x_2 = 0$, also $x_1 = x_2$.

($\Rightarrow$) Es gelte $ax_1 = ax_2 \Rightarrow x_1 = x_2$. Angenommen, a wäre linker Nullteiler. Dann existiert ein $y \in R$ mit $y \neq 0$ und $a \cdot y = 0$. Andererseits gilt nach Folgerung 2.2 auch $a \cdot 0 = 0$. Aus $a \cdot y = a \cdot 0$ würde dann folgen $y = 0$ (Widerspruch). Entsprechend beweist man (2). ■

Folgerung 2.5: In einem Ring $(R; +; \cdot)$ mit Einselement e gilt:
Ein linker (bzw. rechter) Nullteiler besitzt kein Linksinverses (bzw. Rechtsinverses).

Beweis: Es sei a linker Nullteiler, dann existiert ein $b \in R$ mit $b \neq 0$ und $a \cdot b = 0$. Angenommen a_L^{-1} wäre Linksinverses von a, dann folgt $a_L^{-1}(a \cdot b) = (a_L^{-1} \cdot a)b = e \cdot b$ im Widerspruch zu $a_L^{-1} \cdot 0 = 0$. ■

Beispiel 2.5: a) Im Restklassenring $[\mathbb{Z}/_{(6)}; \oplus; \odot]$ gilt z.B. $[2]_6 \odot [3]_6 = [0]_6$, also sind $[2]_6$ und $[3]_6$ Nullteiler in diesem Ring.

b) In dem in Übung 2.2 c) untersuchten Ring $[\mathbb{Z} \times \mathbb{Z}; \otimes; \circ]$ treten Nullteiler auf, z.B. gilt $(2;0) \circ (0;7) = (0;0)$.

c) Die Menge $M_{(2;2)}$ aller (2; 2)-Matrizen reeller Zahlen besitzt bez. der Matrizenaddition und der Matrizenmultiplikation die Struktur eines (nicht-kommutativen) Ringes. In diesem Matrizenring treten Nullteiler auf, z.B.

$$\begin{pmatrix} 1 & 0 \\ 1 & 0 \end{pmatrix} \cdot \begin{pmatrix} 0 & 0 \\ 3 & 4 \end{pmatrix} = \begin{pmatrix} 0 & 0 \\ 0 & 0 \end{pmatrix}.$$

d) Die Menge F aller (reellwertigen) Funktionen mit $\mathbb{R}$ als Definitionsbereich bildet bez. $(f+g)(x) = f(x) + g(x)$ und $(f \bullet g)(x) = f(x) \cdot g(x)$ einen kommutativen Ring. Das Nullelement ist die Funktion n mit $n(x) = 0$ für alle $x \in \mathbb{R}$. Zwei Funktionen f und g seien definiert durch

$$f(x) = \begin{cases} 0 & \text{für alle} \quad x \geq 0 \\ 1 & \text{für alle} \quad x < 0 \end{cases} \quad \text{bzw.} \quad g(x) = \begin{cases} -1 & \text{für alle} \quad x \geq 0, \\ 0 & \text{für alle} \quad x < 0. \end{cases}$$

Dann gilt $f \bullet g = n$, d.h., die Ringelemente f und g sind Nullteiler.

Übung 2.4: a) Geben Sie Beispiele für Nullteiler im Matrizenring $[M_{(3;3)}; +; \cdot]$ an. Begründen Sie: Jedes Element dieses Ringes ist entweder Nullteiler, oder es besitzt ein Inverses.

b) Geben Sie im Restklassenring $[\mathbb{Z}/_{(12)}; \oplus; \odot]$ Beispiele für lineare Gleichungen $[a]_{12} \odot [x]_{12} = [b]_{12}$ an, die lösbar sind, und solche, die keine Lösung besitzen.

c) Beweisen Sie: In einem Integritätsbereich $(R; +; \cdot)$ besitzt jede Gleichung $x^2 - k = 0$ $(k \in R)$ *höchstens zwei* Lösungen.

Hinweis: Nehmen Sie an, es gäbe *mindestens drei* Lösungen $x_1; x_2; x_3$, und konstruieren Sie aus dem Ansatz $(x_1 - x_2) \cdot (x_1 - x_3) \cdot (x_2 - x_3) \neq 0$ einen Widerspruch. Gilt die oben formulierte Behauptung auch in einem beliebigen (kommutativen) Ring?

d) Begründen Sie, warum

- die Menge $\widetilde{M_{(n;n)}}$ aller *regulären* $(n;n)$-Matrizen reeller Zahlen bez. der Matrizenaddition und der Matrizenmultiplikation kein Ring und (erst recht) kein Körper ist,
- die Ringstruktur von $[M_{(n;n)}; +; \cdot]$ erhalten bleibt, wenn man als Matrizenelemente nur *ganze* Zahlen zuläßt,
- in $[\mathbb{Q}; +; \cdot]$ keine vom Nullelement verschiedenen Nullteiler auftreten können.

2.2.3 Potenzgesetze und Gesetze der Vervielfachung in Ringen

Beispiel 2.6 macht deutlich, daß man beim Rechnen mit Ringelementen Gesetzmäßigkeiten nutzen kann, die denen beim Rechnen mit Zahlen ähneln. Da in einem Ring $(R;+;\cdot)$ bez. „+" die Modul- und bez. „·" die Halbgruppeneigenschaften erfüllt sind, lassen sich die für Gruppen formulierten Ergebnisse auf Ringe übertragen.

> **Folgerung 2.6:** Im *Ring* $(R;+;\cdot)$ gilt für alle $a;b \in R$ und $m;n \in \mathbb{N}^*$:
> (1) $a^n \cdot a^m = a^{n+m}$. (2) $(a^n)^m = a^{n\,m}$. (3) $(ab)^n = a^n b^n$ für $ab = ba$.
> In einem *Körper* $(K;+;\cdot)$ gelten die Gleichungen (1), (2) und (3) für alle $a;b \in K \setminus \{0\}$ und $m;n \in \mathbb{Z}$.

Bemerkungen: Beim Beweis der Aussagen (1), (2) und (3) für *natürliche Exponenten* werden nur die *Halbgruppenaxiome* benötigt. Die Bezeichnung $a^0 = e$ ist in einem Ring nur dann sinnvoll, wenn er ein Einselement besitzt.
In jedem Ring $(R;+;\cdot)$ ist $(R;+)$ ein Modul. Damit lassen sich die *Potenzgesetze* (bei additiver Schreibweise) in *Gesetze der Vervielfachung* übertragen:

> **Folgerung 2.7:** In einen Ring $(R;+;\cdot)$ gilt für alle $a;b \in R$ und $m;n \in \mathbb{Z}$:
> (1) $1 \bullet a = a$. (2) $0 \bullet a = \mathbf{0}$. (3) $(-n) \bullet a = -(n \bullet a) = n \bullet (-a)$.
> (4) $n \bullet a + m \bullet a = (n+m) \bullet a$. (5) $m \bullet (n \bullet a) = (mn) \bullet a$.
> (6) $n \bullet (a+b) = n \bullet a + n \bullet b$.

Bemerkungen: Für die „Vielfachenbildung" wurde hier das Symbol „•" gewählt; sie ist (als Operatoranwendung von ganzen Zahlen auf Ringelemente) von der Multiplikation von Ringelementen zu unterscheiden. Im Ring $\mathbb{Z}$ fällt die Operatoranwendung mit der Ringmultiplikation zusammen.
Folgerung 2.8 beschreibt die Wirkung der *Vielfachenbildung* auf ein *Produkt:*

> **Folgerung 2.8:** In einem Ring $(R;+;\cdot)$ gilt für alle $a;b \in R$ und alle $n \in \mathbb{Z}$:
> $n \bullet (ab) = (n \bullet a)b = a(n \bullet b)$.

Beweisgedanke: Vgl. Beispiel 2.7.
Auf die Kennzeichnung der Vielfachenbildung durch „•" wird im weiteren verzichtet.
Wie beim Rechnen in Zahlbereichen gilt in (kommutativen) Ringen der „binomische Lehrsatz"; er regelt die *Potenzbildung* einer *Summe*:

> **Satz 2.2:** In jedem kommutativen Ring $(R;+;\cdot)$ gilt für $a;b \in R$ und $n \in \mathbb{N}$:
> $$(a+b)^n = \binom{n}{0} a^n + \binom{n}{1} a^{n-1}b + \ldots + \binom{n}{n-1} ab^{n-1} + \binom{n}{n} \cdot b^n.$$

Beweis: Vgl. Übung 2.6.

Beispiel 2.6: Im Matrizenring $[M_{(n;n)};+;\cdot]$ wird beim Umformen der Matrizengleichung $(\mathfrak{A}+2\mathfrak{B})^2+\mathfrak{B}(\mathfrak{X}+2\mathfrak{C})=\mathfrak{B}\mathfrak{A}\mathfrak{X}+\mathfrak{A}(\mathfrak{A}+2\mathfrak{B})+4(\mathfrak{B}+\mathfrak{B}^2)$ auf Potenzgesetze und Gesetze der Vervielfachung zurückgegriffen. Es ergibt sich aus $\mathfrak{A}^2+\mathfrak{A}\cdot(2\mathfrak{B})+(2\mathfrak{B})\mathfrak{A}+(2\mathfrak{B})^2+\mathfrak{B}\mathfrak{X}+\mathfrak{B}\cdot(2\mathfrak{C})=\mathfrak{B}\mathfrak{A}\mathfrak{X}+\mathfrak{A}^2+\mathfrak{A}(2\mathfrak{B})+4\mathfrak{B}+4\mathfrak{B}^2$ die Gleichung $\mathfrak{A}^2-\mathfrak{A}^2+2(\mathfrak{A}\mathfrak{B})-2(\mathfrak{A}\mathfrak{B})+2(\mathfrak{B}\mathfrak{A})+4\mathfrak{B}^2-4\mathfrak{B}^2+2\mathfrak{B}-4\mathfrak{B}+\mathfrak{B}\mathfrak{X}=\mathfrak{B}\mathfrak{A}\mathfrak{X}$ und hieraus $(\mathfrak{B}-\mathfrak{B}\mathfrak{A})\mathfrak{X}=2(\mathfrak{B}-\mathfrak{B}\mathfrak{A})$; es ist $\mathfrak{X}=2\mathfrak{C}$ eine Lösung.

Übung 2.5: a) Formulieren Sie alle Teilaussagen von Folgerung 2.7 für Elemente des Restklassenringes $[\mathbb{Z}/_{(m)};\oplus;\odot]$.
b) Geben Sie im Restklassenring $[\mathbb{Z}/_{(m)};\oplus;\odot]$ eine Lösung der Gleichung $([a]_m\oplus[b]_m)^2\oplus 2([a]_m\ominus[bc]_m\ominus([b]_m\odot[x]_m))=([a]_m)^2\ominus[a]_m\odot[x]_m\oplus 2[a]_m\odot([b]_m\oplus[1]_m)\oplus[b]_m\odot([b]_m\ominus 2[c]_m)$ an. Unter welchen Bedingungen existieren mehrere Lösungen?

Beispiel 2.7: Bei Beweisen von Aussagen über *ganzzahlige* Vielfache von Ringelementen sind *Fallunterscheidungen* zweckmäßig. Bez. der Folgerung 2.8 kann man dabei wie folgt vorgehen:
Für $n=0$ ergibt sich: $0\bullet(a\cdot b)=\mathbf{0}$ bzw. $(0\bullet a)\cdot b=\mathbf{0}\cdot b=\mathbf{0}$ bzw. $a\cdot(0\bullet b)=a\cdot\mathbf{0}=\mathbf{0}$.
Für $n>0$ überlegt man: $n\bullet(ab)=ab+ab+\ldots+ab=(a+a+\ldots+a)\cdot b=(n\bullet a)b$ und $ab+ab+\ldots+ab=a(b+b+\ldots+b)=a\cdot(n\bullet b)$.
Für $n<0$ setzt man $n=-s$ mit $s>0$. Man erhält dann $n\bullet(ab)=(-s)\bullet(ab)=s\bullet(-ab)$. Hieraus folgt sowohl $s\bullet(-ab)=s\bullet((-a)b)=(s\bullet(-a))b=((-s)\bullet a)b=(n\bullet a)b$ als auch $s\bullet(-ab)=a(s\bullet(-b))=a((-s)\bullet b)=a(n\bullet b)$, wobei neben Folgerung 2.3 die in Folgerung 2.8 formulierten Aussagen für nichtnegative Zahlen s genutzt werden.

Übung 2.6: a) Berechnen Sie $([a]_7\oplus[b]_7)^3$; $([a]_7\ominus[b]_7)^5$ und $([a]_7\oplus[b]_7)^7$.
b) Beweisen Sie mit Hilfe vollständiger Induktion die Aussagen des Satzes 2.2: In jedem *kommutativen* Ring $(R;+;\cdot)$ gilt für positive Exponenten:

$$(a+b)^n=\sum_{i=0}^{n}\binom{n}{i}a^ib^{n-i}.$$

Hinweis: Nutzen Sie $\binom{k}{s}+\binom{k}{s+1}=\binom{k+1}{s+1}$.

2.3 Unterstrukturen von Ringen und Körpern

Wie das additive Verhalten des Einselementes die Struktur eines Ringes bestimmt

2.3.1 Unterringe und Unterkörper

Im *Ring* $[\mathbb{Z}; +; \cdot]$ bildet der Komplex aller ***geraden Zahlen*** bez. „+" und „·" einen Ring; er ist ein *Unterring* von $\mathbb{Z}$; er besitzt allerdings kein Einselement. Im *Körper* $[\mathbb{R}; +; \cdot]$ bildet die Teilmenge derjenigen reellen Zahlen, die sich als endliche oder periodische Dezimalbrüche darstellen lassen, einen *Unterkörper* von $\mathbb{R}$.

> **Definition 2.6:** Es seien $(R; +; \cdot)$ ein Ring oder Körper; $S \subseteq R$ und $S \neq \emptyset$. S heißt **Unterring von** $(R; +; \cdot)$ genau dann, wenn in $(S; +; \cdot)$ die Ringaxiome erfüllt sind. S heißt **Unterkörper von** $(R; +; \cdot)$ genau dann, wenn in $(S; +; \cdot)$ die Körperaxiome erfüllt sind.

Der oben genannte Ring $(R; +; \cdot)$ heißt **Oberring** (bzw. **Oberkörper**) von $(S; +; \cdot)$. Jeder Unterkörper von $(R; +; \cdot)$ ist erst recht ein Unterring. Das Nullelement des Unterringes stimmt mit dem Nullelement des Ringes (bzw. Körpers) überein.
Ist S ein Unterring eines *Körpers* K und besitzt S ein Einselement e, so stimmt e mit dem Einselement des Körpers überein.
Jeder Ring $(R; +; \cdot)$ besitzt zwei „triviale" Unterringe, nämlich $(\{0\}; +; \cdot)$ und $(R; +; \cdot)$. Alle von $(R; +; \cdot)$ verschiedenen Unterringe dieses Ringes heißen *echte* Unterringe. In Analogie zum Untergruppenkriterium (Satz 1.10 a)) gilt:

> **Satz 2.3** (Unterring- bzw. Unterkörperkriterium):
> Ist $(R; +; \cdot)$ ein Ring (oder Körper) und $S \subseteq R$ und $S \neq \emptyset$, dann gilt:
> $(S; +; \cdot)$ ist *Unterring* von $(R; +; \cdot)$ genau dann, wenn für alle $a; b \in S$ gilt:
> (1) $a + b \in S$. (2) $-a \in S$. (3) $a \cdot b \in S$.
> $(S; +; \cdot)$ ist *Unterkörper* von $(R; +; \cdot)$ genau dann, wenn S mindestens zwei Elemente enthält und für alle $a; b \in S$ neben (1), (2) und (3) noch gilt:
> (4) $b^{-1} \in S$ für $b \neq 0$.

Beweis: ($\Rightarrow$) Die Bedingungen (1), (2), (3) (bzw. (4)) sind sicher erfüllt, wenn $(S; +; \cdot)$ ein Unterring (bzw. Unterkörper) ist.
($\Leftarrow$) Sind (1); (2) und (3) erfüllt, so ist $(S; +)$ Untermodul und $(S; \cdot)$ Unterhalbgruppe. Da (Dis) für alle Elemente aus R erfüllt ist, so auch für diejenigen aus S. Also ist $(S; +; \cdot)$ Unterring. Gilt schließlich noch (4) für alle b ($b \neq 0$) einer mindestens zweielementigen Menge S, so ist $(S \setminus \{0\}; \cdot)$ sogar Gruppe und damit $(S; +; \cdot)$ Unterkörper von $(R; +; \cdot)$. ∎

> **Satz 2.4:** Der Durchschnitt D beliebig viele Unterringe (bzw. Unterkörper) eines Ringes R ist wieder ein Unterring (bzw. Unterkörper) von R.

(Vgl. Übung 2.8 d)).

Beispiel 2.8: In $[\mathbb{Z};+;\cdot]$ ist die Menge $V_m = \{z|z = g \cdot m \text{ und } g \in \mathbb{Z}\}$ ein (spezieller) Unterring. Er besteht aus allen ganzzahligen Vielfachen der natürlichen Zahl m. Mit $a;b \in V_m$ gilt $a = g_1 m$ und $b = g_2 m$, und damit liegen in V_m: $a+b = (g_1+g_2)m, -a = (-g_1)m$ und $a \cdot b = (g_1 \cdot g_2 \cdot m)m$.
Für $m = 2$ erhält man den Unterring der geraden Zahlen, für $m = 10$ den Unterring aller durch 10 teilbaren ganzen Zahlen, für $m = 1$ den Ring $[\mathbb{Z};+;\cdot]$, für $m = 0$ den Unterring, der nur aus dem Nullelement besteht.
Jeder der Unterringe V_m kann von einem Element, nämlich m (oder auch von $-m$), durch Bilden aller ganzzahligen Vielfachen „erzeugt" werden. Die Zahl 1 erzeugt also den gesamten Ring.
Bildet man $V_6 \cap V_{15}$, so erhält man wieder einen Unterring von $[\mathbb{Z};+;\cdot]$; er besteht aus genau denjenigen ganzen Zahlen, die sowohl durch 6 als auch durch 15 teilbar sind. Damit ist $V_6 \cap V_{15} = V_{30}$.

Übung 2.7: a) An Hand des Ringes der ganzen Zahlen zeige man, daß die Vereinigung zweier Unterringe nicht notwendig wieder ein Unterring von $[\mathbb{Z};+;\cdot]$ ist.
b) Durch welche ganzen Zahlen kann man den Unterring $V_{12} \cap V_{18}$ erzeugen (vgl. Beispiel 2.8)?
c) Beweisen Sie: In $[\mathbb{Z};+;\cdot]$ kann jeder beliebige von $[\{0\};+;\cdot]$ verschiedene Unterring von einer positiven ganzen Zahl erzeugt werden.

Beispiel 2.9: a) Im nichtkommutativen Matrizenring $[M_{(2,2)};+;\cdot]$ bildet die Menge $D_{(2;2)}$ aller Diagonalmatrizen $\begin{pmatrix} a_{11} & 0 \\ 0 & a_{22} \end{pmatrix}$ einen kommutativen Unterring. Summe bzw. Produkt zweier Diagonalmatrizen liegt wieder in $D_{(2,2)}$, und die entgegengesetzte Matrix einer Diagonalmatrix ist wieder eine solche; also sind die Bedingungen (1); (2) und (3) aus Satz 2.3 erfüllt. Wählt man unter den Elementen von $D_{(2;2)}$ die Diagonalmatrizen der Form $\begin{pmatrix} a & 0 \\ 0 & a \end{pmatrix}$ aus, so erhält man (sogar) einen Unterkörper.
b) Im Matrizenring $[M_{(n;n)};+;\cdot]$ bildet die Menge aller Matrizen (a_{ik}), für die $a_{ik} = 0$ gilt, falls $i > 2$ oder $k > 2$, einen Unterring.

Übung 2.8: a) Man begründe die im Beispiel 2.9 b) formulierte Aussage.
b) Untersuchen Sie, ob die Menge aller Matrizen der Form $\begin{pmatrix} a_{11} & a_{12} \\ 0 & a_{22} \end{pmatrix}$ einen Unterring von $[M_{(2,2)};+;\cdot]$ bildet.
c) Entscheiden Sie über die Wahrheit der folgenden Aussagen:
- Jeder Oberring eines Integritätsbereiches ist wieder ein Integritätsbereich.
- Jeder Unterring eines Integritätsbereiches ist wieder ein Integritätsbereich.

d) Beweisen Sie die Aussage des Satzes 2.4.

2.3.2 Charakteristik von Ringen und Körpern - Primkörper

Im Beispiel 2.10 wird das *additive* Verhalten des (*multiplikativen*) Einselementes in speziellen Ringen bzw. Körpern untersucht.

Definition 2.7: Einem Ring mit Einselement oder einem Körper wird zugeordnet:
die **Charakteristik 0**, falls $< e >$ von unendlicher Ordnung ist,
die **Charakteristik n**, falls $< e >$ die Ordnung n besitzt.

Die Charakteristik eines Ringes bestimmt wesentlich seine Struktur. Für Integritätsbereiche kommt nicht jede natürliche Zahl als Charakteristik in Betracht:

Satz 2.5: Die Charakteristik eines nullteilerfreien Ringes $(R; +; \cdot)$ ist entweder 0 oder eine *Primzahl* p.

Beweis: Angenommen, die Charakteristik von $(R; +; \cdot)$ sei n mit $n = n_1 \cdot n_2$ $(n_1 \neq 1, n_2 \neq 1, n_1, n_2 \in \mathbb{N})$. Dann ergibt sich $(n_1 \cdot e) \cdot (n_2 \cdot e) = (n_1 \cdot n_2)e$ $= n \cdot e = 0$. Damit wären jedoch $n_1 e$ und $n_2 e$ im Widerspruch zur Voraussetzung vom Nullelement verschiedene Nullteiler. ∎

Der Durchschnitt *aller* Unterkörper eines Körpers K ist nach Satz 2.4 wieder ein Unterkörper von K; es ist offenbar von den in K enthaltenen Unterkörpern der bez. „$\subseteq$" kleinste:

Definition 2.8: Ein Körper P heißt **Primkörper** genau dann, wenn P keinen echten Unterkörper besitzt.

Besitzt ein Körper K nur sich selbst als Unterkörper, so ist K selbst Primkörper; andernfalls enthält er genau einen Primkörper. Die Struktur eines Primkörpers P wird wesentlich bestimmt durch die Charakteristik von P, wie dies im Beispiel 2.11 angedeutet wird. Eine allgemeine Aussage wird auf der Basis des Isomorphiebegriffes für Körper im nächsten Abschnitt formuliert.
Übung 2.6 a) zeigt ein überraschendes Ergebnis: $([a]_7 \oplus [b]_7)^7 = ([a]_7)^7 \oplus ([b]_7)^7$.

Folgerung 2.9: In einem kommutativen Ring $(R, +; \cdot)$ mit Primzahlcharakteristik p gilt für alle $a; b \in R : (a + b)^p = a^p + b^p$.

Beweis: Ausgehend von Satz 2.2 kann gezeigt werden, daß jeder Binomialkoeffizient $\binom{p}{i}$ mit $i = 1; \ldots ; p - 1$ ein ganzzahliges Vielfaches von p ist:
$\binom{p}{i} a^i b^{p-i} = \frac{\mathbf{p}(p-1)\cdot\ldots\cdot(p-i+1)}{1\cdot 2\cdot\ldots\cdot i} \mathbf{e} a^i b^{p-i} = 0$ wegen $\mathbf{p} \bullet \mathbf{e} = 0$ und ggT $(p; i) = 1$. ∎

Beispiel 2.12 macht deutlich, warum derartige „Effekte" beim Rechnen mit Zahlen nicht auftreten können.

Beispiel 2.10: Bildet man in einem Ring mit Einselement oder in einem Körper alle möglichen ganzzahligen Vielfachen von e, so erhält man jeweils eine von e erzeugte zyklische Gruppe $< e >$. Die folgenden Beispiele zeigen, daß dabei zwei Fälle auftreten können:
Im Ring $[\mathbb{Z}; +; \cdot]$ sind alle ganzzahligen Vielfachen von 1 voneinander verschieden: $g \cdot 1 \neq h \cdot 1$ für $g \neq h, < 1 >$ ist von *unendlicher Ordnung*.
Im Körper $[Q; +; \cdot]$ ist $< 1 >$ ebenfalls von *unendlicher Ordnung*.
In $[\mathbb{Z}/_{(4)}; \oplus; \odot]$ gilt z.B. $3[1]_4 = 7[1]_4$; die Gruppe $< [1]_4 >$ besteht nur aus den Elementen $[0]_4; [1]_4; [2]_4$ und $[3]_4$; sie besitzt also die *Ordnung* 4.
In $[\mathbb{Z}/_{(7)}; \oplus; \odot]$ besitzt $< [1]_7 >$ die *Ordnung* 7.
Man bezeichnet die beiden erstgenannten Strukturen als Ring (bzw. Körper) der Charakteristik 0, die beiden letztgenannten Strukturen besitzen die Charakteristik 4 bzw. 7.

Übung 2.9: a) Welche Charakteristik besitzt der Ring aller $(n; n)$-Matrizen reeller Zahlen?
b) Man zeige: In einem Ring der Charakteristik 2 gilt für jedes Ringelement $a = -a$.
c) Welche Charakteristik besitzt der in Übung 2.2a) konstruierte Körper?
d) Warum kann ein Körper der Charakteristik 0 keinen Unterkörper der Charakteristik 7 enthalten?

Beispiel 2.11: Will man den Primkörper des Körpers $\mathbb{Q}$ der rationalen Zahlen bestimmen, so müßte man alle Unterkörper von $\mathbb{Q}$ ermitteln und deren Durchschnitt bilden. Man kann jedoch auch versuchen, das Problem durch folgende Überlegung zu lösen: *Jeder* Unterkörper $\mathbb{Q}$ muß zumindest 0 und 1 sowie alle ganzzahligen Vielfachen von 1 enthalten. Die Menge aller dieser Elemente bildet den Ring $[\mathbb{Z}; +; \cdot]$. Man muß nun den bez. „$\subseteq$" kleinsten Körper suchen, der $\mathbb{Z}$ umfaßt. Im Kapitel 4 wird gezeigt, daß dies der Körper der rationalen Zahlen ist; es ist $\mathbb{Q}$ also selbst Primkörper.

Beispiel 2.12: Alle Regeln für das Rechnen in Ringen übertragen sich auf das Rechnen in Zahlbereichen. Daß hier jedoch weitere Gesetzmäßigkeiten gelten, liegt daran, daß Zahlbereiche kommutative, nullteilerfreie Strukturen mit der Charakteristik 0 sind. Auf der Basis der Nullteilerfreiheit schließt man aus $a \cdot b = 0$ auf $a = 0$ oder $b = 0$. Die Kommutativität ermöglicht z.B., das Potenzgesetz $(ab)^n = a^n b^n$ anzuwenden. Die Charakteristik 0 der Zahlbereiche sorgt dafür, daß Strukturen von unendlicher Ordnung vorliegen, eine notwendige Voraussetzung für eine „vernünftige" Anordnung.

2.4 Isomorphe Einbettungen

Warum ganze Zahlen auch als rationale Zahlen aufgefaßt werden können

Der Begriff der Isomorphie wird auf Strukturen mit zwei Operationen übertragen:

Definition 2.9: Ein Ring $(R; +; \cdot)$ heißt **isomorph** zu einem Ring $(\overline{R}; \#; *)$ genau dann, wenn eine Bijektion φ von R auf $\overline{R}$ existiert, welche die Eigenschaft der Relationstreue bez. „+" und „·" besitzt. Für alle $a; b \in R$ gilt: $\varphi(a + b) = \varphi(a)\#\varphi(b)$ und $\varphi(a \cdot b) = \varphi(a) * \varphi(b)$. Die Bijektion φ heißt **Isomorphismus von R auf $\overline{R}$**.

Ist R isomorph zu $\overline{R}$, so schreibt man $R \overset{\sim}{\leftrightarrow} \overline{R}$. In gleichem Sinne spricht man von Isomorphismen von *Körpern*. Wie bei Gruppen ist die Isomorphie auch bei Strukturen mit zwei binären Operationen eine Äquivalenzrelation.

Folgerung 2.10: Für einen Ringisomorphismus $\varphi : R \to \overline{R}$ gilt:
$\varphi(0) = \overline{0}$; $\varphi(-a) = -\varphi(a)$; $\varphi(e) = \overline{e}$ (falls R ein Einselement besitzt).

Der Beweis erfolgt wie bei den entsprechenden Aussagen über Gruppen.
Definition 2.10 ermöglicht eine Beschreibung des Problems in Beispiel 2.13.

Definition 2.10: Ein Ring $(S; +; \cdot)$ heißt **in den Ring** $(R; \#; *)$ **isomorph einbettbar** genau dann, wenn ein Unterring $(\overline{S}; \#; *)$ von $(R; \#; *)$ existiert, so daß gilt $S \overset{\sim}{\leftrightarrow} \overline{S}$. Jeder Isomorphismus $\varphi : S \to \overline{S}$ bewirkt eine **Einbettung**.

Jede Einbettung von $(S; +; \cdot)$ in $(R; \#; \cdot)$ erlaubt eine Identifizierung der *Elemente von* S mit denen *von* $\overline{S}$ und der *Operationen in* S mit denen *in* $\overline{S}$ (Beispiel 2.13).

Satz 2.6 (Satz über die Struktur von Primkörpern):
a) Jeder Primkörper K der Charakteristik p ist isomorph zum Restklassenkörper modulo p.
b) Jeder Primkörper K der Charakteristik 0 ist isomorph zum Körper der rationalen Zahlen.

Beweis: Es sei $(K; +; \cdot)$ ein Primkörper. Mit $e \in K$ gilt auch $ge \in K (g \in \mathbb{Z})$. Die Menge $\widetilde{R}$ aller ganzzahligen Vielfachen von e ist ein Unterring von K.
Fall a) $\widetilde{R}$ besitzt die Charakteristik $n \neq 0$. Die Charakteristik von $\widetilde{R}$ muß mit der Charakteristik von K übereinstimmen. Damit kommt nach Satz 2.5 für n nur eine Primzahl p in Betracht. Also gilt $\widetilde{R} \overset{\sim}{\leftrightarrow} \mathbb{Z}/_{(p)}$ mit $\widetilde{R} = K$.

Fall b) $\widetilde{R}$ besitzt die Charakteristik 0, also gilt $\widetilde{R} \overset{\sim}{\leftrightarrow} \mathbb{Z}$. Der kleinste Körper, der $\mathbb{Z}$ umfaßt, ist der Körper $\mathbb{Q}$ der rationalen Zahlen (vgl. Kapitel 4), also gilt $\mathbb{Q} \overset{\sim}{\leftrightarrow} K$. ■

Beispiel 2.13: Rechnet man mit gebrochenen oder rationalen Zahlen, so treten dabei auch ganze Zahlen auf. Man schreibt z.B. $\frac{2}{3} + \frac{4}{3} = 2$ und tut dabei so, als wäre $[\mathbb{Z}; +; \cdot]$ ein Unterring des Körpers $[\mathbb{Q}; +; \cdot]$. Wie im Kapitel 4 dargelegt wird, liegt algebraisch ein anderer Sachverhalt vor: In $\mathbb{Q}$ existiert eine Teilmenge $\overline{\mathbb{Z}}$, deren Elemente durch Brüche mit dem Nenner 1 repräsentiert werden können; mit ihnen rechnet man wie in $[\mathbb{Z}; +; \cdot]$.

Übung 2.10: a) Man zeige: Das isomorphe Bild eines Ringes ist wieder ein Ring, das isomorphe Bild eines Körpers ein Körper.
b) Definieren Sie in der Menge P aller ganzzahligen Potenzen von 2 zwei Operationen $\square$ und $\diamond$ so, daß gilt: $[P; \square; \diamond] \overset{\sim}{\leftrightarrow} [\mathbb{Z}; +; \cdot]$.
c) Begründen Sie: $[\mathbb{Z}; +; \cdot]$ ist nicht isomorph zum Ring der geraden ganzen Zahlen.

Beispiel 2.14: a) Mit Hilfe der Definitionen 2.8 und 2.9 kann der in Beispiel 2.13 dargestellte Sachverhalt präzisiert werden: Die Elemente von $\overline{Z} = \{r | r = \frac{g}{1} \text{ und } g \in \mathbb{Z}\}$ repräsentieren spezielle rationale Zahlen. Die Unterstruktur $[\overline{Z}; +; \cdot]$ von $[\mathbb{Q}; +; \cdot]$ ist isomorph zu $\mathbb{Z}$, denn $\varphi : \overline{Z} \to \mathbb{Z}$ mit $\varphi\left(\frac{g}{1}\right) = g$ ist offensichtlich bijektiv, und die Relationstreue von φ ergibt sich aus $\varphi\left(\frac{g}{1} + \frac{h}{1}\right) = \varphi\left(\frac{g+h}{1}\right) = g + h = \varphi\left(\frac{g}{1}\right) + \varphi\left(\frac{h}{1}\right)$ und $\varphi\left(\frac{g}{1} \cdot \frac{h}{1}\right)$ $= \varphi\left(\frac{g \cdot h}{1}\right) = g \cdot h = \varphi\left(\frac{g}{1}\right) \cdot \varphi\left(\frac{h}{1}\right)$. Damit ist auch $[\overline{Z}; +; \cdot]$ ein Ring (vgl. Übung 2.10 a)). Also ist $[\mathbb{Z}; +; \cdot]$ in den Körper der rationalen Zahlen isomorph einbettbar, d.h., man rechnet in $(\mathbb{Q} \setminus \overline{Z}) \cup \mathbb{Z}$.
b) In Übung 2.2c) wurde der Ring $[\mathbb{Z} \times \mathbb{Z}; \otimes; \circ]$ untersucht. Mit $\tilde{Z} = \{(a; b) | a \in \mathbb{Z} \text{ und } b = 0\}$ ist $[\tilde{Z}; \otimes; \circ]$ eine Unterstruktur dieses Ringes, die isomorph zu $[\mathbb{Z}; +; \cdot]$ ist. Die durch $\varphi((a; 0)) = a$ für alle $(a; 0) \in \tilde{Z}$ definierte Abbildung ist ein Isomorphismus. Der Integritätsbereich $\mathbb{Z}$ läßt sich isomorph in einen Ring mit Nullteilern einbetten.

Übung 2.11: a) Weisen Sie nach, daß die im Beispiel 2.14 b) angegebene Abbildung φ ein Isomorphismus ist.
b) Begründen Sie, warum sich der Körper der reellen Zahlen isomorph in den Ring aller $(2; 2)$-Matrizen reeller Zahlen einbetten läßt.
c) Beweisen Sie: Die Menge M_C aller quadratischen Matrizen der Form $\begin{pmatrix} a & -b \\ b & a \end{pmatrix}$ mit $a; b \in \mathbb{R}$ bildet einen zum Körper $\mathbb{C}$ der komplexen Zahlen isomorphen Körper. Damit läßt sich $\mathbb{C}$ in den Matrizenring $[M_{(2,2)}; +; \cdot]$ isomorph einbetten.

Beispiel 2.15: Nach Satz 2.6 ist $[\mathbb{Q}; +; \cdot]$ selbst ein Primkörper. $[\mathbb{R}; +; \cdot]$ besitzt einen zu $[\mathbb{Q}; +; \cdot]$ isomorphen Unterkörper als Primkörper. Jeder Körper der Charakteristik 0 läßt sich als Oberkörper von $[\mathbb{Q}; +; \cdot]$ auffassen.

3 Strukturerhaltende Abbildungen

Ausgehend von *Isomorphismen* zwischen Gruppen bzw. Ringen kann man einerseits zu *Spezialfällen* übergehen, nämlich zu einer isomorphen Abbildung einer Struktur *auf sich*; man spricht dann von einem **Automorphismus** (vgl. Beispiel 3.1). Zum anderen kann ein *allgemeinerer Fall* betrachtet werden, indem man auf die Forderung nach Eineindeutigkeit der Abbildung verzichtet; man gelangt dann zu den (algebraisch noch bedeutungsvolleren) **Homomorphismen.**

3.1 Homomorphe Abbildungen

Was homomorphe Bilder mit gutem Kartenmaterial gemeinsam haben

Legt man eine Reiseroute fest, so orientiert man sich im allgemeinen nicht an der Realität, sondern erwartet, daß eine Landkarte ein maßstabgerechtes Bild der Wirklichkeit liefert, bei der zwar nicht alle Details enthalten sind, die wesentlichen Verknüpfungen von Verkehrswegen jedoch „treu" wiedergegeben werden.
Oft ist es nützlich, sich von einer relativ komplizierten algebraischen Struktur zunächst ein grobes, aber alle typischen Strukturmerkmale enthaltendes Bild zu verschaffen. Zur Konstruktion solcher (homomorphen) Bilder dienen (homomorphe) Abbildungen. Das homomorphe Bild kann als „maßstäblich vergröbertes" Abbild der Originalstruktur aufgefaßt werden.

3.1.1 Gruppen- und Ringhomomorphismen

Definition 3.1: Eine *(eindeutige)* Abbildung φ *von* einer Gruppe $(G;\cdot)$ *auf* eine Struktur $(\overline{G};*)$ heißt **Gruppenhomomorphismus** (oder auch **homomorphe Abbildung**) genau dann, wenn φ die Eigenschaft der *Relationstreue* besitzt: Für alle $a;b \in G$ gilt $\varphi(a\cdot b)=\varphi(a)*\varphi(b)$.

Analog wird der Begriff der homomorphen Abbildung bei Ringen festgelegt:

Definition 3.2: Eine *eindeutige* Abbildung φ *von* einem Ring $(R;+;\cdot)$ *auf* eine Struktur $(\overline{R};\#;*)$ heißt **Ringhomomorphismus** (oder auch **homomorphe Abbildung**) genau dann, wenn φ die Eigenschaft der *Relationstreue* besitzt. Für alle $a;b \in R$ gilt: $\varphi(a+b) = \varphi(a)\#\varphi(b)$ und $\varphi(a\cdot b)=\varphi(a)*\varphi(b)$.

Die Bildstruktur bei einem Homomorphismus wird als **homomorphes Bild** bezeichnet. Man schreibt $G \xrightarrow{\sim} \overline{G}$ bzw. $R \xrightarrow{\sim} \overline{R}$. Jeder Isomorphismus einer Gruppe (bzw. eines Ringes) auf eine Struktur ist auch ein Homomorphismus, ein Homomorphismus ist jedoch im allgemeinen *kein* Isomorphismus (vgl. Beispiel 3.2). Wie die Isomorphie ist in jeder Menge von Gruppen bzw. von Ringen die *Homomorphie* eine *Relation*, allerdings keine Äquivalenzrelation, denn ihr fehlt die wesentliche Eigenschaft der Symmetrie.

Beispiel 3.1: a) Gesucht sind alle Automorphismen der Gruppe $[\mathbb{Z}/_{(5)};\oplus]$. Sie besitzt als zyklische Gruppe der Ordnung 5 die 4 erzeugenden Elemente $[1]_5, [2]_5, [3]_5$ und $[4]_5$. Da bei einem Isomorphismus (also auch bei einem Automorphismus) erzeugende Elemente auf erzeugende Elemente abgebildet werden, sind die folgenden Zuordnungen Automorphismen:

Originale : $[0]_5[1]_5[2]_5[3]_5[4]_5$
Bilder bez. ι : $[0]_5[1]_5[2]_5[3]_5[4]_5$
Bilder bez. φ_1 : $[0]_5[3]_5[1]_5[4]_5[2]_5$
Bilder bez. φ_2 : $[0]_5[2]_5[4]_5[1]_5[3]_5$
Bilder bez. φ_3 : $[0]_5[4]_5[3]_5[2]_5[1]_5$

$\bullet$	ι	φ_1	φ_2	φ_3
ι	ι	φ_1	φ_2	φ_3
φ_1	φ_1	φ_3	ι	φ_2
φ_2	φ_2	ι	φ_3	φ_1
φ_3	φ_3	φ_2	φ_1	ι

Bild 24

Die identische Abbildung ι ist in jeder Gruppe ein Automorphismus. Betrachtet man die vier Automorphismen bez. der Nacheinanderausführung als Verknüpfung, so erhält man interessanterweise wieder eine Gruppe (mit ι als neutralem Element), sie heißt ***Automorphismengruppe*** von $[\mathbb{Z}/_{(5)};\oplus]$ und ist isomorph zur $\mathfrak{Z}_4$. Verallgemeinerung: Eine zyklische Gruppe der Ordnung n besitzt r erzeugende Elemente, wenn r die Anzahl der zu n teilerfremden Zahlen ist. Ihre Automorphismengruppe enthält also r Elemente.

b) Der Ring $[\mathbb{Z};+;\cdot]$ besitzt nur die identische Abbildung als Automorphismus; seine Automorphismengruppe besteht also aus genau einem Element. Begründung: Angenommen φ ist ein Automorphismus, dann muß gelten: $\varphi(0) = 0; \varphi(1) = 1; \varphi(-1) = -1$, also für alle $n \in \mathbb{N}$:
$\varphi(n) = \varphi(n \cdot 1) = \varphi(1) + \varphi(1) + \ldots + \varphi(1) = n \cdot \varphi(1) = n \cdot 1 = n$ und
$\varphi(-n) = \varphi((-n) \cdot 1) = \varphi(n(-1)) = n \cdot \varphi(-1) = n \cdot (-1) = -n$.

Übung 3.1: a) Man überprüfe, ob die im Beispiel 3.1 a) angegebenen Abbildungen $\varphi_1; \varphi_2$ und φ_3 die Bedingungen der Relationstreue erfüllen.
b) Man begründe, warum der Körper $[\mathbb{Q};+;\cdot]$ genau einen Automorphismus besitzt.
c) Die Automorphismengruppe der Kleinschen Vierergruppe $\mathfrak{V}_4$ besitzt 6 Elemente. Geben Sie diese Elemente an. Orientieren Sie sich am Beispiel 3.1 a).
d) Man beweise: Die Menge aller Automorphismen einer Gruppe bildet bez. der Nacheinanderausführung von Abbildungen eine Gruppe.

Beispiel 3.2: a) Die zyklische Gruppe $\mathfrak{Z}_6 =< a >$ kann homomorph auf die Gruppe $\mathfrak{Z}_3 =< b >$ abgebildet werden. Ein Homomorphismus ist durch $\varphi(a^0) = \varphi(a^3) = b^0, \varphi(a) = \varphi(a^4) = b$ und $\varphi(a^2) = \varphi(a^5) = b^2$ gegeben.
b) Es ist $[\mathbb{Z}/_{(4)};\oplus;\odot]$ homomorphes Bild von $[\mathbb{Z};+;\cdot]$, denn $\psi : \mathbb{Z} \to \mathbb{Z}/_{(4)}$ mit $\psi(g) = [g]_4$ ist ein Ringhomomorphismus.

Übung 3.2: Weisen Sie nach, daß die im Beispiel 3.2 angegebenen Homomorphismen die Eigenschaft der Relationstreue besitzen.

3.1.2 Eigenschaften homomorpher Abbildungen

Alle sich aus der *Relationstreue* ergebenden Eigenschaften von Isomorphismen lassen sich auf homomorphe Abbildungen übertragen:

Satz 3.1: Ist φ ein Homomorphismus einer Gruppe (bzw. eines Ringes) auf eine Struktur, so gilt: Das homomorphe Bild einer Gruppe (bzw. eines Ringes) ist eine Gruppe (bzw. ein Ring).

Beweis: Für Gruppen kann der Beweis von Satz 1.9 übernommen werden. Für Ringe erfolgt der Beweis analog. ■

Satz 3.2: Die Nacheinanderausführung zweier Gruppenhomomorphismen ist wieder ein Gruppenhomomorphismus. Eine entsprechende Aussage gilt für Ringhomomorphismen.

Beweis: Sind $\varphi : G \overset{\sim}{\to} \overline{G}$ und $\psi : \overline{G} \to \tilde{G}$ Gruppenhomomorphismen, so ist die Verkettung $\varphi \cdot \psi$ eine eindeutige Abbildung von G auf $\tilde{G}$. Die Relationstreue der Homomorphismen φ und ψ überträgt sich auf $\varphi \cdot \psi$ (vgl. Beweis von Satz 1.7). ■

Satz 3.3: Ist φ ein Gruppenhomomorphismus (oder ein Ringhomomorphismus), so gilt:
(1) Das Bild eines neutralen Elementes ist ein neutrales Element des homomorphen Bildes.
(2) Das Bild des zu einem Element a inversen Elementes ist das inverse Element des Bildes von a.

Beweis: Die Aussage dieses Satzes entspricht der für Isomorphismen formulierten Aussage des Satzes 1.8. Bei dessen Beweis wird nur die Relationstreue der Abbildung (und nicht deren Eindeutigkeit) genutzt; damit ist Satz 3.3 bewiesen. ■

Ist φ ein *Ringhomomorphismus*, so besagt Satz 3.3 (1): Das Bild des Nullelementes ist das Nullelement des homomorphen Bildes. Besitzt der Ring R ein Einselement e, so auch das homomorphe Bild $\overline{R}$ von R; es ist $\varphi(e)$ Einselement von $\overline{R}$.
Die oben formulierten Aussagen über Homomorphismen rechtfertigen ihre Charakterisierung als *„strukturerhaltende" Abbildungen.*

Satz 3.4: Ist φ ein Gruppenhomomorphismus von G auf $\overline{G}$, so gilt: Besitzt $a \in G$ die Ordnung n, so $\varphi(a)$ die Ordnung m, wobei m ein Teiler von n ist.

Beweis: Hat $a \in G$ die Ordnung n, so gilt $a^n = e$. Aus der Relationstreue von φ folgt $\varphi(a^n) = (\varphi(a))^n = \varphi(e)$, also besitzt $\varphi(a)$ *höchstens* die Ordnung n. Andererseits ist mit $n = s \cdot m$ auch $(\varphi(a))^n = (\varphi(a))^{m\,s} = ((\varphi(a))^m)^s = (\varphi(e))^s = \varphi(e)$ möglich, d.h., die Ordnung von $\varphi(a)$ wäre m mit m/n. ■

Beispiel 3.2 bestätigt die Aussagen der Sätze 3.1, 3.3 und 3.4: Als homomorphes Bild tritt die *Gruppe* $\mathfrak{Z}_3$ bzw. der *Ring* $[\mathbb{Z}/_{(4)}; \oplus; \odot]$ auf. Bei beiden Homomorphismen werden neutrale Elemente aufeinander abgebildet: $\varphi(a^0) = b^0, \psi(0) = [0]_4$ und $\psi(1) = [1]_4$. Die Ordnung der Gruppe $\mathfrak{Z}_3$ ist ein Teiler der Ordnung der Gruppe $\mathfrak{Z}_6$.

Beispiel 3.3: Die Gruppe D_{24} aller Drehungen eines regelmäßigen 24-Ecks kann homomorph abgebildet werden auf die Gruppe D_{12} aller Drehungen eines regelmäßigen 12-Ecks und diese wiederum auf die Drehgruppe D_4 eines Quadrates. Damit ist letztere auch homomorphes Bild der Drehgruppe des 24-Ecks. Bild 25 veranschaulicht den Sachverhalt. Dabei sind den n-Ecken Kreise umbeschrieben. Eine Drehung des 24-Ecks um 360° bewirkt zwei solche Drehungen des 12-Ecks und sechs Drehungen des Quadrates. Das neutrale Element von D_{12} wird den Drehungen $d_{0°}$ und $d_{180°}$ der Gruppe D_{24} zugeordnet, das neutrale Element der Gruppe D_4 den Elementen $d_{0°}, d_{120°}; d_{240°}$ aus D_{12}.

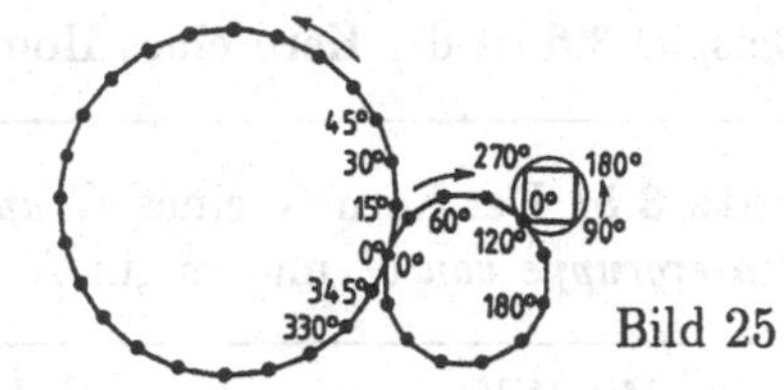

Bild 25

Übung 3.3: a) Welche Elemente der Gruppe D_{24} werden im Beispiel 3.3 durch die Verkettung der dort genannten Homomorphismen auf das neutrale Element der Gruppe D_4 abgebildet?
b) Die im Beispiel 3.3 genannten Gruppen von Drehungen sind sämtlich zyklisch. Die Gruppe D_{24} kann deshalb durch den Restklassenmodul modulo 24 repräsentiert werden. Dabei entspricht einer Drehung um $k \cdot 15°$ die Restklasse $[k]_{24}$. Der Homomorphismus $\varphi : D_{24} \to D_{12}$ kann durch $\varphi([k]_{24}) = [k]_{12}$ beschrieben werden. Geben Sie Gleichungen für die Homomorphismen $\psi : D_{12} \to D_4$ und $\varphi \cdot \psi : D_{24} \to D_4$ an.

Beispiel 3.4: a) Die Gruppe $[\{+1; -1\}; \cdot]$ ist homomorphes Bild der Permutationsgruppe $[\mathfrak{S}_n; \cdot]$, denn $\varphi(s) = \operatorname{sgn}(s) = \begin{cases} +1, & \text{falls } s \text{ gerade,} \\ -1, & \text{falls } s \text{ ungerade,} \end{cases}$
ist eine eindeutige relationstreue Abbildung von $\mathfrak{S}_n$ auf $\{+1; -1\}$.
b) In der Menge F_k aller konvergenten Folgen reeller Zahlen kann durch $(a_n) \oplus (b_n) = (a_n + b_n)$ eine Addition eingeführt werden, so daß $[F_k; \oplus]$ eine Gruppe ist. Die Abbildung φ mit $\varphi((a_n)) = \lim\limits_{n\to\infty} a_n$ ist ein Homomorphismus von $[F_k; \oplus]$ auf $[\mathbb{R}; +]$. Die Relationstreue spiegelt sich in der Gleichung $\lim\limits_{n\to\infty} (a_n + b_n) = \lim\limits_{n\to\infty} a_n + \lim\limits_{n\to\infty} b_n$ wider.

Übung 3.4: a) Man weise nach: Es ist nicht möglich, den Ring aller ganzen Zahlen homomorph auf den Ring aller geraden Zahlen abzubilden.
b) Welche homomorphen Bilder kann der Restklassenring $[\mathbb{Z}/_{(6)}; \oplus; \odot]$ besitzen?

3.1.3 Der Kern homomorpher Abbildungen

Im Gegensatz zu Isomorphismen können bei Homomorphismen von G auf $\overline{G}$ mehrere Elemente auf das neutrale Element von $\overline{G}$ abgebildet werden (Beispiel 3.5).

Definition 3.3: Der Komplex N aller derjenigen Elemente, denen bei einem Homomorphismus φ einer *Gruppe* G auf $\overline{G}$ das neutrale Element $\overline{e}$ von $\overline{G}$ zugeordnet wird, heißt **Kern des Gruppenhomomorphismus** φ.

Im Beispiel 3.5 ist der Kern eines Homomorphismus eine Untergruppe.

Satz 3.5: Der Kern N eines *Gruppenhomomorphismus* $\varphi : G \xrightarrow{\sim} \overline{G}$ ist eine *Untergruppe von* G, und es gilt $N \cdot a = a \cdot N$ für alle $a \in G$.

Beweis: Mit Hilfe des Untergruppenkriteriums ergibt sich für den Kern N:
$n_1; n_2 \in N \Rightarrow \varphi(n_1) = \overline{e}$ und $\varphi(n_2) = \overline{e} \Rightarrow \varphi(n_1 \cdot n_2) = \varphi(n_1) \cdot \varphi(n_2) = \overline{e} \cdot \overline{e} = \overline{e}$; also $n_1 \cdot n_2 \in N$.
$n \in N \Rightarrow \varphi(n) = \overline{e} \Rightarrow \varphi(n^{-1}) = (\varphi(n))^{-1} = (\overline{e})^{-1} = \overline{e}$, also $n^{-1} \in N$.
Mit $n \in N$ gilt $\varphi(a^{-1}na) = \varphi(a^{-1}) \cdot \varphi(n) \cdot \varphi(a) = (\varphi(a))^{-1} \cdot \overline{e} \cdot \varphi(a) = \overline{e}$, also folgt $a^{-1}na \in N$; in Komplexschreibweise: $a^{-1}Na = N$ bzw. $Na = aN$. ■

Definition 3.4: Eine Untergruppe N einer Gruppe G heißt **Normalteiler von** G genau dann, wenn für alle $a \in G$ gilt: $Na = aN$.

Der Kern eines Gruppenhomomorphismus ist also stets ein Normalteiler.

Definition 3.5: Der Komplex $\mathfrak{i}$ aller Elemente, die bei einem Homomorphismus φ eines *Ringes* R auf $\overline{R}$ auf das Nullelement $\overline{0}$ von $\overline{R}$ abgebildet werden, heißt **Kern des Ringhomomorphismus** φ.

Satz 3.6: Der Kern $\mathfrak{i}$ eines *Ringhomomorphismus* $\varphi : R \xrightarrow{\sim} \overline{R}$ ist ein *Unterring von* R, und es gilt $r \cdot \mathfrak{i} = \mathfrak{i}$ für alle $r \in R$.

Bemerkung: Den Nachweis der Unterringeigenschaften führt man unter Nutzung der Relationstreue von φ mit Hilfe des Unterringkriteriums (vgl. Übung 3.6 c)).

Definition 3.6: Ein Unterring $\mathfrak{i}$ eines Ringes R heißt **Linksideal** (bzw. **Rechtsideal**) **von** R genau dann, wenn $r \cdot a \in \mathfrak{i}$ (bzw. $a \cdot r \in \mathfrak{i}$) für alle $a \in \mathfrak{i}$ und alle $r \in R$ gilt. Es heißt $\mathfrak{i}$ **(zweiseitiges) Ideal von** R, wenn $\mathfrak{i}$ sowohl Links- als auch Rechtsideal ist.

Der Kern eines Ringhomomorphismus ist stets ein Ideal.

Beispiel 3.5: a) Bei dem Gruppenhomomorphismus $\varphi : \mathfrak{Z}_6 \to \mathfrak{Z}_3$ im Beispiel 3.2 a) besteht der Kern N aus den Elementen a^0 und a^3.
b) Bei dem im Beispiel 3.2 b) angegebenen Ringhomomorphismus ψ besteht der Kern $\mathbf{i}$ aus der Menge aller durch 4 teilbaren ganzen Zahlen. Offenbar ist $\mathbf{i}$ ein Ideal, denn mit $4g$ und $4h$ liegen nicht nur $4g + 4h$ und $-4g$ in $\mathbf{i}$, sondern auch $r \cdot (4g)$ mit $r \in \mathbb{Z}$.
c) Im Beispiel 3.3 wird durch die Nacheinanderausführung zwei Homomorphismen die Gruppe D_{24} auf die Gruppe D_4 abgebildet. Der Kern N besteht aus den Elementen $d_{0^\circ}; d_{60^\circ}; d_{120^\circ}; d_{180^\circ}; d_{240^\circ}; d_{300^\circ}$. Es ist N eine Untergruppe der Gruppe D_{24}, sie besitzt die Ordnung 6.
d) Der Kern des im Beispiel 3.4 b) angegebenen Homomorphismus von der Gruppe $[F_k; \oplus]$ auf $[\mathbb{R}; +]$ ist die Menge aller Nullfolgen.

Übung 3.5: a) Warum ist die Abbildung $\varphi : [\mathbb{R} \setminus \{0\}; \cdot] \to [\mathbb{R}_+^*; \cdot]$ ein Gruppenhomomorphismus, wenn φ durch $\varphi(x) = |x|$ definiert ist? Welches ist der Kern?
b) Geben Sie eine homomorphe Abbildung von $[\mathbb{R}; +]$ auf die Gruppe aller Drehungen eines Kreises an. Charakterisieren Sie den Kern des Homomorphismus.

Beispiel 3.6: *Beispiele (und Gegenbeispiele) für Normalteiler bzw. Ideale*
a) In der Gruppe $[\mathfrak{S}_3; \cdot]$ (vgl. Beispiel 1.3) ist die Untergruppe $\mathfrak{A}_3 = \{s_1; s_2; s_3\}$ ein Normalteiler, es gilt $s_i\mathfrak{A}_3 = \mathfrak{A}_3 s_i$ $(i = 1, 2, \ldots, 6)$. Dagegen ist die Untergruppe $U = \{s_1; s_4\}$ kein Normalteiler, denn es gilt z.B. $s_5 \cdot U = \{s_5; s_3\}$, aber $U \cdot s_5 = \{s_5; s_2\}$.
b) Eine Untergruppe U von G ist Normalteiler, falls $(G : U) = 2$ gilt. Es existieren dann nämlich die beiden Linksnebenklassen U und aU und die beiden Rechtsnebenklassen U und Ua. Wegen Satz 1.13 folgt $aU = Ua$.
c) Im Ring $[M_{(3,3)}; +; \cdot]$ ist die Menge aller Matrizen, in denen die 1. und 3. Spalte nur Nullen als Elemente enthalten, ein Linksideal.
d) Im Ring $[\mathbb{Z}; + \cdot]$ ist jeder Unterring ein (zweiseitiges) Ideal.
e) Die im Beispiel 2.9 genannten Unterringe sind keine Ideale.
f) Die beiden Unterringe $\{0\}$ und R eines Ringes R sind stets Ideale.

Übung 3.6: a) Beweisen Sie: Der Gruppenhomomorphismus $\varphi : G \to \overline{G}$ ist genau dann ein Isomorphismus, wenn der Kern N nur aus dem neutralen Element besteht.
b) Sei $\varphi : G \to \overline{G}$ ein Gruppenhomomorphismus mit dem Kern N und $\psi : \overline{G} \to \tilde{G}$ ein Gruppenhomomorphismus mit dem Kern $\tilde{N}$. Welchen Kern besitzt $\varphi \circ \psi : G \to \tilde{G}$?
c) Beweisen Sie Satz 3.6.
d) Untersuchen Sie, ob bei einem Gruppenhomomorphismus $\varphi : G \to \overline{G}$ das vollständige Urbild einer Untergruppe $\overline{U}$ von $\overline{G}$ eine Untergruppe von G ist.

3.2 Homomorphiesätze

Wie man alle homomorphen Bilder einer Struktur gewinnen kann

3.2.1 Normalteiler, Gruppenhomomorphismen und Faktorgruppen

Beispiel 3.7 verdeutlicht, daß ein Homomorphismus φ von einer Gruppe G auf eine Gruppe $\overline{G}$ in G eine *Zerlegung in Klassen bildgleicher Elemente* erzeugt.

> **Satz 3.7:** Ist φ ein Gruppenhomomorphismus von G auf $\overline{G}$ mit dem Kern N, dann sind die Klassen bildgleicher Elemente die Nebenklassen von G nach N.

Beweis: a) Alle Elemente an einer Linksnebenklasse aN besitzen bez. φ das gleiche Bild $\overline{a}$: Es sei an ein *beliebiges* Element aus der Nebenklasse aN und $\overline{a} = \varphi(a)$. Dann folgt: $\varphi(an) = \varphi(a) \cdot \varphi(n) = \varphi(a) \cdot \overline{e} = \varphi(a) = \overline{a}$; also wird an ebenfalls auf $\overline{a}$ abgebildet.
b) Alle bez. φ bildgleichen Elemente liegen in der gleichen Nebenklasse: Es sei $\varphi(a) = \overline{a}$ und $\varphi(b) = \overline{a}$, dann gilt $\varphi(a^{-1}b) = \varphi(a^{-1})\varphi(b) = (\overline{a})^{-1} \cdot \overline{a} = \overline{e}$. Also liegt $a^{-1}b$ in N, und damit gilt $aN = bN$ (vgl. Satz 1.12). ■

Bemerkung: Da der Kern N ein Normalteiler ist, stimmt jede Linksnebenklasse aN mit der entsprechenden Rechtsnebenklasse Na überein.

Die Menge aller Nebenklassen nach einer Untergruppe U bildet bez. der Komplexmultiplikation als Verknüpfung nicht notwendig eine Gruppe. Dies ist jedoch der Fall, wenn U sogar ein Normalteiler ist:

> **Satz 3.8:** Die Menge aller Nebenklassen $a \cdot N$ nach einem Normalteiler N einer Gruppe G bildet bez. der Komplexmultiplikation eine *Gruppe*. Sie heißt **Faktorgruppe von** G **nach** N und wird mit $G/_N$ bezeichnet.

Ein Beweis ergibt sich unmittelbar aus der Aussage des folgenden Satzes:

> **Satz 3.9:** Ist N Normalteiler einer Gruppe G, so ist die Abbildung φ mit $\varphi(a) = aN$ für alle $a \in G$ ein Homomorphismus von G auf die Faktorgruppe $G/_N$. Der Kern dieses Homomorphismus ist der Normalteiler N.

Beweis: Offensichtlich ist φ eine Surjektion (d.h. eine eindeutige Abbildung *von* G *auf* $G/_N$). Sie ist zudem relationstreu: $\varphi(a) \cdot \varphi(b) = aN \cdot bN = ab \cdot N \cdot N = (ab) \cdot N = \varphi(ab)$. Weiterhin gilt: $(aN) \cdot N = a \cdot (N \cdot N) = aN$ und $N \cdot (Na) = (NN) \cdot a = Na$. Also ist N neutrales Element in $G/_N$, seine Elemente bilden den Kern des Homomorphismus. ■

Da das homomorphe Bild einer Gruppe stets wieder eine Gruppe ist, kann nun auch Satz 3.8 als bewiesen betrachtet werden.

$\varphi : G \to G/_N$ heißt **natürlicher Homomorphismus von** G **bez.** N.

Beispiel 3.7: Wir betrachten einen Homomorphismus φ von der Gruppe $[\mathbb{Z}/_{(6)}; \oplus]$ auf $[\mathbb{Z}/_{(3)}; \oplus]$ mit dem Kern $N = \{[0]_6; [3]_6\}$. Die Abbildung φ wird im Bild 26 beschrieben; es zeigt zudem, daß die Nebenklassen von N mit den Klassen bildgleicher Elemente übereinstimmen.

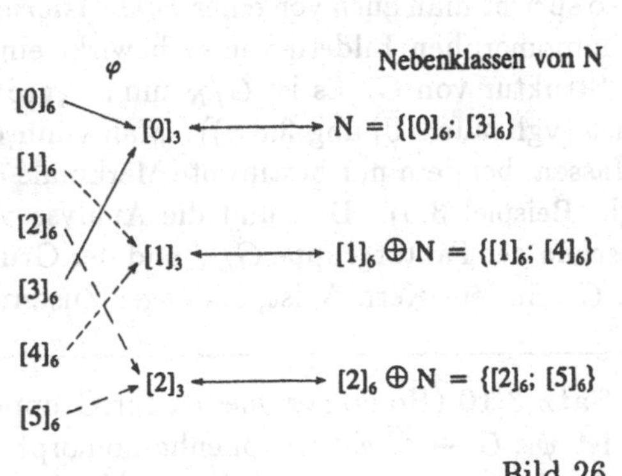

Bild 26

Übung 3.7: a) Überprüfen Sie an dem im Beispiel 3.7 angegebenen Homomorphismus die Aussage des Satzes 3.4.
b) Geben Sie einen Homomorphismus φ von $[\mathbb{Z}; +]$ auf $[\mathbb{Z}/_{(m)}; \oplus]$ an. Beschreiben Sie den Kern N des Homomorphismus φ. Stellen Sie einen Zusammenhang zwischen den Klassen bildgleicher Elemente von $\mathbb{Z}$ und den Nebenklassen von N her.

Beispiel 3.8: a) Wir bilden die Menge aller Linksnebenklassen der Gruppe $[\mathfrak{S}_3; \cdot]$ bez. des Normalteilers $\mathfrak{A}_3 = \{s_1; s_2; s_3\}$: $\mathfrak{A}_3$; $s_4\mathfrak{A}_3 = \{s_4; s_5; s_6\}$ (vgl. auch Beispiel 1.3). Die Faktorgruppe $\mathfrak{S}_3/_{\mathfrak{A}_3}$ besitzt $\mathfrak{A}_3$ als neutrales Element und ist isomorph zur zyklischen Gruppe $\mathfrak{Z}_2$.
b) Wir bilden die Menge aller Rechtsnebenklassen der Gruppe $[\mathfrak{S}_3; \cdot]$ bez. der Untergruppe $U = \{s_1; s_4\}$: U; $Us_2 = \{s_2; s_5\}$; $Us_3 = \{s_3; s_6\}$. Die Menge dieser Nebenklassen bildet bez. der Komplexmultiplikation *keine Gruppe*; z.B. ist $Us_2 \cdot Us_3 = \{s_1; s_5; s_4; s_2\}$ kein Element der Menge der Nebenklassen. Es ist $U = \{s_1; s_4\}$ auch *kein Normalteiler* in $\mathfrak{S}_3$.

Übung 3.8: a) Warum bildet die Menge aller Nebenklassen von einem Normalteiler N einer Gruppe G bez. der Komplexmultiplikation eine Gruppe, nicht notwendig aber die Menge aller Nebenklassen nach einer (beliebigen) Untergruppe U von G?
b) Die Gruppe $[\mathfrak{S}_4; \cdot]$ besitzt einen Normalteiler N, der isomorph zur KLEINschen Vierergruppe ist. Bestimmen Sie die Struktur der Faktorgruppe $\mathfrak{S}_4/_N$.
c) Charakterisieren Sie die Faktorgruppe $G/_N$, falls N die Gruppe G selbst bzw. die nur aus dem neutralen Element e bestehende Untergruppe von G ist.
d) Man konstruiere die Faktorgruppe von $[\mathbb{R}^*; \cdot]$ nach dem Normalteiler $[\mathbb{Q}^*; \cdot]$ und beschreibe deren Elemente.

3.2.2 Der Homomorphiesatz für Gruppen

Konstruiert man die Faktorgruppe $G/_N$ einer Gruppe G nach einem Normalteiler N, so spricht man auch von einer *Faktorisierung von G nach N*. Wie beim Übergang zu homomorphen Bildern von G bewirkt eine Faktorisierung eine „Vergröberung" der Struktur von G. Es ist $G/_N$ um so „gröber", je umfassender der Normalteiler N ist (vgl. auch Übung 3.8 c)). Man kann das Rechnen in $G/_N$ als ein Arbeiten auffassen, bei dem nur bestimmte Merkmale der Elemente von G von Interesse sind (vgl. Beispiel 3.9). Dies und die Analyse von Beispiel 3.7 lassen vermuten, daß zwischen der Faktorgruppe $G/_N$ und der Gruppe $\overline{G}$, die Bild des Homomorphismus von G mit dem Kern N ist, ein enger Zusammenhang besteht.

Satz 3.10 (Homomorphiesatz für Gruppen):
Ist $\psi : G \to \overline{G}$ ein Gruppenhomomorphismus mit dem Kern N, so ist die durch $\eta(\psi(a)) = aN$ definierte Abbildung $\eta : \overline{G} \to G/_N$ ein Isomorphismus.

Darstellung der Zusammenhänge des Homomorphiesatzes:

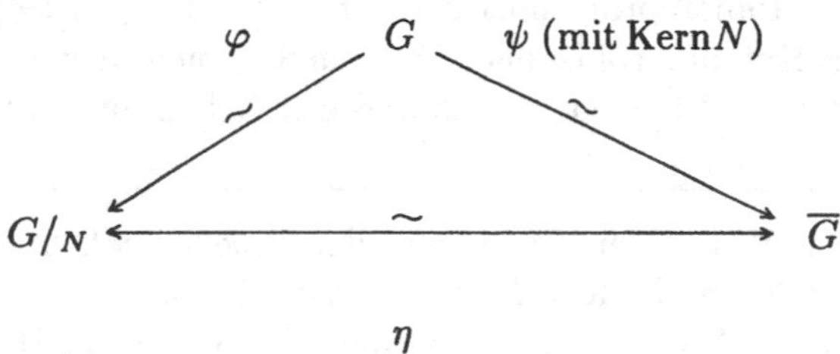

Beweis: Die Abbildung $\eta : \overline{G} \to G/_N$ ist nach Satz 3.7 bijektiv. Zu zeigen ist die Relationstreue. Da ψ relationstreu ist, ergibt sich für alle $\psi(a); \psi(b) \in \overline{G}$: $\eta(\psi(a)) \cdot \eta(\psi(b)) = (aN) \cdot (bN) = (aNb)N = (abN)N = (ab)NN = (ab)N$ $= \eta(\psi(ab)) = \eta(\psi(a) \cdot \psi(b))$. ■

Eine Bedeutung des Homomorphiesatzes besteht darin, daß man die Struktur *aller homomorphen Bilder* einer Gruppe G kennt, wenn *alle Normalteiler* von G bekannt sind (vgl. Beispiel 3.10).

Selbstverständlich sind die Aussagen der Sätze über Gruppen in den Abschnitten 3.1 und 3.2 unabhängig von der *Bezeichnungsweise* der Gruppenoperation:

Da ein *Modul G* stets abelsch ist, besitzt *jeder Untermodul U* die *Normalteilereigenschaft* $a+U = U+a$. Der Kern eines Modulhomomorphismus ist die Menge aller der Modulelemente, welche dem *Nullelement* des homomorphen Bildes zugeordnet werden. Statt von Nebenklassen spricht man von *Restklassen*, statt von Faktorgruppen vom **Restklassenmodul von G modulo U**.

Beispiel 3.9: a) Die Menge $2\mathbb{Z}$ aller geraden Zahlen ist ein Normalteiler in $[\mathbb{Z};+]$. Es besteht $\mathbb{Z}/_{2\mathbb{Z}}$ aus den Klassen $2\mathbb{Z}$ und $2\mathbb{Z}+1$. Beim „Rechnen" in $\mathbb{Z}/_{2\mathbb{Z}}$ interessiert man sich im Grunde nur dafür, ob gerade oder ungerade Zahlen miteinander verknüpft werden sollen. Wegen $\mathbb{Z}/_{2\mathbb{Z}} \overset{\sim}{\leftrightarrow} \mathfrak{Z}_2$ kann das „Rechnen" in $\mathbb{Z}/_{2\mathbb{Z}}$ vollständig durch die Tafel im Bild 27 beschrieben werden.

b) Ein ähnlicher Sachverhalt liegt dem Beispiel 3.4 a) zugrunde. Die Faktorgruppe $\mathfrak{S}_n/_{\mathfrak{A}_n}$ ist ebenfalls isomorph zur Gruppe $\mathfrak{Z}_2$. Bei den Verknüpfungen von Permutationen in der Gruppe $\mathfrak{S}_n$ wird beim Rechnen in der Faktorgruppe $\mathfrak{S}_n/_{\mathfrak{A}_n}$ nur noch das Merkmal „Charakteristik einer Permutation" beachtet.

+	gerade	ungerade
gerade	gerade	ungerade
ungerade	ungerade	gerade

Bild 27

Bemerkung: Das Rechnen in Faktorgruppen ist eigentlich ein Rechnen mit Nebenklassen. Im allgemeinen erfolgt es „repräsentantenweise". Man wählt aus aN bzw. bN Elemente a' bzw. b' aus und beachtet beim Verknüpfen, daß gilt: Zwei Elemente c und d liegen genau dann in der gleichen Nebenklasse, wenn $cd^{-1} \in N$ gilt. Das Beispiel b) macht jedoch deutlich, daß man durch Faktorisierung einer Gruppe G eine Gruppe konstruieren kann, in der es für das interessierende Merkmal keine ***typischen*** Repräsentanten gibt.

Übung 3.9: a) Man faktorisiere den Modul $[\mathbb{Z};+]$ nach dem Normalteiler $N = m\mathbb{Z}$, beschreibe $\mathbb{Z}/_{m\mathbb{Z}}$ und stelle eine Beziehung zum Homomorphiesatz her.

b) Man bestimme alle homomorphen Bilder der zyklischen Gruppe $\mathfrak{Z}_6$ und weise nach: Das homomorphe Bild einer zyklischen Gruppe ist selbst eine zyklische Gruppe.

c) Kann es einen Homomorphismus der Gruppe $\mathfrak{S}_3$ auf die Gruppe $\mathfrak{Z}_3$ geben?

d) Man begründe: Alle zyklischen Gruppen sind homomorphe Bilder der $\mathfrak{Z}_\infty$.

e) Wieso folgt aus dem Satz von LAGRANGE, daß alle homomorphen Bilder einer Gruppe der Ordnung n einen Teiler von n als Ordnung besitzen?

Beispiel 3.10: Die Gruppe $\mathfrak{S}_4$ besitzt (bis auf Isomorphie) die vier Normalteiler $\mathfrak{S}_4; \mathfrak{A}_4; \mathfrak{V}_4$ und $\mathfrak{E}$. Struktur der Faktorgruppen: $\mathfrak{S}_4/_{\mathfrak{S}_4} \overset{\sim}{\leftrightarrow} \mathfrak{E}$; $\mathfrak{S}_4/_{\mathfrak{A}_4} \overset{\sim}{\leftrightarrow} \mathfrak{Z}_2$; $\mathfrak{S}_4/_{\mathfrak{V}_4} \overset{\sim}{\leftrightarrow} \mathfrak{S}_3$; $\mathfrak{S}_4/_{\mathfrak{E}} \overset{\sim}{\leftrightarrow} \mathfrak{S}_4$. Also besitzt die Gruppe $\mathfrak{S}_4$ nur homomorphe Bilder, die zu $\mathfrak{E}, \mathfrak{Z}_2, \mathfrak{S}_3$ bzw. $\mathfrak{S}_4$ isomorph sind.

3.2.3 Ideale, Restklassenringe, der Homomorphiesatz für Ringe

Bezüglich der Struktur homomorpher Bilder bei *Ringen* liegen völlig analoge Zusammenhänge zu denen bei *Gruppen* vor: An die Stelle eines Normalteilers N einer Gruppe G tritt ein (zweiseitiges) Ideal $\mathfrak{i}$ eines Ringes R. Die Komplexe $a + \mathfrak{i}$ (mit $a \in R$) heißen *Restklassen*; sie „ersetzen" bei Ringhomomorphismen die bei Gruppenhomomorphismen auftretenden Nebenklassen. Die Beweisgedanken der folgenden Sätze über Ringe stimmen mit den Beweisen für entsprechende Sätze über Gruppen nahezu überein.

Satz 3.11: Ist φ ein Ringhomomorphismus von R auf $\overline{R}$ mit dem Kern $\mathfrak{i}$, dann sind die Klassen bildgleicher Elemente die Restklassen von R nach $\mathfrak{i}$.

Beweis: a) Alle Elemente $a + i$ einer Restklasse $a + \mathfrak{i}$ besitzen bez. φ das gleiche Bild: Es sei $\varphi(a) = \overline{a}$, dann folgt: $\varphi(a + i) = \varphi(a) + \varphi(i) = \varphi(a) + \overline{0} = \varphi(a) = \overline{a}$. Also wird $a + i$ ebenfalls auf $\overline{a}$ abgebildet.
b) Alle bez. φ bildgleichen Elemente liegen in der gleichen Restklasse: Es sei $\varphi(a) = \overline{a}$ und $\varphi(b) = \overline{a}$, dann gilt: $\varphi(b - a) = \varphi(b) + \varphi(-a) = \overline{a} + (-\overline{a}) = \overline{0}$. Also liegt $b - a$ im Ideal $\mathfrak{i}$, und hieraus folgt $a + \mathfrak{i} = b + \mathfrak{i}$. ■

Satz 3.12: Die Menge aller Restklassen $a + \mathfrak{i}$ bez. eines Ideals $\mathfrak{i}$ eines Ringes R bildet bez. der Komplexaddition und der Komplexmultiplikation einen Ring. Er heißt **Restklassenring** (oder auch Quotientenring) **von R nach $\mathfrak{i}$** und wird mit $R/\mathfrak{i}$ bezeichnet.

Satz 3.13: Ist $\mathfrak{i}$ ein Ideal eines Ringes R, so ist die Abbildung φ mit $\varphi(a) = a + \mathfrak{i}$ für alle $a \in R$ ein Homomorphismus von R auf den Restklassenring $R/\mathfrak{i}$. Der Kern des Homomorphismus ist das Ideal $\mathfrak{i}$.

Beweise: Vgl. Übung 3.11 a)

Satz 3.14 (Homomorphiesatz für Ringe):
Ist $\psi : R \to \overline{R}$ ein Ringhomomorphismus mit dem Kern $\mathfrak{i}$, so ist die durch $\eta(\psi(a)) = a + \mathfrak{i}$ definierte Abbildung $\eta : \overline{R} \to R/\mathfrak{i}$ ein Isomorphismus.

Beweis: Die Abbildung η ist nach Satz 3.11 bijektiv. Sie ist auch relationstreu:
$\eta(\psi(a)) + \eta(\psi(b)) = (a + \mathfrak{i}) + (b + \mathfrak{i}) = (a + b) + \mathfrak{i} = \eta(\psi(a + b)) = \eta(\psi(a) + \psi(b))$.
$\eta(\psi(a)) \cdot \eta(\psi(b)) = (a + \mathfrak{i}) \cdot (b + \mathfrak{i}) = ab + \mathfrak{i} = \eta(\psi(ab)) = \eta(\psi(a) \cdot \psi(b))$. ■

Zu jedem Ringhomomorphismus $\varphi : R \to \overline{R}$ gehört also ein Ideal $\mathfrak{i}$ von R und umgekehrt. Man kann die Struktur aller homomorphen Bilder eines Ringes R bestimmen, wenn man alle Ideale $\mathfrak{i}$ von R kennt und die Restklassenringe $R/\mathfrak{i}$ bildet.

Übung 3.10: a) Stellen Sie die Zusammenhänge des Homomorphiesatzes für Ringe im Überblick dar. Orientieren Sie sich an dem Diagramm nach Satz 3.10.
b) Wie in einer Gruppe (bzw. in einem Modul) kann für die Komplexe eines Ringes R eine Komplexmultiplikation bzw. eine Komplexaddition erklärt werden, wobei z.B. $a + S$ die Summe von dem nur aus dem Element a bestehenden Komplex und dem Komplex S bedeutet. Begründen Sie, warum gilt $0 + i = i$; $a + \mathbf{i} = \mathbf{i} + a$; $a \cdot \mathbf{i} = \mathbf{i}$; $\mathbf{i} \cdot b = \mathbf{i}$; $\mathbf{i} + \mathbf{i} = \mathbf{i}$; $\mathbf{i} \cdot \mathbf{i} = \mathbf{i}$ und $R \cdot \mathbf{i} = \mathbf{i}$, wenn $\mathbf{i}$ ein (zweiseitiges) Ideal im Ring R ist.

Beispiel 3.11: In $[\mathbb{Z}; +; \cdot]$ bildet die Menge V_m aller ganzzahligen Vielfachen von m ein Ideal $\mathbf{i}$ (vgl. auch Beispiel 2.8 und Beispiel 3.5 b)). Die Menge aller Restklassen $0+\mathbf{i}; 1+\mathbf{i}; \ldots; (m-1)+\mathbf{i}$ bildet bez. der Komplexaddition und der Komplexmultiplikation einen Ring $\mathbb{Z}/_\mathbf{i}$, wobei Ringelemente a und b genau dann in der gleichen Restklasse liegen, wenn $a - b \in \mathbf{i}$ gilt (vgl. Satz 3.11). $\mathbb{Z}/_\mathbf{i}$ besitzt das Ideal $\mathbf{i}$ als Nullelement und ist homomorphes Bild von $[\mathbb{Z}; +; \cdot]$ (Satz 3.13). Da das Ideal $\mathbf{i}$ durch das Element m erzeugt werden kann, darf $\mathbf{i} = (m)$ geschrieben werden. Man erkennt (siehe auch Bild 28), daß im Restklassenring $\mathbb{Z}/_\mathbf{i}$ Operationen und Elemente nur anders (allgemeiner) beschrieben sind als im („bekannten") Restklassenring $\mathbb{Z}/_{(m)}$ mit den Elementen $[0]_m; [1]_m; \ldots [m-1]_m$. Wegen $\mathbb{Z}/_{(m)} \stackrel{\sim}{\leftrightarrow} \mathbb{Z}/_\mathbf{i}$ ist der dargelegte Zusammenhang ein Beispiel für den Homomorphiesatz für Ringe.

$$\begin{array}{lclcccc}
\mathbb{Z} & = & \{\ldots -m; 0; m \ldots\} \cup & \{\ldots -m+1; 1; m+1 \,..\} \cup & .. & \cup \{..\, -1; m-1; 2m-1\,.\} \\
\downarrow \varphi & & | & | & & | \\
\mathbb{Z}/_\mathbf{i} & = & \{0+\mathbf{i}; & 1+\mathbf{i}; & .. & ,(m-1)+\mathbf{i}\} \\
\updownarrow \eta & & | & | & & | \\
\mathbb{Z}/_{(m)} & = & \{[0]_m; & [1]_m; & .. & ; [m-1]_m\}
\end{array}$$

Bild 28

Übung 3.11: a) Beweisen Sie die Sätze 3.12 und 3.13. Orientieren Sie sich an den Beweisen zu den entsprechenden Sätzen für Gruppen.
b) Weisen Sie nach, daß die Menge $\{[0]_{12}; [4]_{12}; [8]_{12}\}$ im Ring $[\mathbb{Z}/_{(12)}; \oplus; \odot]$ ein Ideal $\mathbf{i}$ ist. Beschreiben Sie die Struktur des Ringes $\mathbb{Z}/_{(12)/\mathbf{i}}$.
c) Geben Sie alle Ideale im Restklassenring $[\mathbb{Z}/_{(15)}; \oplus; \odot]$ an, und charakterisieren Sie die homomorphen Bilder dieses Ringes.
d) Beweisen Sie, daß ein Körper K nur sich selbst und $\{0\}$ als Ideale enthält. Welche homomorphen Bilder kann folglich ein Körper besitzen?
e) Der im Beispiel 2.5 d) angegebene Ring $[F; +; \bullet]$ wird durch $\varphi(f) = f(x_0)$ mit $x_0 \in \mathbb{R}$ auf den Körper der reellen Zahlen abgebildet. Weisen Sie nach, daß φ ein Homomorphismus ist, und bestimmen Sie seinen Kern.

4 Konstruktion von Strukturen

Häufig ist es erforderlich, aus bekannten (relativ einfachen) Gebilden kompliziertere (oft auch „vollkommenere") Gebilde zu konstruieren. So sucht man z.B. bei der schrittweisen Erweiterung von Zahlbereichen nach Strukturen, in denen „möglichst viele" Gleichungen lösbar sind. Bei solchen Konstruktionen werden *allgemeine Verfahren* genutzt, welche auf der *algebraischen Struktur* des jeweils vorliegenden Gebildes aufbauen.

4.1 Direkte Produkte

Wie man Strukturen aus einzelnen Komponenten zusammensetzen kann

In Übung 1.27 b) wurde aus den zyklischen Gruppen $\mathfrak{Z}_2$ und $\mathfrak{Z}_4$ eine Gruppe der Ordnung 8 konstruiert. Wir wollen das dort genutzte Verfahren verallgemeinern:

Definition 4.1: Es seien $(H_1; \circ)$ und $(H_2; *)$ zwei Halbgruppen. Auf dem kartesischen Produkt $H_1 \times H_2$ wird für alle $a_1; b_1 \in H_1$ und $a_2; b_2 \in H_2$ durch $(a_1; a_2) \bullet (b_1; b_2) = (a_1 \circ b_1;\ a_2 * b_2)$ eine Operation definiert. Die Struktur $(H_1 \times H_2; \bullet)$ heißt das (*äußere*) **direkte Produkt von** $(H_1; \circ)$ **und** $(H_2; *)$.

Statt $(H_1 \times H_2; \bullet)$ schreibt man auch kurz $H_1 \times H_2$.

Satz 4.1: Das direkte Produkt $H_1 \times H_2$ zweier Halbgruppen ist eine Halbgruppe, das direkte Produkt zweier Gruppen eine Gruppe. Sind insbesondere zwei Halbgruppen kommutativ, so auch deren direktes Produkt.

Beweis: Die Abgeschlossenheit ergibt sich unmittelbar aus der Definition der Operation „$\bullet$". Sie ist assoziativ bzw. (falls H_1 und H_2 abelsch) kommutativ wegen $((a_1; a_2) \bullet (b_1; b_2)) \bullet (c_1; c_2) = (a_1 \circ b_1; a_2 * b_2) \bullet (c_1; c_2) = ((a_1 \circ b_1) \circ c_1; (a_2 * b_2) * c_2)$ $= (a_1 \circ (b_1 \circ c_1); a_2 * (b_2 * c_2)) = (a_1; a_2) \bullet (b_1 \circ c_1; b_2 * c_2) = (a_1; a_2) \bullet ((b_1; b_2) \bullet (c_1; c_2))$ bzw. $(a_1; a_2) \bullet (b_1; b_2) = (a_1 \circ b_1; a_2 * b_2) = (b_1 \circ a_1; b_2 * a_2) = (b_1; b_2) \bullet (a_1; a_2)$.

Es ist $(e_1; e_2)$ das neutrale Element des direkten Produktes der beiden Gruppen, falls e_1 bzw. e_2 neutrale Elemente in H_1 bzw. H_2 sind. Schließlich existiert zu jedem Element $(a_1; a_2)$ des direkten Produktes zweier Gruppen mit $(a_1^{-1}; a_2^{-1})$ ein inverses Element. ■

Definition 4.1 läßt eine Verallgemeinerung des direkten Produktes auf ein solches von n Halbgruppen (bzw. Gruppen) zu. Die Aussage des Satzes 4.1 gilt dann analog für ein direktes Produkt von n Halbgruppen bzw. n Gruppen. Auf entsprechende Weise kann man das (äußere) direkte Produkt von *Ringen* definieren.

Wir nutzen das direkte Produkt von Gruppen, um die Untersuchung der Isomorphieklassen von Gruppen kleiner Ordnung (vgl. Abschnitt 1.8) zu ergänzen!

Beispiel 4.1: a) Die beiden Isomorphieklassen von Gruppen der Ordnung 4 können repräsentiert werden durch die direkten Produkte $\mathfrak{Z}_4 \times \mathfrak{Z}_1$ und $\mathfrak{Z}_2 \times \mathfrak{Z}_2$. Offensichtlich gilt $\mathfrak{Z}_4 \overset{\sim}{\leftrightarrow} \mathfrak{Z}_4 \times \mathfrak{Z}_1$, denn $\varphi : \mathfrak{Z}_4 \overset{\sim}{\leftrightarrow} \mathfrak{Z}_4 \times \mathfrak{Z}_1$ mit $\varphi(a^i) = (a^i; e)$ mit $i \in \{0; 1; 2; 3\}$ ist eine isomorphe Abbildung. Vergleicht man die im Bild 29 dargestellte Strukturtafel mit derjenigen im Bild 14 (Abschnitt 1.6.1), so erkennt man, daß gilt $\mathfrak{Z}_2 \times \mathfrak{Z}_2 \overset{\sim}{\leftrightarrow} \mathfrak{V}_4$.

b) Die in Übung 1.27 b) untersuchte Gruppe der Ordnung 8 ist das direkte Produkt $(\mathfrak{Z}_2 \times \mathfrak{Z}_4; \bullet)$. Die Gruppe $[\text{Pot}(\{a; b; c\}); \triangle]$ in Übung 1.5 h) ist isomorph zur Gruppe $(\mathfrak{Z}_2 \times \mathfrak{Z}_2 \times \mathfrak{Z}_2; \bullet)$. Dagegen kann die in Übung 1.27 c) angegebene nichtkommutative „Quaternionengruppe" $(Q; \cdot)$ nicht als direktes Produkt einer Gruppe der Ordnung 2 und einer Gruppe der Ordnung 4 dargestellt werden, da Gruppen dieser Ordnung kommutativ sind.

•	(e;e)	(e;a)	(a;e)	(a;a)
(e;e)	(e;e)	(e;a)	(a;e)	(a;a)
(e;a)	(e;a)	(e;e)	(a;a)	(a;e)
(a;e)	(a;e)	(a;a)	(e;e)	(e;a)
(a;a)	(a;a)	(a;e)	(e;a)	(e;e)

Bild 29

c) Für Gruppen der Ordnung 9 existieren genau zwei Isomorphieklassen. Die eine kann durch die zyklische Gruppe $\mathfrak{Z}_9$ repräsentiert werden, die andere durch $\mathfrak{Z}_3 \times \mathfrak{Z}_3$. Die beiden Repräsentanten sind nicht isomorph. Allgemein gilt: Ist p eine Primzahl, so gibt es genau zwei Isomorphieklassen von Gruppen der Ordnung p^2, Repräsentanten sind $\mathfrak{Z}_{p^2}$ bzw. $\mathfrak{Z}_p \times \mathfrak{Z}_p$.

Übung 4.1: a) Stellen Sie die Strukturtafel der Gruppe $\mathfrak{Z}_2 \times \mathfrak{Z}_3$ auf, und geben Sie eine zu ihr isomorphe Gruppe an.
b) Die Gruppe G sei direktes Produkt der endlichen Gruppen G_1 und G_2. Besitzt $x_1 \in G_1$ die Ordnung n_1 und $x_2 \in G_2$ die Ordnung n_2, so besitzt $(x_1; x_2) \in G$ die Ordnung kgV $(n_1; n_2)$. Geben Sie Beispiele an, und begründen Sie diese Aussage.
c) Die Gruppe G sei direktes Produkt der zyklischen Gruppen $\mathfrak{Z}_n$ und $\mathfrak{Z}_m$. Beweisen Sie: Es ist G genau dann zyklisch, wenn gilt: ggT $(n; m) = 1$.
d) Es sei $G = \mathfrak{Z}_2 \times \mathfrak{S}_3$. Ist G eine abelsche Gruppe? Ist G eine zyklische Gruppe?

Übung 4.2: a) Die Gruppe G heißt (*inneres*) direktes Produkt der Untergruppen U_1 und U_2 genau dann, wenn gilt: (1) U_1 und U_2 sind Normalteiler in G, (2) $G = U_1 \cdot U_2$ und (3) $U_1 \cap U_2 = \{e\}$. Stellen Sie die zyklische Gruppe $\mathfrak{Z}_6$ als direktes Produkt zweier (nichttrivialer) Untergruppen dar. Untersuchen Sie, ob eine solche Darstellung für die Gruppe $\mathfrak{S}_3$ existiert.
b) Es sei $G = U_1 \cdot U_2$ (inneres) direktes Produkt von U_1 und U_2. Beweisen Sie: (1) Jedes Element $g \in G$ ist als Produkt $g = x_1 \cdot x_2$ mit $x_1 \in U_1$ und $x_2 \in U_2$ darstellbar. (2) x_1 und x_2 sind durch g eindeutig bestimmt. (3) Jedes Element $x_1 \in U_1$ ist mit jedem Element $x_2 \in U_2$ vertauschbar.

4.2 Konstruktion von Integritätsbereichen aus Halbringen

Wie man von den natürlichen Zahlen zu den ganzen Zahlen gelangen kann

Wir wollen die natürlichen Zahlen als bekannt voraussetzen (etwa als Äquivalenzklassen gleichmächtiger Mengen); desgleichen die Operationen „+" und „·" in $\mathbb{N}$. Das Gebilde $[\mathbb{N}; +; \cdot]$ erfüllt alle Forderungen, die man an einen Integritätsbereich stellt, bis auf die Existenz eines entgegengesetzten Elementes zu jedem $a \in \mathbb{N}$. Eine Struktur mit diesen Eigenschaften nennt man mitunter einen *Halbring*. In $[\mathbb{N}; +; \cdot]$ ist weder jede Gleichung $a \cdot x = b$ noch jede Gleichung $a + x = b$ lösbar. Um den letztgenannten Mangel zu beseitigen, kann man einen Integritätsbereich konstruieren, in welchen sich der gegebene Halbring isomorph einbetten läßt.

4.2.1 Von einer kommutativen regulären Halbgruppe zur Gruppe

Definition 4.2: Es sei $(H; +)$ eine kommutative Halbgruppe. Ein Element $(a; b) \in H \times H$ heißt **differenzengleich** zu $(c; d) \in H \times H$ genau dann, wenn gilt: $a + d = b + c$. Symbol $(a; b) \sim (c; d)$.

Folgerung 4.1: Die Differenzengleichheit „$\sim$" ist eine Äquivalenzrelation.

Beweis: vgl. Übung 4.3 b). Aus Folgerung 4.1 ergibt sich unmittelbar: $H \times H$ zerfällt bez. der Relation „$\sim$" in *Klassen* differenzengleicher geordneter Paare. Jede solche Klasse wird mit $\overline{(a; b)}$ bezeichnet (vgl. Beispiel 4.2 a)). In der *Menge G aller Äquivalenzklassen* wird eine Operation „+" eingeführt: ■

Definition 4.3: Die in G durch $\overline{(a; b)} + \overline{(c; d)} = \overline{(a + c; b + d)}$ definierte Operation heißt **Addition**; das Element $\overline{(a + c; b + d)}$ heißt **Summe**.

Bemerkung: Die in Definition 4.3 eingeführte Addition ist unabhängig von den gewählten Repräsentanten (vgl. Beispiel 4.2 b) und Übung 4.3 b)).

Satz 4.2: a) $(G; +)$ ist ein Modul.
b) $(H; +)$ kann isomorph in $(G; +)$ eingebettet werden.

Beweis: Zu (a): (Ab) ergibt sich unmittelbar aus Definition 4.3; (Ass) und (Komm) erhält man durch „Nachrechnen" (Übung 4.3 b)). $\overline{(n; n)}$ ist neutrales Element, denn es gilt $\overline{(a; b)} + \overline{(n; n)} = \overline{(a + n; b + n)} = \overline{(a; b)}$. Ein zu $\overline{(a; b)}$ entgegengesetztes Element ist $\overline{(b; a)}$ wegen $\overline{(a; b)} + \overline{(b; a)} = \overline{(a + b; b + a)} = \overline{(a + b; a + b)} = \overline{(n; n)}$.

Zu b): Es ist $\tilde{H} = \left\{\overline{(b; 0)} | b \in H\right\}$ eine Teilmenge von G. Die durch $\varphi(b) = \overline{(b; 0)}$ definierte Abbildung $\varphi : H \to \tilde{H}$ ist bijektiv. Die Relationstreue ergibt sich mit $\varphi(a + b) = \overline{(a + b; 0)} = \overline{(a; 0)} + \overline{(b; 0)} = \varphi(a) + \varphi(b)$. Also ist $(\tilde{H}; +)$ Halbgruppe. ■

Die (allgemeine) Konstruktion einer Gruppe aus einer kommutativen regulären Halbgruppe erfaßt als „Spezialfall" den Übergang von $[\mathbb{N};+]$ zu $[\mathbb{Z};+]$.

Beispiel 4.2: a) Wir motivieren die in Definition 4.2 eingeführte „Differenzengleichheit" am Beispiel der Halbgruppe der natürlichen Zahlen:
1. Fall: Besitzt in $[\mathbb{N};+]$ die Gleichung $b+x=a$ die eindeutig bestimmte Lösung $x_0 = b-a$, so ist auch die Gleichung $(b+n)+x = a+n$ (für *jedes beliebige* $n \in \mathbb{N}$) durch x_0 lösbar. Dies bedeutet, daß durch die Zahl x_0 eine Klasse von Gleichungen festgelegt wird, welche durch das Paar $(a;b)$ repräsentiert werden kann. Setzt man $a+n=c$ und $b+n=d$, so ist auch $(c;d)$ ein Repräsentant für diese Klasse; es gilt $a+d=b+c$.
Jede Klasse differenzengleicher Paare wird als *ganze Zahl* bezeichnet.
2. Fall: Ist $b+x=a$ in $\mathbb{N}$ *nicht* lösbar, so ist die Bildung von Äquivalenzklassen dennoch möglich. Auch in diesem Fall heißt jede Klasse eine *ganze Zahl*. Die Menge aller solcher Klassen wird mit $\mathbb{Z}$ bezeichnet.
b) Die in Definition 4.3 eingeführte Addition muß unabhängig davon sein, welche geordneten Paare man aus den Klassen als Repräsentanten wählt. Man wünscht sich z.B., daß $\overline{(8;6)} + \overline{(7;10)} = \overline{(5;3)} + \overline{(1;4)}$ gilt, denn $(8;6)$ und $(5;3)$ bzw. $(7;10)$ und $(1;4)$ liegen jeweils in der gleichen Klasse. Dies gilt aber auch für die Summen $(15;16)$ und $(6;7)$ wegen $15+7=16+6$.

Übung 4.3: a) Weisen Sie nach, daß die Differenzengleichheit eine Äquivalenzrelation ist.
b) Beweisen Sie, daß die in Definition 4.3 eingeführte Addition unabhängig von der Wahl der Repräsentanten sowie kommutativ und assoziativ ist.

Beispiel 4.3: Setzt man zusätzlich voraus, daß $\mathbb{N}$ eine *geordnete Menge* ist, kann man die übliche Schreibweise für ganze Zahlen erklären. Zu jedem von $\overline{(0;0)}$ verschiedenen Element $\overline{(a;b)} \in \mathbb{Z}$ existiert genau ein $n \in \mathbb{N}^*$, so daß gilt: Entweder $\overline{(a;b)} = \overline{(n;0)}$ oder $\overline{(a;b)} = \overline{(0;n)}$. *Eindeutigkeit*: Angenommen $(n;0) \in \overline{(a;b)}$ und $(m;0) \in \overline{(a;b)}$, dann gilt $(n;0) \sim (m;0)$, also $m=n$. Angenommen $(0;n) \in \overline{(a;b)}$ und $(m;0) \in \overline{(a;b)}$, dann gilt $(0;n) \sim (m;0)$, also $n+m=0$, d.h. $n=m=0$. *Existenz:* Für $a=b$ folgt $(0;0) \in \overline{(a;b)}$. Für $a<b$ existiert ein $n \in \mathbb{N}^*$ mit $a+n=b+0$, also gilt $(a;b) \sim (0;n)$. Für $b<a$ existiert ein $m \in \mathbb{N}^*$ mit $b+m=a+0$, also gilt $(a;b) \sim (m;0)$. Man schreibt *ganze Zahlen* mit Hilfe *natürlicher Zahlen*: 0, falls $(0;0) \in \overline{(a;b)}$; $+n$, falls $(n;0) \in \overline{(a;b)}$ (positive Zahlen); $-n$, falls $(0;n) \in \overline{(a;b)}$ (negative Zahlen).
Die Menge aller nichtnegativen ganzen Zahlen wird mit $\mathbb{Z}_+$, diejenige aller negativen ganzen Zahlen mit $\mathbb{Z}^*_-$ bezeichnet.

Übung 4.4: Warum ist die im Beweis zu Satz 4.2 genannte Abbildung $\varphi : H \xrightarrow{\sim} \tilde{H}$ bijektiv? Welcher Teilmenge von $\mathbb{Z}$ entspricht $\tilde{H}$, wenn $H = \mathbb{N}$ gesetzt wird?

4.2.2 Vom Modul $[\mathbb{Z};+]$ zum Integritätsbereich $[\mathbb{Z};+;\cdot]$

Die Beispiele 4.2 und 4.3 zeigen: Das in 4.2.1 dargestellte Konstruktionsverfahren beschreibt den Übergang von $[\mathbb{N};+]$ zu $[\mathbb{Z};+]$. Nach Satz 4.3 kann die Halbgruppe der natürlichen Zahlen in den Modul der ganzen Zahlen isomorph eingebettet werden. Man kann also in $[\mathbb{Z};+]$ die Elemente $\overline{(n;0)}$ durch natürlich Zahlen „ersetzen". Es wird zwischen Additionszeichen in $\mathbb{N}$ und in $\mathbb{Z}$ nicht mehr unterschieden.
Wir nutzen die im Beispiel 4.3 eingeführte vereinfachte Schreibweise, um mit Hilfe der Multiplikation in $\mathbb{N}$ auch in $\mathbb{Z}$ eine Multiplikation „$\bullet$" einzuführen, welche in der zu $\mathbb{N}$ gleichmächtigen Teilmenge von $\mathbb{Z}$ mit der Multiplikation in $\mathbb{N}$ „übereinstimmt". Dies, sowie die Bedingung, daß $[\mathbb{Z};+;\bullet]$ ein Integritätsbereich sein soll, sind hinreichend dafür, daß man die Operation „$\bullet$" nur auf eine Weise festlegen kann:

Definition 4.4: Die für alle $a;b\in\mathbb{Z}$ durch

$$a\bullet b=\begin{cases} a\cdot b, & \text{falls } a;b\in\mathbb{N},\\ (-a)\cdot(-b), & \text{falls } (-a);(-b)\in\mathbb{N},\\ -((-a)\cdot b), & \text{falls } (-a);b\in\mathbb{N},\\ -(a\cdot(-b)), & \text{falls } a;(-b)\in\mathbb{N},\end{cases}$$

festgelegte Operation „$\bullet$" heißt **Multiplikation ganzer Zahlen.**

Die *Festlegungen* in Definition 4.4 werden oft als „Vorzeichenregeln" bezeichnet.

Satz 4.3: $[\mathbb{Z};+;\bullet]$ ist ein Integritätsbereich mit Einselement.

Beweis: Nach Satz 4.2 ist $[\mathbb{Z};+]$ ein Modul. Daß $[\mathbb{Z};\bullet]$ eine kommutative Halbgruppe ist, folgt nahezu unmittelbar aus Definition 4.4: Die Operation „$\bullet$" ist für alle ganzen Zahlen erklärt, die Kommutativität bzw. die Assoziativität ergibt sich aus den entsprechenden Eigenschaften der Multiplikation in $\mathbb{N}$. Wegen $1\bullet a=a$ für $a\in\mathbb{N}$ und $a\bullet 1=-((-a)\cdot 1)=(-(-a))=a$ für $a\in\mathbb{Z}\setminus\mathbb{N}$ ist 1 neutrales Element bez. „$\bullet$" in $\mathbb{Z}$. Die Distributivität ergibt sich durch „Nachrechnen" (Übung 4.5 c)). Zum Nachweis der Nullteilerfreiheit in $\mathbb{Z}$ wird diejenige in $[\mathbb{N};+;\cdot]$ genutzt:

$$a;b\in\mathbb{N}:\ a\bullet b=0\Rightarrow a\cdot b=0 \qquad \Rightarrow a=0 \text{ oder } b=0;$$

$$(-a);b\in\mathbb{N}:\ a\bullet b=0\Rightarrow -((-a)\cdot b)=0\Rightarrow -a=0 \text{ (also } a=0) \text{ oder } b=0;$$

$$(-a);(-b)\in\mathbb{N}:\ a\bullet b=0\Rightarrow (-a)\cdot(-b)=0\Rightarrow (-a)=0 \text{ oder } (-b)=0,$$

also $a=0$ oder $b=0$. ■

Satz 4.4: $[\mathbb{N};+;\cdot]$ kann isomorph in $[\mathbb{Z};+;\bullet]$ eingebettet werden.

Beweis: Nach der im Beispiel 4.3 eingeführten Bezeichnungsweise kann $\mathbb{Z}$ zerlegt werden in $\mathbb{Z}_-^*=\{-n|n\in\mathbb{N}^*\}$ und $\mathbb{Z}_+=\{+n|n\in\mathbb{N}\}$. Die Abbildung $\varphi:\mathbb{N}\to\mathbb{Z}_+$ ist bijektiv. Die Relationstreue bez. „+" folgt aus Satz 4.2 b), die Relationstreue bez. „$\bullet$" folgt unmittelbar aus Definition 4.4. ■

Satz 4.4 legt nahe, für die Multiplikation in $\mathbb{Z}$ ebenfalls das Zeichen „$\cdot$" zu wählen.

Beispiel 4.4: Nutzt man die im Beispiel 4.3 eingeführte vereinfachte Schreibweise für ganze Zahlen, so zeigt sich, daß $(-n)$ und $(+n)$ wegen $\overline{(0;n)}+\overline{(n;0)} = \overline{(n;n)} = \overline{(0;0)}$ zueinander entgegengesetzte Zahlen sind, also gilt $(-(-n)) = n$. Wendet man dies auf die Fälle in Definition 4.4 an, so erhält man z.B.: $(+3) \bullet (+4) = 3 \cdot 4; (-3) \bullet (-4) = (-(-3)) \cdot (-(-4))$ $= 3 \cdot 4; (-3) \bullet (+4) = -((-(-3)) \bullet (+4)) = -3 \cdot 4$ und $(+3) \bullet (-4) = -(+3) \cdot (-(-4)) = -3 \cdot 4$.
Diese für das „Rechnen" mit ganzen Zahlen charakteristischen „Vorzeichenregeln" ergeben sich aus einer *Definition*, sind also nicht beweisbar.

Übung 4.5: a) Begründen Sie, warum jede Gleichung $a + x = b$ mit $a; b \in \mathbb{Z}$ in $\mathbb{Z}$ lösbar ist. Was kann man über die Lösbarkeit von Gleichung $a \cdot x = b$ in $\mathbb{Z}$ aussagen?
b) Begründen Sie, warum für die im Bild 30 dargestellten Elemente von $\mathbb{N} \times \mathbb{N}$ gilt:

- $(a; b) \sim (c; d)$ genau dann, wenn die zugehörigen Punkte auf einer gemeinsamen Halbgeraden mit dem Anstieg 1 liegen.
- Zu jeder Äquivalenzklasse $\overline{(a;b)}$ gehört genau ein Element $(n; 0)$ oder ein Element $(0; 0)$ oder ein Element $(0; n)$.
- Dreht man die b-Achse um 90° im mathematisch positiven Drehsinn, so erhält man eine „Zahlengerade" für ganze Zahlen.

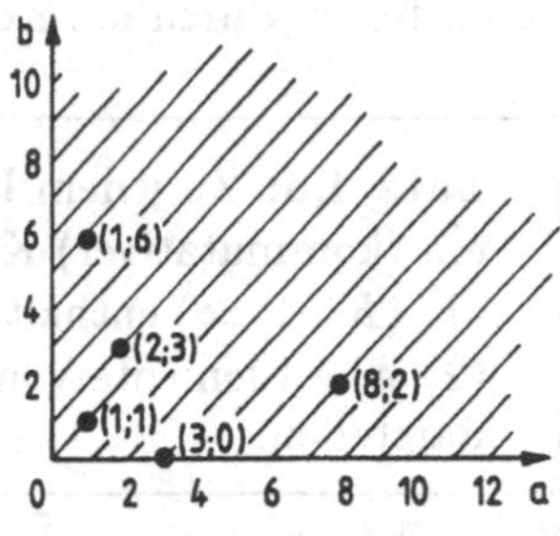

Bild 30

c) Weisen Sie nach, daß die in Definition 4.4 eingeführte Multiplikation ganzer Zahlen distributiv mit der Addition ganzer Zahlen verbunden ist.

Beispiel 4.5: Ziel der Überlegungen in den Abschnitten 4.2.1 und 4.2.2 war es, algebraische Konstruktionsverfahren zu finden, mit deren Hilfe man den Halbring der natürlichen Zahlen zum Ring der ganzen Zahlen erweitern kann. Das Ergebnis war ein *Integritätsbereich*, dessen Elemente sich durch $-n; 0$ bzw. $+n$ (mit $n \in \mathbb{N}^*$) *beschreiben* lassen (Beispiel 4.3) und der einen zu $[\mathbb{N}; +; \cdot]$ isomorphen Teilbereich, nämlich $\mathbb{Z}_+$, enthält. Damit läßt sich $[\mathbb{N}; +; \cdot]$ isomorph in den Ring der ganzen Zahlen einbetten. Man kann „beim Rechnen" in $\mathbb{Z}$ nichtnegative ganze Zahlen Zahlen durch natürliche Zahlen „ersetzen". Diese durch die Isomorphie gerechtfertigte Identifizierung von $[\mathbb{Z}_+; +; \bullet]$ und $[\mathbb{N}; +; \cdot]$ bewirkt, daß man in der Praxis statt mit Elementen aus $\mathbb{Z}$ mit solchen aus $(\mathbb{Z} \setminus \mathbb{Z}_+) \cup \mathbb{N}$ rechnet.

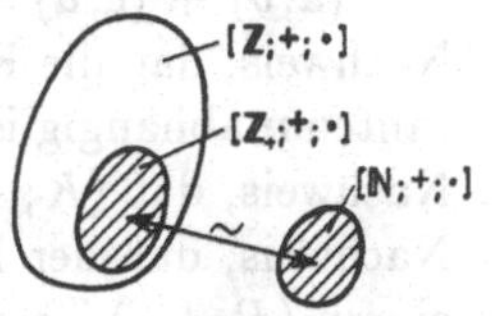

Bild 31

4.3 Konstruktion eines Quotientenkörpers aus einem Integritätsbereich

Wie man von den ganzen Zahlen zu den rationalen Zahlen gelangen kann

4.3.1 Zielstellungen und Ansätze bei der Konstruktion eines Quotientenkörpers

Wir setzen die im Paragraphen 4.2 begonnenen Untersuchungen zur Erkundung der algebraischen Strukturen bei der schrittweisen Erweiterung von Zahlbereichen fort. Um Gleichungen $a \cdot x = b$ $(a \neq 0)$ lösen zu können, reicht der Integritätsbereich $[\mathbb{Z}; +; \cdot]$ nicht aus; man benötigt einen (möglichst „kleinen") *Körper*, in welchen sich $[\mathbb{Z}; +; \cdot]$ isomorph einbetten läßt.
Die Fragen, ob es einen solchen Körper gibt, ob er eindeutig bestimmt ist, wie man ihn gewinnen kann und welche spezifische Struktur er besitzt, kann man auch bez. eines *beliebigen Integritätsbereiches* $(R; +; \cdot)$ stellen. Eine erste Anwort liefert der folgende Satz über die Existenz eines Quotientenkörpers; sein Beweis wird im wesentlichen durch die Konstruktion dieses Körpers erbracht:

Satz 4.5: Zu jedem Integritätsbereich $(R; +; \cdot)$ mit Einselement e existiert ein (kommutativer) Körper $(K; +; \bullet)$ mit folgenden Eigenschaften:
(1) $(K; +; \bullet)$ enthält einen zu $(R; +; \cdot)$ isomorphen Unterring.
(2) Alle Elemente von K lassen sich als „Quotienten" $ab^{-1} (a; b \in R; b \neq 0)$ darstellen.

Wir geben hier einen *Überblick* über die einzelnen *Konstruktionsschritte*. In den Beispielen 4.6 bis 4.8 wird die Konstruktion *am Beispiel des Ringes* $[\mathbb{Z}; +; \cdot]$ nachvollzogen; die dort eingefügten Beweise unterscheiden sich in keiner Weise von den Überlegungen im *allgemeinen Fall*, sie können diese deshalb ersetzen:

1. Konstruktion der Menge $\tilde{K} = R \times (R \setminus \{0\})$.
2. Definition einer Relation „Quotientengleichheit" in $\tilde{K}$:
   $(a; b) \cong (a', b') \iff ab' = ba'$.
   Nachweis, daß „$\cong$" eine Äquivalenrelation in $\tilde{K}$ ist (Beispiel 4.6 a)). Die Menge aller Äquivalenzklassen bez. „$\cong$" wird mit K bezeichnet, die das Element $(a; b)$ enthaltende Klasse mit $\overline{(a; b)}$.
3. Definition einer Addition „+" und einer Multiplikation „$\bullet$" in K durch
   $\overline{(a; b)} + \overline{(c; d)} = \overline{(ad + bc; bd)}$ bzw. $\overline{(a; b)} \bullet \overline{(c; d)} = \overline{(ac; bd)}$.
   Nachweis, daß die Festlegung von Addition und Multiplikation in K repräsentantenunabhängig ist (Beispiel 4.6 b)).
4. Nachweis, daß $(K; +; \bullet)$ ein Körper ist (Beispiel 4.7).
5. Nachweis, daß der Komplex $\overline{R} = \{g | g = \overline{(ab; b)}$ und $a; b \in R$ $(b \neq 0)\}$ von K ein zu $(R, +; \cdot)$ isomorpher Unterring ist (Beispiel 4.8 a)).
6. Nachweis, daß sich jedes Element aus K als „Quotient" schreiben läßt (Beispiel 4.8 b)).

Beispiel 4.6: a) In $\mathbb{Z} \times (\mathbb{Z} \setminus \{0\})$ ist die Quotientengleichheit „$\cong$" eine Äquivalenzrelation: Da $\mathbb{Z}$ ein kommutativer Ring ist, gilt $ab = ba$, also $(a;b) \cong (a;b)$. Aus dem gleichen Grunde folgt: $(a;b) \cong (c;d) \Longleftrightarrow ad = bc \Longleftrightarrow cb = da \Longleftrightarrow (c;d) \cong (a;b)$. Also ist „$\cong$" symmetrisch. Beim Nachweis der Transitivität von „$\cong$" wird die Nullteilerfreiheit von $\mathbb{Z}$ genutzt (vgl. Übung 4.6 b)).
Die geordneten Paare $(a;b)$ können als *Brüche* gedeutet werden. Es wird sich zeigen, daß die Äquivalenzklassen von Brüchen als *rationale Zahlen* bezeichnet werden dürfen. Wir schreiben deshalb in unserem Beispiel $[\mathbb{Q}; + ; \bullet]$ statt $(K; + ; \bullet)$.
b) Die Festlegung der Operationen „+" und „•" wurden bei der Konstruktion des Quotientenkörpers K (im 3. Schritt) für *Brüche* formuliert. Es muß nachgewiesen werden, daß Summe bzw. Produkt unabhängig davon sind, welche Repräsentanten man aus den Äquivalenzklassen für Summen bzw. Faktoren auswählt. Bez. der Multiplikation gilt:
(1) $(a;b) \cong (a';b') \Longleftrightarrow ab' = ba'$ und (2) $(c;d) \cong (c';d') \Longleftrightarrow cd' = dc'$.
Durch Multiplikation von (1) und (2) ergibt sich $ab'cd' = ba'dc'$.
Durch Vertauschen von Faktoren erhält man die Bedingung für $\overline{(a;b)} \bullet \overline{(c;d)} \cong \overline{(a';b')} \bullet \overline{(c';d')}$.

Übung 4.6: a) Man begründe: Die Aussage $(a;b) \cong (c;d)$ ist äquivalent zu der Aussage, daß die „Brüche" $(a;b)$ und $(c;d)$ durch Kürzen oder Erweitern oder aus einer Kombination von beiden auseinander hervorgehen.
b) Man weise nach, daß die Relation „$\cong$" die Eigenschaft der Transitivität besitzt.
c) Bestätigen Sie, daß die Addition rationaler Zahlen repräsentantenunabhängig ist.

Beispiel 4.7: Wir weisen nach, daß $[\mathbb{Q}; + ; \bullet]$ die Struktur eines Körpers besitzt: Die Abgeschlossenheit von „+" folgt unmittelbar aus der Definition, wenn man noch berücksichtigt, daß wegen der Nullteilerfreiheit von $[\mathbb{Z}; +; \cdot]$ mit b und d auch $b \cdot d$ von Null verschieden ist. Entsprechendes gilt für „•". Die Assoziativität und Kommutativität der beiden Operationen weist man „durch Ausrechnen" nach, ebenso, daß das Axiom (Dis) erfüllt ist (Übung 4.7). Es ist $\overline{(0;b)}$ mit $b \in \mathbb{N}^*$ Nullelement, denn es gilt $\overline{(0;b)} + \overline{(c;d)} = \overline{(0d+bc;bd)} = \overline{(bc;bd)} \cong \overline{(c;d)}$. Das zu $\overline{(a;b)}$ entgegengesetzte Element ist $\overline{(-a;b)}$; es ist nämlich $\overline{(a;b)} + \overline{(-a;b)} = \overline{(ab+(-a)b;b^2)} = \overline{(0;b^2)} \cong \overline{(0;b)}$. Die Gleichung $\overline{(b;b)} \bullet \overline{(c;d)} = \overline{(bc;bd)} \cong \overline{(c;d)}$ zeigt, daß $\overline{(b;b)}$ das Einselement in $\mathbb{Q}$ ist. Schließlich existiert zu jedem $\overline{(a;b)}$ für $a \neq 0$ mit $\overline{(b;a)}$ ein inverses Element: $\overline{(a;b)} \bullet \overline{(b;a)} = \overline{(ab;ba)} \cong \overline{(b;b)}$.

Übung 4.7: Weisen Sie nach, daß die Operationen in $[\mathbb{Q}; +; \bullet]$ kommutativ und assoziativ sind und daß das Axiom (Dis) erfüllt ist.

4.3.2 Existenz und Eindeutigkeit des Quotientenkörpers

Ist $[R; +; \cdot]$ ein Integritätsbereich, so heißt jeder Körper K, der die in Satz 4.5 genannten Bedingungen (1) und (2) erfüllt, ein **Quotientenkörper des Integritätsbereichs** R. Offen sind dabei noch folgende Fragen:
Ist - bei gegebenem Integritätsbereich R - ein Quotientenkörper (bis auf Isomorphie) *eindeutig bestimmt*?
Zu welchen Ringen *existiert* ein Quotientenkörper?
Antwort auf die erstgenannte Frage gibt der folgende Satz.

Satz 4.6: Jeder Körper K, in den sich ein gegebener Integritätsbereich R isomorph einbetten läßt und dessen Elemente sich als Quotienten $a \cdot b^{-1} (a; b \in R; b \neq 0)$ darstellen lassen, ist bis auf Isomorphie eindeutig bestimmt. Es ist der bez. „$\subseteq$" kleinste Körper, welcher ein isomorphes Bild von R enthält.

Satz 4.6 gestattet, von *dem Quotientenkörper* eines Integritätsbereiches zu sprechen.

Beweis: Ein Quotientenkörper K von R besteht aus genau den Elementen, die sich in der Form $a \cdot b^{-1}$ schreiben lassen. Das Rechnen mit diesen Quotienten ist durch die Definition der Operationen „+" und „•" der Quotientengleichheit eindeutig bestimmt. Es kann kein echter Unterkörper von K (falls ein solcher überhaupt existiert) Quotientenkörper von R sein, denn dann besäße zumindest eine Gleichung, etwa $c \cdot x = d$ $(c; d \in R; c \neq 0)$, keine Lösung. Jeder echte Oberkörper K^* von K muß ebenfalls alle Quotienten ab^{-1} enthalten. Angenommen, in K^* existiert ein von K *verschiedener* Quotientenkörper von R, dann müßte wenigstens eine Gleichung $bx = a$ $(b \neq 0)$ zwei *voneinander verschiedene* Lösungen haben, im Widerspruch zur eindeutigen Lösbarkeit dieser Gleichung in K^*. ■

Wenden wir uns nun der Frage zu, zu welchen Ringen Quotientenkörper existieren. Satz 4.5 sagt in Verbindung mit Satz 4.6 aus, daß sich jeder *Integritätsbereich* R isomorph in einen eindeutig bestimmten Quotientenkörper einbetten läßt. Offensichtlich ist die *Nullteilerfreiheit* von R eine notwendige Voraussetzung für eine solche Einbettung. Man kann nachweisen, daß dies auch für die *Kommutativität* eines Ringes gilt. Dagegen ist es für die Existenz eines Quotientenkörpers nicht erforderlich, daß der Integritätsbereich ein Einselement besitzt, denn das Einselement des Körpers läßt sich durch einen Quotienten $b \cdot b^{-1}$ mit $b \neq 0$ und b beliebig aus R repräsentieren. Damit ergibt sich (vgl. auch Beispiel 4.9):

Jeder Integritätsbereich besitzt einen eindeutig bestimmten Quotientenkörper.
Ringe, die keine Integritätsbereiche sind, besitzen keinen Quotientenkörper.

Beispiel 4.8: a) $[\mathbb{Q}; + ; \bullet]$ enthält einen zu $[\mathbb{Z}; +; \cdot]$ isomorphen Unterring $\overline{R}$. Es ist $\varphi : \mathbb{Z} \to \overline{R}$ mit $\varphi(a) = \overline{(ab; b)}$ bijektiv, denn aus $\varphi(a) = \varphi(a')$ folgt $(ab; b) = (a'b; b)$, also $abb = a'bb$ und damit $a = a'$. Relationstreue:
$\varphi(a_1) + \varphi(a_2) = \overline{(a_1b; b)} + \overline{(a_2b; b)} = \overline{((a_1 + a_2)b^2; b^2)} = \varphi(a_1 + a_2)$
und $\varphi(a_1) \bullet \varphi(a_2) = \overline{(a_1b; b)} \bullet \overline{(a_2b; b)} = \overline{((a_1a_2)b^2; b^2)} = \varphi(a_1 \cdot a_2)$.
b) Jede rationale Zahl kann bekanntlich als Quotient $a \cdot b^{-1}$ (bzw. $\frac{a}{b}$) geschrieben werden. Wir begründen nun, inwiefern diese Schreibweise *auf der Basis unserer Konstruktion* gerechtfertigt ist: Wegen der Überlegungen in Beispiel 4.8 a) kann man $\overline{(ab; b)}$ mit a, $\overline{(bb; b)}$ mit b und $\overline{(b; bb)}$ mit b^{-1} bezeichnen. Es ergibt sich: $\overline{(a; b)} = \overline{(ab; b)} \bullet \overline{(b; bb)} = \overline{(ab; b)} \bullet \overline{(bb; b)}^{-1} = a \cdot b^{-1}$.
c) Zur Verdeutlichung der Tatsache, daß rationale Zahlen Äquivalenzklassen (quotientengleicher) Brüche sind, findet man mitunter die nebenstehende Veranschaulichung: Bild 32

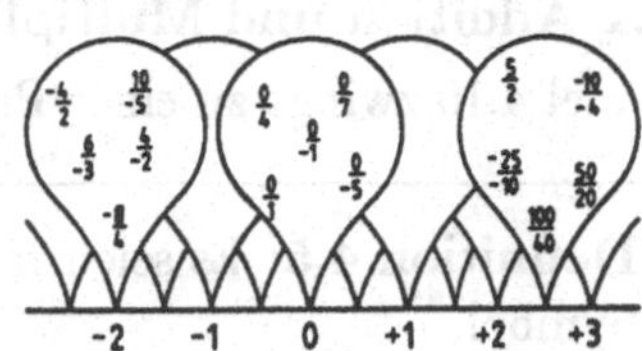

Übung 4.8: Für das Rechnen in $[\mathbb{Q}; + ; \bullet]$ werden „Regeln der Bruchrechnung" genutzt. Betrachtet man $[\mathbb{Q}; + ; \bullet]$ als den Quotientenkörper von $[\mathbb{Z}; +; \cdot]$, so kann man manche „Regeln" beweisen, andere sind Festlegungen. Geben Sie Beispiele an.

Beispiel 4.9: a) Der Quotientenkörper des Ringes der geraden Zahlen ist ebenfalls $\mathbb{Q}$. Die Konstruktion verläuft wie für den Ring $\mathbb{Z}$; das Einselement von $\mathbb{Q}$ kann z.B. durch $(2; 2)$ bzw. - in anderer Schreibweise - durch $\frac{2}{2}$ dargestellt werden.
b) Wir suchen den Quotientenkörper von $[\mathbb{Z}/_{(3)}; \oplus; \odot]$. Nun ist dieser Integritätsbereich R selbst schon ein Körper K. Da der Quotientenkörper stets der kleinste R enthaltende Körper ist, muß R mit K übereinstimmen. Führt man die schrittweise Konstruktion durch, so erhält man zunächst die Menge $\mathbb{Z}/_{(3)} \times (\mathbb{Z}/_{(3)} \setminus \{[0]_3\})$, die aus 6 geordneten Paaren besteht. Je zwei davon liegen in der gleichen Äquivalenzklasse. Diese können z.B. durch $([0]_3; [1]_3)$; $([1]_3; [1]_3)$ bzw. $([1]_3; [2]_3)$ repräsentiert werden. Stellt man die Verknüpfungstafeln für diese Elemente bez. „+" und „•" auf, so erkennt man die Isomorphie des Gebildes zum Körper $[\mathbb{Z}/_{(3)}; \oplus, \odot]$.

Übung 4.9: Stellen Sie die Verknüpfungstafeln im Beispiel 4.9 b) auf.

Übung 4.10: a) Man gebe den Quotientenkörper des Ringes der ganzen GAUSSschen Zahlen an.
b) Begründen Sie: Isomorphe Integritätsbereiche besitzen zueinander isomorphe Quotientenkörper.
c) R sei derjenige Unterring von $\mathbb{Q}$, der aus „Brüchen mit ungeradem Nenner" besteht. Welches ist der Quotientenkörper von R? Begründung angeben!

4.4 Polynomringe

Wie man mit Polynomen rechnen kann

Ganzrationale Funktionen f (mit $\mathbb{Q}$ als Definitionsbereich) werden durch Gleichungen der Form $f(x) = a_n x^n + a_{n-1}x^{n-1} + \ldots + a_1 x + a_0$ ($a_i \in \mathbb{Q}$) charakterisiert. Den auf der rechten Seite stehenden Term bezeichnet man als *Polynom in x mit Koeffizienten aus $\mathbb{Q}$*. Er ist durch die Koeffizienten a_i ($i = 0; 1; ...; n$) eindeutig bestimmt. Für Funktionen kann man durch $(f \oplus g)(x) = f(x) + g(x)$ eine Addition und durch $(f \odot g)(x) = f(x) \cdot g(x)$ eine Multiplikation definieren, die sich auf das „Rechnen mit Polynomen" überträgt (vgl. Übung 4.10). Wir verallgemeinern diesen Sachverhalt und untersuchen Polynome, deren Koeffizienten in einem *beliebigen Ring* liegen.

4.4.1 Addition und Multiplikation von Polynomen

Beispiel 4.10 zwingt zu einer Präzisierung des oben genannten Polynombegriffes:

Definition 4.5: Es seien R ein Ring mit Einselement e und x ein (formales) Symbol.

- x heißt **Unbestimmte über** R genau dann, wenn gilt:
  (1) $a \cdot x = x \cdot a$ für alle $a \in R$. (2) $e \cdot x = x$.
  (3) x ist *transzendent* über R, d.h., $\sum\limits_{i=0}^{n} c_i x^i = 0 \Leftrightarrow c_0 = \ldots = c_n = 0$.
- Jede formale Summe $\sum\limits_{i=0}^{n} a_i x^i$ mit $a_i \in R$ und der Unbestimmten x über R heißt **Polynom in x mit Koeffizienten aus** R.

Für Polynome in x werden auch die Bezeichnungen $p(x); q(x); u(x); \ldots$ genutzt.

Folgerung 4.2: Es gilt: $\sum\limits_{i=0}^{m} a_i x^i = \sum\limits_{i=0}^{n} b_i x^i \Leftrightarrow m = n$ und $a_i = b_i$.

Beweis: Es sei ohne Beschränkung der Allgemeinheit $m \geq n$; dann folgt aus $\sum\limits_{i=0}^{m} a_i x^i - \sum\limits_{i=0}^{n} b_i x^i = \sum\limits_{i=0}^{n}(a_i - b_i)x^i + \sum\limits_{j=n+1}^{m} a_j x^j = 0$ wegen (3) $a_{n+1} = \ldots = a_m = 0$, also $m = n$, und $a_i - b_i = 0$, d.h. $a_i = b_i$ (für $i = 1; 2; \ldots; n$). ∎

Statt $\sum\limits_{i=0}^{n} a_i x^i$ wird auch $\sum\limits_{i} a_i x^i$ geschrieben; dabei sind nur *endlich viele* $a_i \neq 0$.

Definition 4.6: Für Polynome in x wird festgelegt:

(1) $\sum\limits_i a_i x^i + \sum\limits_i b_i x^i = \sum\limits_i (a_i + b_i) x^i$ **(Polynomaddition)**

(2) $\left(\sum\limits_i a_i x^i\right) \bullet \left(\sum\limits_j b_j x^j\right) = \sum\limits_\lambda \left(\sum\limits_{i+j=\lambda} a_i b_j\right) x^\lambda$ **(Polynommultiplikation)**

Beispiel 4.10: Stimmen die ganzrationalen Funktionen f und g mit $f(x) = \sum_{i=0}^{m} a_i x^i$ bzw. $g(x) = \sum_{i=0}^{n} b_j x^i$ mit Koeffizienten aus $\mathbb{Q}$ überein, so gilt bekanntlich $m = n$ und $a_i = b_i$ für $i = 0; 1; 2; \ldots; n$. Würde man für ganzrationale Funktionen einen *beliebigen Ring* als Koeffizientenbereich wählen, dann gilt eine entsprechende Aussage nicht. Nimmt man z.B. die Koeffizienten aus $[\mathbb{Z}/_{(3)}; \oplus; \odot]$, so gilt für die Funktionen f mit $f(x) = x^3 - x$ und g mit $g(x) = x^4 - x^2$: $f([0]_3) = f([1]_3) = f([2]_3) = [0]_3$ und $g([0]_3) = g([1]_3) = g([2]_3) = [0]_3$, also $f = g$, obwohl die Terme $x^3 - x$ und $x^4 - x^2$ voneinander verschieden sind.

Übung 4.11: a) Man addiere (bzw. multipliziere) die ganzrationalen Funktionen f und g mit $f(x) = 3x^2 - x + \frac{1}{2}$ bzw. $g(x) = x^4 - x^2 + \frac{1}{3}$.
b) Warum ist sowohl die Addition als auch die Multiplikation ganzrationaler Funktionen über $\mathbb{Q}$ kommutativ? Geben Sie das Nullelement und das Einselement an.

Beispiel 4.11: a) Wählt man für den in Definition 4.5 angegebenen Ring R den der ganzen Zahlen, so erfüllt die Zahl π die Bedingungen, die an eine Unbestimmte über $\mathbb{Z}$ gestellt werden. Man erhält als *Polynom in* π z.B. $3\pi^2 - 4\pi + 1$ oder (allgemein) $\sum_{i=0}^{n} a_i \pi^i$ mit $a_i \in \mathbb{Z}$.

b) Nach Folgerung 4.2 ist ein Polynom $\sum_{i=0}^{n} a_i x^i$ durch das $(n+1)$-Tupel $(a_0; a_1; \ldots; a_n)$ eindeutig bestimmt. So entspricht z.B. dem Quadrupel $(2; -1; 0; 4)$ das Polynom $2 + (-1)x + 4x^3$ in der Unbestimmten x.

Beispiel 4.12: Definition 4.6 zeigt: Die *Addition von Polynomen* wird auf die Addition der Koeffizienten a_i und b_i zurückgeführt. Die *Multiplikation von Polynomen* entspricht der Vorgehensweise beim „Ausmultiplizieren", z.B.: $\left(\sum_{i=0}^{2} a_i x^i\right) \cdot \left(\sum_{i=0}^{1} b_j x^j\right) = (a_2x^2 + a_1x + a_0) \cdot (b_1x + b_0)$

$= a_2b_1x^3 + (a_2b_0 + a_1b_1)x^2 + (a_1b_0 + a_0b_1)x + a_0b_0 = \sum_{\lambda=0}^{3} \left(\sum_{i+j=\lambda} a_ib_j\right) x^\lambda.$

Übung 4.12: a) Begründen Sie, warum die in Definition 4.6 festgelegte Addition für Polynome kommutativ und assoziativ ist. Unter welchen Bedingungen ist die Polynommultiplikation kommutativ?
b) Gegeben sind die Polynome $p(x) = x^3 + 2x - 4$; $q(x) = -x^4 + 1$ und $v(x) = 2x^2 - 5x + 2$. Berechnen Sie $p(x) + q(x)$; $p(x) \cdot v(x)$; $(p(x) + q(x)) \cdot v(x)$ und $p(x) \cdot v(x) + q(x) \cdot v(x)$.

4.4.2 Polynomringe und ihre Eigenschaften

Die Menge aller Polynome in x mit Koeffizienten aus dem Ring R wird mit $R[x]$ bezeichnet. Für die Operationen in $R[x]$ wählen wir nun die Symbole „+" bzw. „·".

> **Satz 4.7:** Ist R ein Ring mit e, dann ist $(R[x];+;\cdot)$ ebenfalls ein Ring mit Einselement; er heißt **Polynomring in der Unbestimmten x über R.**

Man sagt: $R[x]$ ist (aus R) durch *Adjunktion von x* entstanden.

Beweis: Die Abgeschlossenheit von „+" bzw. „·" ergibt sich aus Definition 4.6; Kommutativität und Assoziativität der Addition folgen aus entsprechenden Eigenschaften in $(R;+;\cdot)$. Es ist das *Nullpolynom* $\sum\limits_i 0x^i$ das Nullelement, $e+\sum\limits_i 0x^i$ das Einselement und $\sum\limits_i(-a_i)x^n$ das zu $\sum\limits_i a_ix^n$ entgegengesetzte Element. Die Assoziativität der Multiplikation ergibt sich durch Nachrechnen, ebenso (Dis):

$$(\sum_i a_ix^i)\left(\sum_j b_jx^j+\sum_j c_jx^j\right)=(\sum_i a_ix^i)\left(\sum_j(b_j+c_j)x^j\right)=\sum_\lambda\left(\sum_{i+j=\lambda}a_i(b_j+c_j)\right)x^\lambda$$

$$=\sum_\lambda\left(\left(\sum_{i+j=\lambda}a_ib_j\right)x^\lambda+\left(\sum_{i+j=\lambda}a_ic_j\right)x^\lambda\right)=\sum_\lambda\left(\sum_{i+j=\lambda}a_ib_j\right)x^\lambda+\sum_\lambda\left(\sum_{i+j=\lambda}a_ic_j\right)x^\lambda$$

$$=\left(\sum_i a_ix^j\right)\left(\sum_j b_jx^j\right)+\left(\sum_i a_ix^i\right)\left(\sum_j c_jx^j\right).$$ (Rechtsdistributivität analog). ∎

> **Folgerung 4.3:** (1) $R[x]$ enthält einen zu R isomorphen Unterring.
> (2) Aus der Kommutativität des Ringes R folgt die des Ringes $R[x]$.
> (3) Ist R ein nullteilerfreier Ring mit e, so ist auch $R[x]$ nullteilerfrei.

Beweis: Zu (1): $\overline{R}=\{p(x)|p(x)=a_0+\sum\limits_i 0x^i \text{ mit } a_0\in R\}$ ist zu R isomorph, denn die Abbildung $\varphi: R\to\overline{R}$ mit $\varphi(a_0)=a_0+\sum\limits_i 0x^i$ ist bijektiv und relationstreu.

Zu (2): Folgt unmittelbar aus Definition 4.6 (2).

Zu (3): Ist weder $\sum\limits_{i=0}^{r} a_ix^i$ noch $\sum\limits_{j=0}^{s} b_jx^j$ das Nullpolynom, so gilt $a_r\neq 0$ bzw. $b_s\neq 0$. Bei der Multiplikation tritt $a_rb_sx^{r+s}$ als Summand auf. Da R nullteilerfrei ist, gilt $a_rb_s\neq 0$. Also ist das Produkt der Polynome nicht das Nullpolynom. ∎

Man legt fest: $p(x)=\sum\limits_i a_ix^i$ besitzt den *Grad k* genau dann, wenn $a_k\neq 0$ und $a_j=0$ für $j>k$. Symbol: grad $(p(x))=k$. Das Nullpolynom hat keinen Grad.

> **Satz 4.8** (Gradsatz):
> In einem Polynomring $R[x]$ folgt aus grad $(p(x))=k$ und grad $(q(x))=l$:
> (1) grad $(p(x)+q(x))\leq\max(k;l)$. (2) grad $(p(x)\cdot q(x))\leq k+l$.

Beweisgedanke: Vgl. Beispiel 4.14 b).

Beispiel 4.13: a) $[\mathbb{Z}[x]; +; \cdot]$ ist der Ring aller Polynome mit Koeffizienten aus $\mathbb{Z}$. Da $[\mathbb{Z}; +; \cdot]$ Integritätsbereich ist, gilt dies nach Folgerung 4.3 auch für $\mathbb{Z}[x]$; außerdem kann $\mathbb{Z}$ in $\mathbb{Z}[x]$ isomorph eingebettet werden: Jeder ganzen Zahl c entspricht mit $c + 0x + 0x^2 + \ldots$ umkehrbar eindeutig ein *konstantes Polynom.* Adjungiert man zu $\mathbb{Z}$ statt x die Unbestimmte y, so erhält man einen Polynomring $\mathbb{Z}[y]$; dabei gilt $\mathbb{Z}[x] \overset{\sim}{\leftrightarrow} \mathbb{Z}[y]$, denn die Abbildung φ : $\mathbb{Z}[x] \to \mathbb{Z}[y]$ mit $\varphi\left(\sum_i a_i x^i\right) = \sum_i a_i y^i$ ist ein Isomorphismus. Die Wahl von y statt x verändert die Struktur von $\mathbb{Z}[x]$ nicht.

b) Es ist $\mathbb{Q}[x]$ (nur) ein *Ring*, obwohl die Koeffizienten der Polynome $\sum_i a_i x^i$ aus einem *Körper* stammen. Der bez. „$\subseteq$" kleinste Körper, der $\mathbb{Q}[x]$ umfaßt, ist der Quotientenkörper von $\mathbb{Q}[x]$. Er wird mit $\mathbb{Q}(x)$ bezeichnet. Seine Elemente lassen sich als Quotienten von Polynomen darstellen:

$\frac{\sum_i a_i x^i}{\sum_j b_j x^j}$, $a_i; b_j \in \mathbb{Q}$, $\sum_j b_j x^j$ ungleich Nullpolynom.

Übung 4.13: a) Berechnen Sie im Polynomring $[\mathbb{Z}/_{(4)}[x]; +; \cdot]$ Summe und Produkt der Polynome $[2]_4 x^3 + [3]_4 x^2 + [1]_4$ und $[2]_4 x^2 + [3]_4$. Ist der Polynomring kommutativ? Ist er nullteilerfrei?

b) Auf welche Eigenschaften des Ringes R wird beim Nachweis des Axioms (Dis) in $R[x]$ zurückgegriffen?

c) Man geht aus vom Quotientenkörper K eines Integritätsbereiches R und adjungiert x. Man konstruiert den Quotientenkörper von $R[x]$. Erhält man bei beiden Vorgehensweisen isomorphe Strukturen?

Beispiel 4.14: a) Im Polynomring $\mathbb{Z}[x]$ besitzt $7x^3 + x^2 - 4$ den Grad 3 und $2x^7 - 14x^5 + x$ den Grad 7. Den vor x^3 (bzw. x^7) stehenden Koffizienten 7 (bzw. 2) bezeichnet man als den „höchsten Koeffizienten" bzw. den *Leitkoeffizienten des Polynoms.* Ein Polynom, dessen Leitkoeffizient gleich dem Einselement ist, heißt *normiert.* Die konstanten Polynome (mit $a_0 \neq 0$) besitzen den Grad 0.

b) Aus der Definition der Polynomaddition folgt, daß der Grad von $p(x)+q(x)$ nicht größer sein kann als das Maximum der Grade der Summanden. Besitzen $p(x)$ und $q(x)$ den gleichen Grad n und ist der Leitkoeffizient von $p(x)$ das entgegengesetzte Element des Leitkoeffizienten von $q(x)$, so ist der Grad der Summe kleiner als n. Aus der Definition der Polynommultiplikation folgt, daß in nullteilerfreien Polynomringen grad $(p(x) \cdot q(x))$ = grad $(p(x))$+ grad $(q(x))$ gilt. Daß der Grad des Produktes kleiner sein kann als die Summe der Grade der Faktoren, zeigt Übung 4.13 a).

4.4.3 Einsetzungshomomorphismen

Für Polynome gilt ein *Einsetzungsprinzip*: Ist R ein Ring mit e und R^* ein Oberring von R, dann kann in allen Polynomen $p(x) \in R[x]$ die Unbestimmte x durch ein (mit allen Elementen aus R vertauschbares) Ringelement $\alpha \in R^*$, für welches $e\alpha = \alpha$ gilt, ersetzt werden. Durch dieses „Einsetzen" von α wird dem Polynom $p(x)$ eindeutig ein Element $p(\alpha) \in R^*$ zugeordnet (Beispiel 4.15).

$\alpha \in R^*$ mit $R \subseteq R^*$: $\sum\limits_i a_i x^i \mapsto \sum\limits_i a_i \alpha^i \in R^*$. Dabei gilt:

(1) Aus $p(x) = q(x)$ folgt $p(\alpha) = q(\alpha)$.

(2) Aus $p(x) + q(x) = v(x)$ folgt $p(\alpha) + q(\alpha) = v(\alpha)$.

(3) Aus $p(x) \cdot q(x) = u(x)$ folgt $p(\alpha) \cdot q(\alpha) = u(\alpha)$.

Dies bedeutet: Zu jedem $\alpha \in R^*$ mit den genannten Bedingungen existiert ein *Homomorphismus* φ von $R[x]$ in R^* mit $\varphi(p(x)) = p(\alpha)$.

Es werden nun insbesondere solche Elemente $\alpha \in R^*$ untersucht, für welche ein $p(x) \in R[x]$ existiert, so daß $p(\alpha)$ gleich dem Nullelement von R^* ist.

Definition 4.7: Es sei R^* ein Oberring eines Ringes R mit e.
$\alpha \in R^*$ heißt **Nullstelle von** $p(x) \in R[x]$ genau dann, wenn $p(\alpha) = 0$ ist.
$\alpha \in R^*$ heißt **algebraisch über** R genau dann, wenn ein Polynom aus $R[x]$ existiert, das α als Nullstelle besitzt.
$\alpha \in R^*$ heißt **transzendent über** R genau dann, wenn kein Polynom in $R[x]$ existiert, welches α als Nullstelle besitzt.

Das Ermitteln einer Nullstelle eines Polynoms bedeutet das Lösen einer *algebraischen Gleichung* $\sum\limits_i a_i x^i = 0$ (Kapitel 6). Lösungen werden - vielleicht etwas irreführend - mitunter auch „Wurzeln" genannt. In engerem Sinne sind Wurzeln Nullstellen „reiner" Polynome $x^n - a$.

Bemerkung: Ausgehend von einem Ring R mit e kann man eine Folge von Ringelementen $(a_0; a_1; a_2; \ldots)$, in denen nur endlich viele Glieder vom Nullelement verschieden sind, als Polynom auffassen. Definiert man für sie auf analoge Weise eine Addition bzw. eine Multiplikation durch $(a_0; a_1; \ldots) + (b_0; b_1; \ldots) = (a_0 + b_0; a_1 + b_1; \ldots)$ bzw. $(a_0; a_1; \ldots) \bullet (b_0; b_1; \ldots) = (a_0 b_0; a_1 b_1 + a_1 b_0; \ldots)$, so ist die Existenz eines Polynomringes $R[x]$ gesichert, ohne daß zusätzlich eine Unbestimmte über $\mathbb{R}$ eingeführt werden muß.

Ausgehend von diesem Standpunkt kann z.B. das Problem aufgeworfen werden, ob es überhaupt „Zahlbereiche" (als Oberkörper von $\mathbb{Z}$) gibt, in denen alle Nullstellen von Polynomen aus $\mathbb{Z}[x]$ liegen.

Beispiel 4.15: Ersetzt man im Polynom $p(x) = x^3 + 3x^2 - 4x + 6$ aus $\mathbb{Z}[x]$ die Unbestimmte x durch $\alpha = \frac{1}{2}$, so erhält man $p(\alpha) = 4,875 \in \mathbb{Q}$. Da $\mathbb{Q}$ *Oberkörper* von $\mathbb{Z}$ ist, sind die Bedingungen für „einzusetzende Elemente" α erfüllt: Es gilt $1 \cdot \alpha = \alpha$ und $\alpha a_i = a_i \alpha$ für alle $a_i \in \mathbb{Z}$.

Übung 4.14: a) Berechnen Sie für die Polynome $p(x) = 3x^3 + 7x - 2$ und $q(x) = -2x^3 + 3x + 3$ die Polynome $p(x) + q(x); p(x) \cdot q(x)$ und $q(x) \cdot q(x)$. Ersetzen Sie in den Polynomen die Unbestimmte x durch $\alpha = \frac{3}{2}$. Berechnen Sie $p(\alpha) + q(\alpha); p(\alpha) \cdot q(\alpha)$ und $q(\alpha) \cdot q(\alpha)$.

b) Geben Sie ein Beispiel an für Polynome $p(x); q(x)$ und ein Element α, so daß gilt: $p(x) \neq q(x)$, aber $p(\alpha) = q(\alpha)$.

c) Geben Sie in $\mathbb{Z}[x]$ je ein Beispiel an für ein Polynom 2. Grades mit der Nullstelle -2 und ein Polynom 3. Grades mit den Nullstellen 0 und $\sqrt{3}$.

Beispiel 4.16: a) $\sqrt{2}$ ist algebraisch über $\mathbb{Z}$, denn $\sqrt{2}$ ist Nullstelle von $x^2 - 2 \in \mathbb{Z}[x]$.
$\sqrt{\frac{2}{3}}$ ist algebraisch über $\mathbb{Q}$, denn $\sqrt{\frac{2}{3}}$ ist Nullstelle von $x^2 - \frac{2}{3} \in \mathbb{Q}[x]$.
log 7 ist transzendent über $\mathbb{Z}$, es existiert kein Polynom aus $\mathbb{Z}[x]$, welches log 7 als Nullstelle besitzt.
π ist transzendent über $\mathbb{Q}$ (der Nachweis der Transzendenz von π erfolgte 1882 durch LINDEMANN).
$2 + i$ ist algebraisch über $\mathbb{Z}$, denn $2 + i$ ist Nullstelle von $x^2 - 4x + 5 \in \mathbb{Z}[x]$.
Jedes Element β eines Ringes R ist algebraisch über R, denn β ist Nullstelle von $x - \beta \in R[x]$.
b) Das Polynom $x^2 + x + (-2) \in \mathbb{Z}[x]$ besitzt die Koeffizienten $a_2 = 1; a_1 = 1$ und $a_0 = -2$. Die Nullstellen des Polynoms sind $\alpha_1 = 1$ und $\alpha_2 = -2$. Man kann sie durch Lösen der quadratischen Gleichung $x^2 + x - 2 = 0$ mit Hilfe einer „Lösungsformel" gewinnen. Die Differenzen $(x - 1)$ und $(x - (-2))$ sind „Linearfaktoren". Ihr Produkt liefert das Polynom: $(x - 1)(x - (-2)) = x^2 + x - 2$. Man stellt fest: $\alpha_1 \cdot \alpha_2 = 1 \cdot (-2) = -2 = a_0$ und $\alpha_1 + \alpha_2 = 1 + (-2) = -1 = -a_1$.

c) Definiert man Polynome mit Koeffizienten aus $\mathbb{Z}$ als unendliche Folgen mit nur endlich vielen von $0 \in \mathbb{Z}$ verschiedenen Gliedern, so ist $(0; 0; 0; \ldots)$ das Nullelement und $(1; 0; 0; \ldots)$ das Einselement des Polynomringes. Die Summe der Polynome $(0; 1; 0; 2; 0; \ldots)$ und $(1; -1; 2; 0; 0; \ldots)$ ist $(1; 0; 2; 2; 0; \ldots)$, ihr Produkt $(0; 1; -1; 4; -2; 4; 0; \ldots)$.

4.5 Quadratische Erweiterungsringe

Wie man Ringe konstruiert, in denen eine quadratische Gleichung lösbar ist

Im Abschnitt 4.3 wurde ausgehend von einem Integritätsbereich R ein *Körper* konstruiert, in welchem *jede Gleichung* $ax = b$ (mit $a; b \in R; a \neq 0$) lösbar ist.
Es wird nun ein R umfassender *Integritätsbereich* gesucht, in welchem *eine (spezielle) quadratische Gleichung* $x^2 - k = 0$ (mit $k \in R$) eine Lösung besitzt. Wir beschränken uns auf $R = \mathbb{Z}$ und setzen voraus, daß k keine Quadratzahl als Faktor enthält, also *quadratfrei* ist (vgl. Beispiel 4.17 a)). Unter diesen Bedingungen gilt:

Satz 4.9: Zu jedem quadratfreien $k \in \mathbb{Z}$ existiert ein Integritätsbereich $\tilde{\mathbb{Z}}$, welcher eine Lösung k_0 von $x^2 - k = 0$ enthält und in den sich $\mathbb{Z}$ isomorph einbetten läßt.

Zur Bezeichnungsweise: Für k_0 nutzt man häufig $\sqrt{k}$ als *formales Symbol.* Statt $\tilde{\mathbb{Z}}$ schreibt man oft auch $\mathbb{Z} + \mathbb{Z}\sqrt{k}$ (Komplexschreibweise) oder $\mathbb{Z}[\sqrt{k}]$ (zu $\mathbb{Z}$ wird $\sqrt{k}$ adjungiert) und statt $[\tilde{\mathbb{Z}}; +; \bullet]$ auch $[\mathbb{Z}[\sqrt{k}]; +; \cdot]$.

Beweis: Der Nachweis der Existenz von $\tilde{\mathbb{Z}}$ erfolgt durch Konstruktion.

1. *Charakterisierung der Elemente von* $\tilde{\mathbb{Z}}$:
   Neben ganzen Zahlen g_i und k_0 müssen in $\tilde{\mathbb{Z}}$ auch Summen und Produkte solcher Elemente liegen. Wegen $k_0^2 \in \mathbb{Z}$ und $k_0^2 = k$ läßt sich jede Summe $\sum_i g_i k_0^i$ bereits durch $a + bk_0$ $(a; b \in \mathbb{Z})$ angeben. Dabei folgt aus $a + bk_0 = c + dk_0$ sofort $a = c$ und $b = d$ (Beispiel 4.17 b)). Dies bedeutet, daß jedes Element aus $\tilde{\mathbb{Z}}$ eindeutig durch ein Paar $(a; b) \in \mathbb{Z} \times \mathbb{Z}$ bestimmt ist.
2. *Einführung einer Addition und einer Multiplikation in* $\tilde{\mathbb{Z}}$:
   Addition: $(a + bk_0) + (c + dk_0) = (a + c) + (b + d)k_0$ für alle $a; b; c; d \in \mathbb{Z}$.
   Multiplikation: $(a+bk_0)\bullet(c+dk_0) = (ac+bdk)+(ad+bc)k_0$ für alle $a; b; c; d \in \mathbb{Z}$.
3. $[\tilde{\mathbb{Z}}; +; \bullet]$ *ist ein Integritätsbereich:*
   Mit Hilfe von $[\mathbb{Z}; +]$ kann man zeigen, daß auch $[\tilde{\mathbb{Z}}; +]$ eine abelsche Gruppe ist (Übung 4.15 b)). Bez. „$\bullet$" folgt die Abgeschlossenheit aus der Definition; (Ass), (Komm) und (Dis) zeigt man durch Ausrechnen (Beispiel 4.18 a) und Übung 4.15 c)). Zum Nachweis der Nullteilerfreiheit setzen wir voraus, daß der 1. Faktor in $(a + bk_0) \bullet (c + dk_0) = 0 + 0k_0$ vom Nullelement verschieden ist; dann folgt $c = d = 0$ (Übung 4.15 d)).
4. *Einbettung von* $\mathbb{Z}$ *in* $\tilde{\mathbb{Z}}$:
   Es ist $\varphi : \mathbb{Z} \to \tilde{\mathbb{Z}}$ mit $\varphi(a) = a + 0k_0$ bijektiv und relationstreu: $\varphi(a + b) = (a + b) + 0k_0 = (a + 0k_0) + (b + 0k_0) = \varphi(a) + \varphi(b)$ und $\varphi(ab) = ab + 0k_0 = (ab + 0k_0) + (a0 + 0b)k_0 = (a + 0k_0) \bullet (b + 0k_0) = \varphi(a) \bullet \varphi(b)$.
5. *Lösbarkeit von* $x^2 - k = 0$ *in* $\tilde{\mathbb{Z}}$:
   $x^2 - k = 0$ in $\mathbb{Z}$ entspricht $(x + yk_0)^2 + (-k + 0k_0) = 0 + 0k_0$ in $\tilde{\mathbb{Z}}$. Es folgt $x^2 + y^2k = k$ und $2xy = 0$, also $x = 0$ oder $y = 0$. Aus $y = 0$ folgt $x^2 = k$, was der Quadratfreiheit von k widerspricht. Aus $x = 0$ folgt $y = 1$ oder $y = -1$. ■

Beispiel 4.17: a) Für $k = 0, k = 1$ und $k = a^2$ fällt der Erweiterungsring von $\mathbb{Z}$, der eine Lösung von $x^2 - k = 0$ enthalten soll, mit $\mathbb{Z}$ zusammen. Für $k = -1$ erhält man den Ring der ganzen GAUSSschen Zahlen (vgl. Übung 2.1 d)). Ist k nicht quadratfrei, d.h., gilt $k = a^2 b$ $(a, b \in \mathbb{Z}^*; a \notin \{-1; 1\})$, so hat man mit einer Lösung b_0 der Gleichung $x^2 - b = 0$ auch eine Lösung von $x^2 - a^2 b = 0$ gefunden, nämlich ab_0. Die Erweiterungsringe bez. $k = a^2 b$ und $k = b$ stimmen dann überein.

b) Wir wählen $k = 5$ und bezeichnen eine Lösung der Gleichung $x^2 - 5 = 0$ mit $\sqrt{5}$. Die Wahl dieses Zeichens besagt nicht, daß man in $\tilde{\mathbb{Z}}$ „Wurzeln ziehen" kann, es soll lediglich daran erinnern, daß $(\sqrt{5})^2 = 5$ ist. Die Elemente von $\tilde{\mathbb{Z}} = \mathbb{Z}[\sqrt{5}]$ haben dann die Form $a + b\sqrt{5}$ (mit $a; b \in \mathbb{Z}$); z.B. läßt sich der Ausdruck $a + b\sqrt{5} + c(\sqrt{5})^2 + d(\sqrt{5})^3$ zu $r + s\sqrt{5}$ mit $r = a + 5c$ und $s = b + 5d$ vereinfachen. Aus $a + b\sqrt{5} = c + d\sqrt{5}$ folgt $(a - c) = (d - b)\sqrt{5}$ bzw. (falls $d - b \neq 0$) $\left(\frac{a-c}{d-b}\right)^2 = 5$. Mit $\left(\frac{a-c}{d-b}\right)^2 \in \mathbb{N}$ gilt aber auch $\frac{a-c}{d-b} \in \mathbb{N}$. Damit wäre $k = 5$ im Widerspruch zur Voraussetzung eine Quadratzahl. Also folgt $b = d$ und damit $a = c$.

Übung 4.15: a) Berechnen Sie im quadratischen Erweiterungsring von $\mathbb{Z}$, welcher eine Lösung k_0 der Gleichung $x^2 - 7 = 0$ enthält, das Produkt
$(-2 + 3k_0) \cdot (7 + 2k_0) \cdot (4 - 3k_0)$.
b) Weisen Sie nach, daß $[\tilde{\mathbb{Z}}; +]$ eine abelsche Gruppe ist.
c) Weisen Sie nach, daß die Multiplikation in $[\mathbb{Z}[\sqrt{k}]; +; \cdot]$ kommutativ ist.
d) Führen Sie den Nachweis, daß $[\mathbb{Z}[\sqrt{k}]; +; \cdot]$ nullteilerfrei ist.

Beispiel 4.18: a) Es wird nachgewiesen, daß in $\mathbb{Z}(\sqrt{k})$ das Axiom (Dis) erfüllt ist:

$$\left((a + b\sqrt{k}) + (c + d\sqrt{k})\right) \cdot (e + f\sqrt{k}) = \left((a + c) + (b + d)\sqrt{k}\right) \cdot (e + f\sqrt{k})$$
$$= (ae + ce + bfk + dfk) + (af + cf + be + de)\sqrt{k}$$
$$= \left((ae + bfk) + (af + be)\sqrt{k}\right) + \left((ce + dfk) + (cf + de)\sqrt{k}\right)$$
$$= (a + b\sqrt{k}) \cdot (e + f\sqrt{k}) + (c + d\sqrt{k}) \cdot (e + f\sqrt{k}).$$

b) Im 5. Schritt des Beweises zu Satz 4.9 wird gezeigt, daß eine Gleichung $x^2 - k = 0$ in $\tilde{\mathbb{Z}} = \mathbb{Z}[\sqrt{k}]$ mindestens zwei Lösungen besitzt. In Übung 2.4 c) wurde nachgewiesen, daß in *jedem Integritätsbereich* eine solche Gleichung nicht mehr als zwei Lösungen besitzen kann. Also besitzt $x^2 - k = 0$ in $[\mathbb{Z}[\sqrt{k}]; +; \cdot]$ genau zwei Lösungen.

4.6 Körpererweiterungen

Warum man sich für Konstruktionen von Körpern aus Körpern interessiert

4.6.1 Zielstellungen und Ansätze für Körpererweiterungen

Im Paragraph 4.5 hatten wir das Ziel verfolgt, einen Oberring von $\mathbb{Z}$ zu konstruieren, in welchem wenigstens eine Lösung einer Gleichung $x^2 - k = 0$ liegt. Mit anderen Worten: Gesucht war ein Oberring $\tilde{\mathbb{Z}}$ von $\mathbb{Z}$, in welchem wenigstens eine Nullstelle α des Polynoms $x^2 - k \in \mathbb{Z}[x]$ liegt. Wir verallgemeinern die Zielstellung: Wie kann ein gegebener *Körper* K (etwa $[\mathbb{Q}; +; \cdot]$) zu einem *Körper* $\tilde{K}$ erweitert werden, so daß

- $\tilde{K}$ *eine* Nullstelle eines Polynoms $p(x) \in K[x]$ enthält,
- $\tilde{K}$ *alle* Nullstellen eines Polynoms $p(x) \in K[x]$ enthält,
- $\tilde{K}$ *alle* Nullstellen *aller* Polynome $p(x) \in K[x]$ enthält?

Im letztgenannten Fall enthält $\tilde{K}$ *alle über* K *algebraischen Elemente.* Man kann sogar noch anspruchsvoller sein: Gesucht ist ein „Erweiterungskörper" $\tilde{K}$ eines Körpers K, der sogar *alle über* $\tilde{K}$ algebraischen Elemente enthält. Dies bedeutet z.B., daß man einen Zahlbereich sucht, der die Struktur eines Körpers besitzt und in welchem jede algebraische Gleichung $\sum_{i=0}^{n} a_i x^i = 0$ *mit Koeffizienten aus* $\tilde{K}$ lösbar ist. Man nennt eine solche „vollkommene" Struktur *algebraisch abgeschlossen* (vgl. Beispiel 4.19 a)).

Da man mit Primkörpern die Struktur der „kleinsten" Körper kennt, kann man sich durch eine solche „Theorie der Körpererweiterungen" einen Überblick über die mögliche Struktur aller Körper verschaffen (wir wissen, daß dies für die weniger spezielle Struktur der Gruppe nicht möglich ist).

Es ist nun nicht nur von Interesse, in welchem Oberkörper R von K Lösungen einer algebraischen Gleichung mit Koeffizienten aus K liegen, sondern auch, wie man diese „berechnen" kann. Für quadratische Gleichungen ist dies durch eine „Lösungsformel" möglich. Durch das Studium der Körpererweiterungstheorie (in Verbindung mit der Gruppentheorie) ist es möglich zu entscheiden, welchen Grad eine algebraische Gleichung höchstens haben darf, so daß man ihre Lösungen durch Anwendung einer (allgemeinen) „Lösungsformel" gewinnen kann (Beispiel 4.19 b)). Dabei ist noch zu präzisieren, was man unter einer „Lösungsformel" verstehen will (vgl. Kapitel 6).

Interessanterweise ist es mit algebraischen Methoden der Körpererweiterungstheorie zudem möglich, einige berühmte Fragen aus der Geometrie zu beantworten (vgl. Beispiel 4.20).

Im Rahmen der folgenden (außerordentlich knappen) Einführung in die Methoden zur Konstruktion von Erweiterungskörpern ist es verständlicherweise lediglich möglich, Ansätze zur Lösung solcher Probleme anzudeuten.

Beispiel 4.19: a) Es gibt unendlich viele algebraische Gleichungen, die im Körper $\mathbb{Q}$ der rationalen Zahlen keine Lösung besitzen, z.B. $x^2 - 2 = 0$ oder $x^2 + 1 = 0$. Während $x^2 - 2 = 0$ im Körper $\mathbb{R}$ der reellen Zahlen lösbar ist, trifft dies für $x^2 + 1 = 0$ nicht zu. Gesucht ist also ein Erweiterungskörper von $\mathbb{Q}$, der eine Nullstelle von $x^2 + 1 \in \mathbb{Q}[x]$ enthält. Es wird sich zeigen, daß dies der Körper $\mathbb{C}$ der komplexen Zahlen ist. Überraschenderweise wird sich ergeben, daß durch die bescheidene Forderung, einen Körper zu konstruieren, der eine Lösung von $x^2 + 1 = 0$ enthält, ein Zahlbereich entsteht, der sogar unsere viel weitergehenden Wünsche im Hinblick auf algebraische Abgeschlossenheit erfüllt.

b) Hat man eine quadratische Gleichung $x^2 + px + q = 0$ mit Koeffizienten aus $\mathbb{Q}$, so kann man zur Bestimmung der Lösungen bekanntlich die „Lösungsformel" $x_{1/2} = -\frac{p}{2} \pm \sqrt{\frac{p^2}{4} - q}$ anwenden. Die durch den Term auf der rechten Seite bestimmte Lösung muß nicht notwendig in $\mathbb{Q}$ (bzw. $\mathbb{R}$) liegen (sie liegt allerdings in einem algebraisch abgeschlossenen Oberkörper von $\mathbb{Q}$). Seit über 400 Jahren ist bekannt, daß auch für algebraische Gleichungen 3. und 4. Grades die Lösungen durch „Formeln" angegeben werden können. Dagegen kann man nachweisen, daß eine solche Darstellung z.B. für Lösungen der speziellen Gleichung $x^5 + 4x^4 - 2 = 0$ nicht möglich ist.

Übung 4.16: a) Belegen Sie durch Angabe von Beispielen, daß die Wahrheit der Aussage, „eine algebraische Gleichung $a_n x^n + a_{n-1}x^{n-1} + \ldots + a_1 x + a_0 = 0$ mit rationalen Koeffizienten ist lösbar", abhängig ist von dem Oberkörper von $\mathbb{Q}$, in welchem man Lösungen sucht.

b) Konstruieren Sie zu einem gegebenen Winkel der Größe α allein mit Zirkel und einem (nicht mit Markierungen versehenen) Lineal einen Winkel der Größe $\beta = \frac{1}{2}\alpha$. Beschreiben und begründen Sie Ihre Konstruktion.

Beispiel 4.20: Zu den klassischen Problemen der Konstruierbarkeit allein unter Verwendung von Zirkel und Lineal gehören unter anderen:

- Aus einem Würfel mit der Kantenlänge $a \in \mathbb{R}$ ist ein Würfel mit dem doppelten Volumen $2 \cdot a^3$ zu konstruieren (Delisches Problem).
- Aus einem Kreis mit dem Radius $r \in \mathbb{R}_+^*$ soll ein Quadrat konstruiert werden, dessen Flächeninhalt mit dem des Kreises übereinstimmt (Quadratur des Kreises).
- Zu einem beliebigen Winkel α soll ein Winkel β mit $\alpha = 3\beta$ konstruiert werden (Dreiteilung des Winkels).

4.6.2 Einfache Körpererweiterungen

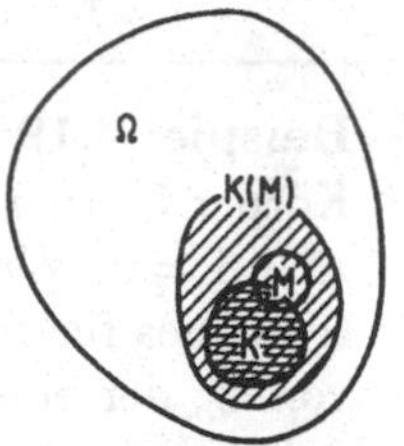

Zu einem Körper K (der auch als *Grundkörper* bezeichnet wird) soll eine Menge M hinzugenommen (*adjungiert*) werden, so daß die Elemente von K und M in einem (möglichst kleinen) Körper liegen. Dazu muß zunächst vorausgesetzt werden, daß K und M in einem gemeinsamen Oberkörper Ω liegen (sonst wären die Elemente von M mit denen von K nicht „verknüpfbar").

Bild 33

Der Durchschnitt von beliebig vielen Unterkörpern des Körpers Ω ist wieder ein Unterkörper von Ω (vgl. Satz 2.4). Damit ist die folgende Festlegung zweckmäßig:

> **Definition 4.8:** Es seien K Körper, Ω Oberkörper von K und $M \subseteq \Omega$. Der Durchschnitt aller Unterkörper von Ω, die K und M umfassen, heißt der **durch Adjunktion von M zu K entstandene Erweiterungskörper.** Symbol: $K(M)$. Die Körpererweiterung bezeichnet man mit $K(M) : K$.

Gilt $M = M_1 \cup M_2$, so $K(M) = K(M_1 \cup M_2) = (K(M_1))(M_2)$, d.h., man erhält $K(M)$ auch dadurch, daß man zunächst den Körper $K(M_1)$ konstruiert und zu diesem die Menge M_2 adjungiert. Man schreibt auch $K(M) = K(M_1)(M_2)$ (vgl. Beispiel 4.21 a)). Ist M eine *endliche Menge*, so kann die Adjunktion von M auf die sukzessive Adjunktion der einzelnen Elemente zurückgeführt werden: $K(M) = K(\alpha_1, \alpha_2, \ldots, \alpha_n) = K(\alpha_1)(\alpha_2)\ldots(\alpha_n)$. Deshalb ist es zweckmäßig, zunächst nur *ein Element* α zu adjungieren. Man spricht von einer *einfachen Körpererweiterung* $K(\alpha)$ und unterscheidet zwei Fälle (vgl. Beispiel 4.22 a) und b)):

> **Satz 4.10** (Satz über die Struktur einfacher Körpererweiterungen):
> Es seien Ω Oberkörper von K und $\alpha \in \Omega$, dann gilt:
> - Ist α *transzendent* über K, so ist $K(\alpha)$ isomorph zum Quotientenkörper $K(x)$ des Polynomringes $K[x]$.
> - Ist α *algebraisch* über K, so ist $K(\alpha)$ isomorph zum Restklassenring $K[x]/_{(p(x))}$, wobei $(p(x))$ das Ideal ist, welches von dem zu α gehörenden Minimalpolynom $p(x)$ erzeugt wird.

Den *Beweis* erhält man durch Verallgemeinerung der im Beispiel 4.22 a) (für den Fall, daß α transzendent über K ist) bzw. 4.22 b) (für den Fall, daß α algebraisch über K ist) angegebenen Überlegungen. Ist α algebraisch über K und besitzt das zu α gehörende Minimalpolynom den Grad n, so nennt man $K(\alpha) : K$ *eine Körpererweiterung vom Grad n*.

Bemerkung: Wir haben zunächst vorausgesetzt, daß das zu K adjungierte Element α in einem Oberkörper Ω vom Grundkörper K liegt. Nach Satz 4.10 wird die Struktur von $K(\alpha)$ jedoch allein durch K und α bestimmt. Man kann nachweisen, daß die Existenz von $K(\alpha)$ unabhängig vom Oberkörper Ω gesichert ist, indem ein Körper *konstruiert* wird, der zu $K(x)$ bzw. zu $K[x]/_{(p(x))}$ isomorph ist, wobei α Nullstelle des Polynoms $p(x)$ ist.

Beispiel 4.21: Offensichtlich gilt $K(M_1 \cup M_2) \subseteq K(M_1)(M_2)$, denn der rechts stehende Körper umfaßt K, M_1 und M_2. Andererseits gilt $K(M_1)(M_2) \subseteq K(M_1 \cup M_2)$, denn der rechts stehende Körper umfaßt K, M_1 und damit $K(M_1)$ und schließlich mit M_2 auch $K(M_1)(M_2)$.

Übung 4.17: Welche Aussagen kann man über $\mathbb{Q}\left(\frac{7}{3}\right)$ machen? Warum stimmt $\mathbb{Q}(\pi)$ mit $\mathbb{Q}(M)$ überein, wenn $M = \mathbb{N} \cup \{\pi\}$ ist?

Beispiel 4.22: a) Setzt man $K = \mathbb{Q}$, $\Omega = \mathbb{R}$ und adjungiert die über $\mathbb{Q}$ transzendente Zahl π, so erhält man zunächst durch Addieren und Multiplizieren von $r_0; r_1; \ldots; r_n \in \mathbb{Q}$ und π Ausdrücke der Form $\sum_{i=0}^{n} r_i \pi^i$. Diese Elemente bilden nur einen Ring. Der kleinste Körper, der diesen Ring umfaßt, ist sein Quotientenkörper. Dieser ist der gesuchte Erweiterungskörper $\mathbb{Q}(\pi)$ (vgl. auch Beispiele 4.11 a) und 4.13 b)).
b) Ausgehend von $\mathbb{Q}$ adjungiert man die über $\mathbb{Q}$ algebraische Zahl $\sqrt{3} \in \mathbb{R}$. Durch Addieren und Multiplizieren endlich vieler rationaler Zahlen und $\sqrt{3}$ erhält man Ausdrücke der Form $r_0 + r_1\sqrt{3}$ mit $r_0; r_1 \in \mathbb{Q}$, da alle Potenzen $(\sqrt{3})^n$ mit $n > 1$ sich als rationale Zahl (falls n gerade) oder als rationales Vielfaches von $\sqrt{3}$ (falls n ungerade) darstellen lassen. Nun lassen sich wegen $\frac{t_0+t_1\sqrt{3}}{s_0+s_1\sqrt{3}} = \frac{(t_0+t_1\sqrt{3})(s_0-s_1\sqrt{3})}{(s_0+s_1\sqrt{3})(s_0-s_1\sqrt{3})} = \frac{t_0s_0-3t_1s_1}{s_0^2-3s_1^2} + \frac{t_1s_0-t_0s_1}{s_0^2-3s_1^2}\sqrt{3}$ alle Quotienten durch eine (als „Rationalmachen des Nenners" bezeichnete) Umformung wieder in der Form $r_0 + r_1\sqrt{3}$ darstellen. Der kleinste Unterkörper von $\mathbb{R}$, der $\mathbb{Q}$ und $\sqrt{3}$ enthält, besteht aus genau diesen Elementen. Die Struktur von $\mathbb{Q}(\sqrt{3})$ läßt sich auch wie folgt beschreiben: $x^2 - 3 \in \mathbb{Q}[x]$ ist ein Polynom, welches $\sqrt{3}$ als Nullstelle besitzt. Dieses Polynom läßt sich in $\mathbb{Q}[x]$ nicht in ein Produkt zweier Polynome niedrigeren Grades zerlegen. Ein solches Polynom heißt *Minimalpolynom von α über $\mathbb{Q}$*, es ist eindeutig bestimmt. In $\mathbb{Q}[x]$ bildet die Menge aller Produkte $q(x) \cdot (x^2 - 3)$ ein Ideal, *das von $x^2 - 3$ erzeugte Ideal.* Es zeigt sich, daß der Restklassenring $\mathbb{Q}[x]/_{(x^2-3)}$ bereits ein Körper ist. Wegen $[x^2-3]_{x^2-3} = [0]_{x^2-3}$, also $[x^2]_{x^2-3} = [3]_{x^2-3}$, kann man alle Elemente von $\mathbb{Q}[x]/_{(x^2-3)}$ durch Polynome $r_0 + r_1 x$ mit $r_0; r_1 \in \mathbb{Q}$ repräsentieren. Die Abbildung φ, die jedem Element $r_0 + r_1\sqrt{3} \in \mathbb{Q}(\sqrt{3})$ die Restklasse $[r_0 + r_1 x]_{x^2-3} \in \mathbb{Q}[x]/_{(x^2-3)}$ zuordnet, ist ein Isomorphismus.

Übung 4.18: a) Man zeige: Es ist $[1 + rx]_{x^2-3}$ invers zu $\left[\frac{1}{1-3r^2} - \frac{r}{1-3r^2}x\right]_{x^2-3}$.
b) Die Menge aller Produkte $q(x)(x^2 - 3)$ ist ein Ideal $\mathfrak{i}$ in $\mathbb{Q}[x]$. Beweisen Sie dies.
c) Begründen Sie, warum die im Beispiel 4.22 b) angegebene Abbildung φ mit $\varphi(r_0 + r_1\sqrt{3}) = [r_0 + r_1 x]_{x^2-3}$ ein Isomorphismus von $\mathbb{Q}(\sqrt{3})$ auf $\mathbb{Q}[x]/_{(x^2-3)}$ ist.

4.6.3 Algebraische Körpererweiterungen

Ist $\tilde{K}$ ein Erweiterungskörper von K und *jedes* Element $\alpha \in \tilde{K}$ algebraisch über K, so heißt $\tilde{K}$ ein *algebraischer Erweiterungskörper von* K. Mit $\mathbb{Q}(\sqrt{3})$ wurde im Beispiel 4.22 b) eine solche (einfache) *algebraische Körpererweiterung* angegeben, denn jedes Element $r_0 + r_1\sqrt{3}$ ist Nullstelle eines Polynoms $p(x) \in \mathbb{Q}[x]$ (vgl. Beispiel 4.23 a)). Adjungiert man nun zu einem Grundkörper K schrittweise über K algebraische Elemente $\alpha_1; \alpha_2; \ldots; \alpha_n$, so erhält man einen über K algebraischen Erweiterungskörper $K(\alpha_1; \alpha_2; \ldots; \alpha_n)$ (vgl. Beispiel 4.23 b), c)). Dabei liegen zwischen K und $K(\alpha_1; \alpha_2; \ldots; \alpha_n)$ $n-1$ (nicht notwendig voneinander verschiedene) *Zwischenkörper*: $K \subseteq K(\alpha_1) \subseteq K(\alpha_1; \alpha_2) \subseteq \ldots \subseteq K(\alpha_1; \alpha_2; \ldots; \alpha_n)$.

Der folgende Satz enthält eine Aussage über die Struktur der Menge *aller* über einem Körper K algebraischen Elemente:

Satz 4.11: Ω sei Oberkörper eines Körpers K und A die Menge aller Elemente von Ω, die algebraisch über K sind, dann ist A Unterkörper von Ω.

Beweis: Offensichtlich gilt $K \subseteq A$. Adjungiert man beliebige $\alpha, \beta \in A$ zu K, so erhält man den Körper $K(\alpha, \beta)$, welcher algebraisch über K ist. Also sind $\alpha+\beta; \alpha-\beta; \alpha\cdot\beta$ und α^{-1} und β^{-1} ebenfalls über K algebraisch und somit Elemente von A. Nach Satz 2.3 ist damit A Unterkörper von Ω. ■

Aussagen über algebraische Körpererweiterungen und Zahlbereiche:

In $[\mathbb{R}; +; \cdot]$ ist $x^2 + 1 = 0$ nicht lösbar, d.h., keine Nullstelle α des Polynoms $x^2 + 1 \in \mathbb{R}[x]$ ist eine reelle Zahl. Nun weiß man aber, daß nach Satz 4.10 $\mathbb{R}(\alpha)$ isomorph zu $\mathbb{R}[x]/_{(x^2+1)}$ ist. Damit kennt man die Struktur eines Erweiterungskörpers von $\mathbb{R}$, der wenigstens eine Nullstelle des Polynoms $x^2 + 1$ enthält. Man bezeichnet sie mit i. Wegen $(-i)^2 + 1 = 0$ ist $-i$ zweite Nullstelle. Es ist $\mathbb{R}[x]/_{(x^2+1)} \stackrel{\sim}{\leftrightarrow} \mathbb{R}(i)$.
Die Körpererweiterung $\mathbb{R} : \mathbb{R}(i)$ besitzt den Grad 2. Also läßt sich jedes Element z von $\mathbb{R}(i)$ in der Form $a + bi$ mit $a; b \in \mathbb{R}$ schreiben. Damit kann man mit algebraischen Begriffen definieren:

Der bis auf Isomorphie eindeutig bestimmte Körper $\mathbb{R}[x]/_{(x^2+1)}$ heißt **Körper der komplexen Zahlen.** Symbol: $\mathbb{C}$.

Der Isomorphismus $\varphi : \mathbb{C} \to \mathbb{R}[x]/_{(x^2+1)}$ mit $\varphi(a + bi) = [a + bx]_{x^2+1}$ legt eindeutig fest, wie man in $\mathbb{C}$ zu rechnen hat:
$(a+bi)+(c+di) = (a+c)+(b+d)i$ bzw. $(a+bi)\cdot(c+di) = (ac-bd)+(ad+bc)i$.

Überraschenderweise erfüllt der so konstruierte Körper $\mathbb{C}$ die im Abschnitt 4.6.1 formulierten Wünsche: Obwohl zu $\mathbb{R}$ nur eine Nullstelle eines einzigen Polynoms adjungiert wurde, ist in $\mathbb{C}$ jede algebraische Gleichung lösbar (vgl. Kapitel 6).
Algebraische Zahlen sind nun gerade diejenigen Elemente von $\mathbb{C}$, die algebraisch über dem Körper $\mathbb{Q}$ der rationalen Zahlen sind (Beispiel 4.24).

Beispiel 4.23: a) $\mathbb{Q}(\sqrt{3})$ ist „algebraisch über $\mathbb{Q}$". Es ist *jedes* Element aus $\mathbb{Q}(\sqrt{3})$ Nullstelle eines Polynoms aus $\mathbb{Q}[x]$. Die Elemente $\mathbb{Q}(\sqrt{3})$ besitzen die Gestalt $r_0+r_1\sqrt{3}$ mit $r_0; r_1 \in \mathbb{Q}$ (vgl. Beispiel 4.22 b)). Durch Einsetzen weist man nach, daß $r_0+r_1\sqrt{3}$ Nullstelle von $x^2+(-2r_0)x+(r_0^2-3r_1^2)$ ist.
b) Wir untersuchen die Struktur von $\mathbb{Q}(\sqrt{2};-\sqrt{2})$: Die Elemente von $\mathbb{Q}(\sqrt{2})$ besitzen die Form $r_0+r_1\sqrt{2}$. Mit $r_0 = 0$ und $r_1 = -1$ erhält man, daß $-\sqrt{2}$ bereits in $\mathbb{Q}(\sqrt{2})$ liegt; also gilt $\mathbb{Q}(\sqrt{2};-\sqrt{2}) = \mathbb{Q}(\sqrt{2})$. Es besitzen $\sqrt{2}$ und $-\sqrt{2}$ das gleiche Minimalpolynom x^2-2.

c) Man kann den Körper $\mathbb{Q}(\sqrt{3};\sqrt{2})$ erhalten, indem man zu $\mathbb{Q}(\sqrt{3})$ das Element $\sqrt{2}$ adjungiert. Die Elemente von $\mathbb{Q}(\sqrt{3})$ besitzen die Form $r_0+r_1\sqrt{3}$ mit $r_0; r_1 \in \mathbb{Q}$, die von $(\mathbb{Q}(\sqrt{3}))(\sqrt{2})$ die Form $s_0+s_1\sqrt{2}$ mit $s_0; s_1 \in \mathbb{Q}(\sqrt{3})$. Damit erhält man für die Elemente von $\mathbb{Q}(\sqrt{3};\sqrt{2})$:
$s_0+s_1\sqrt{2} = (r_0+r_1\sqrt{3})+(r_0'+r_1'\sqrt{3})\sqrt{2} = r_0+r_0'\sqrt{2}+r_1\sqrt{3}+r_1'\sqrt{6}$.
Es wurden zwei Körpererweiterungen vom Grade 2 nacheinander ausgeführt. $\mathbb{Q}(\sqrt{3};\sqrt{2}) : \mathbb{Q}$ ist eine Körpererweiterung vom Grad 4, die Elemente $\mathbb{Q}(\sqrt{3};\sqrt{2})$ sind durch ein Vier-Tupel $(r_0; r_0'; r_1; r_1')$ bestimmt, also durch Vektoren eines vierdimensionalen Vektorraumes über $\mathbb{Q}$. Man kann $\mathbb{Q}(\sqrt{2};\sqrt{3})$ bereits als einfache Körpererweiterung durch Adjunktion von $\sqrt{2}+\sqrt{3}$ erhalten. Das zu diesem (über $\mathbb{Q}$ algebraischen) Element gehörende Minimalpolynom ist $x^4-10x^2+1 \in \mathbb{Q}[x]$, es besitzt den Grad 4.

Übung 4.19: a) Man zeige, daß $\sqrt{2}+\sqrt{3}$ Nullstelle von $x^4-10x^2+1 \in \mathbb{Q}[x]$ ist.
b) Man begründe durch Angabe eines Isomorphismus, daß gilt $\mathbb{Q}(\sqrt{2}) \overset{\sim}{\leftrightarrow} \mathbb{Q}(-\sqrt{2})$.
c) Geben Sie den Grad der Körpererweiterung $\mathbb{Q}(\sqrt[3]{2}) : \mathbb{Q}$ an und charakterisieren Sie die Elemente des Erweiterungskörpers $\mathbb{Q}(\sqrt[3]{2})$.
d) Es sei α Nullstelle von $p(x) = x^3-7x+7$. Geben Sie im Körper $\mathbb{Q}(\alpha)$ das Element $16-5\alpha-3\alpha^3+\alpha^4$ in der Form $r_0+r_1\alpha+r_2\alpha^2$ an.

Beispiel 4.24: Nach Satz 4.11 bildet die Menge A aller *algebraischen Zahlen* einen (echten) Zwischenkörper zwischen $\mathbb{Q}$ und $\mathbb{C}$: $\mathbb{Q} \subseteq A \subseteq \mathbb{C}$. Zunächst gehört jede rationale Zahl zu A, ebenso solche irrationalen Zahlen wie $\sqrt{2}; \sqrt[3]{5}; \sqrt{7}+\sqrt[7]{3}$, nicht aber z.B. π oder ln 7. Außerdem gibt es nichtreelle Zahlen, die in A liegen (Bild 34).
Interessanterweise ist A (wie auch $\mathbb{Q}$) eine *abzählbare unendliche Menge*, d.h., es gibt eine Bijektion von A auf die Menge der natürlichen Zahlen, so daß man - wie beim „Abzählen" - jeder algebraischen Zahl eine „Nummer" zuordnen kann.

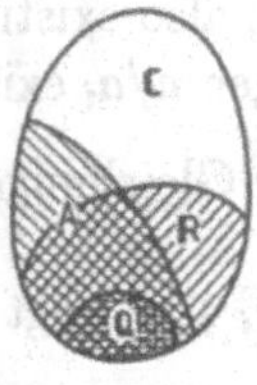

Bild 34

5 Teilbarkeit

5.1 Teilbarkeit in Integritätsbereichen

Warum man auch in Polynomringen von Teilern und Vielfachen sprechen kann

Beispiel 5.1 a) legt nahe, sowohl von Teilern einer natürlichen oder ganzen Zahl zu sprechen als auch, den Begriff „Teiler" auf Elemente eines Polynomringes anzuwenden. Es wird sich als zweckmäßig erweisen, „Teilbarkeitslehre" in einem Integritätsbereich R zu betreiben, von dem wir im folgenden stets voraussetzen wollen, daß er ein Einselement e besitzt.

5.1.1 Eigenschaften der Teilerrelation

Definition 5.1: Es sei R ein Integritätsbereich mit e und $a; b \in R$:
b heißt **Teiler von** a genau dann, wenn ein $x \in R$ existiert, so daß $b \cdot x = a$ gilt. Symbol: b/a.
Das Element $x \in R$ heißt **Komplementärteiler von** b **bez.** a.

Bemerkungen: Da R *kommutativer* Ring ist, gilt wegen $b \cdot x = x \cdot b = a$:
Ist x Komplementärteiler von b bez. a, so ist b Komplementärteiler von x bez. a.
Ist b Teiler von a, so nennt man a ein *Vielfaches von* b.
Ist b *nicht* Teiler von a, so schreibt man $b \not/ a$.

Folgerung 5.1: Für alle Elemente eines Integritätsbereiches mit e gilt:
(1) a/a (Reflexivität). (2) (a/b und b/c) $\Rightarrow a/c$ (Transitivität)

Beweis: Zu (1): Es gilt $a \cdot e = a$, da R ein Einselement e besitzt.
Zu (2): Nach Voraussetzung existieren Elemente $x, y \in R$ mit $ax = b$ und $by = c$. Hieraus folgt $(ax)y = a(xy) = c$ mit $xy \in R$, also a/c. ■

Folgerung 5.2: Für alle Elemente eines Integritätsbereiches R mit e gilt:
(1) e/n. (2) $n/0$. (3) $0/n \Rightarrow n = 0$.
(4) n/a_i $(i = 1; 2; \ldots; r) \Rightarrow n / \sum_{i=1}^{r} a_i$. (5) at/an und $a \neq 0 \Rightarrow t/n$.

Beweis: Zu (1): e/n, denn es gilt $e \cdot n = n$. Zu (2): $n/0$, denn es gilt $n \cdot 0 = 0$.
Zu (3): $0/n$, also existiert ein $x \in R$ mit $0 \cdot x = n$; hieraus folgt $n = 0$.
Zu (4): Wegen n/a_i existieren Ringelemente x_i mit $n \cdot x_i = a_i$ $(i = 1, \ldots, r)$. Addiert man diese r Gleichungen, so erhält man $\sum_{i=1}^{r} nx_i = \sum_{i=1}^{r} a_i$ bzw. $n\left(\sum_{i=1}^{r} x_i\right) = \sum_{i=1}^{r} a_i$.
Wegen $\sum_{i=1}^{r} x_i \in R$ folgt $n / \sum_{i=1}^{r} a_i$.
Zu (5): Laut Voraussetzung existiert ein Ringelement x mit $(at) \cdot x = an$. Da R Integritätsbereich ist, folgt aus $a(tx) = an$ die Gleichung $tx = n$, also t/n. ■

Beispiel 5.1: a) Die natürliche Zahl 6 besitzt die Teiler 1; 2; 3 und 6, denn es existiert zu jedem dieser Teiler t eine natürliche Zahl k, so daß $t \cdot k = 6$ gilt; z.B. gehört zu $t = 2$ die Zahl $k = 3$. In $\mathbb{Z}$ würde 6 die Teiler $\pm 1; \pm 2; \pm 3$ und ± 6 besitzen.

Im Polynomring $\mathbb{Z}[x]$ gilt z.B. $(x - 1)(2x^2 + 6x + 2) = 2x^3 + 4x^2 - 4x - 2$, also kann man sowohl den ersten als auch den zweiten Faktor als Teiler des Polynoms $2x^3 + 4x^2 - 4x - 2$ auffassen. Aber auch $1; -1; 2; -2; 2x - 2$; $-x^2 - 3x - 1$ sind in $\mathbb{Z}[x]$ Teiler dieses Polynoms.

b) Im Ring der ganzen GAUSSschen Zahlen ist $2 - 3i$ ein Teiler von $5 - 14i$. Man weist dies durch einen Ansatz mit „unbestimmten Koeffizienten" nach: $(2 - 3i) \cdot (a + bi) = (2a + 3b) + (2b - 3a)i = 5 - 14i$. Aus $2a + 3b = 5$ und $2b - 3a = -14$ folgt $a = 4$ und $b = -1$; also ist $4 - i$ Komplementärteiler.

c) Würde man die in Definition 5.1 festgelegte Relation „ist Teiler von" im Körper $\mathbb{Q}$ anwenden, so wäre *jede* (von 0 verschiedene) rationale Zahl $\frac{a}{b}$ Teiler *jeder* rationalen Zahl $\frac{c}{d}$, denn ein Komplementärteiler würde mit $\frac{bc}{ad}$ stets existieren. Teilbarkeitslehre in *Körpern* ist also nicht sonderlich „nutzbringend".

Übung 5.1: a) Man bestimme zu jedem der im Beispiel 5.1 a) angegebenen Teiler von $2x^3 + 4x^2 - 4x - 2$ den Komplementärteiler.

b) Man bestimme alle Teiler von 10 in $\mathbb{N}$ und in $\mathbb{Z}$. Welche Teiler würde 10 im Ring aller geraden (ganzen) Zahlen haben?

c) Es gelte a/b. Ist der Komplementärteiler von a bez. b eindeutig bestimmt?

d) Untersuchen Sie, ob gilt: Aus t/n folgt at/an.

e) Beweisen Sie: Für beliebige Elemente eines Integritätsbereiches mit e gilt: Aus t/a_1 und t/a_2 und ... und t/a_{r-1} und $t/\sum_{i=1}^{r} a_i$ folgt t/a_r.

f) Kann man in einem Integritätsbereich mit e von a/b und b/a auf $a = b$ schließen? Begründung?

g) Untersuchen Sie die Teilbarkeitsbeziehung von a und b in den angegebenen Ringen: $a = -204$ und $b = 17$ in $[\mathbb{Z}; +; \cdot]$; $a = 2 + 3i$ und $b = 13 + 12i$ in $[\mathbb{Z} + \mathbb{Z}i; +; \cdot]$; $a = 1 + \sqrt{2}$ und $b = 8 + 5\sqrt{2}$ in $[\mathbb{Z} + \mathbb{Z}\sqrt{2}; +; \cdot]$; $a = x + 1$ und $b = x^3 + x^2 + x + 1$ in $[\mathbb{Q}[x]; +; \cdot]$.

h) Weisen Sie nach, daß in $[\mathbb{N}; +; \cdot]$ gilt: Aus t/z mit $t \cdot g = z$ und $t \neq 1$ und $t \leq g$ folgt $t \leq \sqrt{z}$.

5.1.2 Einheiten und Assoziiertheit

In jedem Integritätsbereich R mit e gibt es Elemente, welche ein Inverses besitzen. Diese Elemente sind *Teiler des Einselementes* (Beispiel 5.2).

Definition 5.2: Ein Element ε eines Integritätsbereiches R mit e heißt **Einheit** genau dann, wenn gilt ε/e.

In $[\mathbb{Z};+;\cdot]$ ist der Komplex $\{-1;1\}$ bez. „·" eine Gruppe. Allgemein gilt:

Satz 5.1: Die Einheiten eines Integritätsbereiches R mit e bilden bez. der Ringmultiplikation eine *Gruppe* G.

Beweis: Sind ε_1 und ε_2 Einheiten, so existieren Ringelemente $\varepsilon_1';\varepsilon_2'$ mit $\varepsilon_1\varepsilon_1' = e$ und $\varepsilon_2\varepsilon_2' = e$. Dann ist wegen $(\varepsilon_1\varepsilon_1')\cdot(\varepsilon_2\varepsilon_2') = (\varepsilon_1\varepsilon_2)\cdot(\varepsilon_1'\varepsilon_2') = e$ auch $\varepsilon_1\varepsilon_2$ Einheit, d.h., die Ringmultiplikation ist in G abgeschlossen. Kommutativität und Assoziativität von „·" übertragen sich von R auf G. Mit e enthält G ein neutrales Element. Ist $\varepsilon \in G$ und gilt $\varepsilon\cdot\varepsilon' = e$, so ist $\varepsilon' = \varepsilon^{-1}$ eine Einheit. ■

Definition 5.3: Sind $a;b$ Elemente eines Integritätsbereiches R mit e, dann heißt a genau dann **assoziiert** zu b, wenn eine Einheit $\varepsilon \in R$ existiert, so daß $a\varepsilon = b$ gilt. Symbol: $a \cong b$

Mit a ist auch ein zu a assoziiertes Element b Teiler eines Elementes c.

Satz 5.2: In jedem Integritätsbereich R mit e ist die Assoziiertheit eine Äquivalenzrelation.

Beweis: *Reflexivität:* $a \cong a$ wegen $a\cdot e = a$. *Symmetrie:* $a \cong b$, also existiert eine Einheit ε mit $a\cdot\varepsilon = b$. Dann folgt mit $b\varepsilon^{-1} = a$ auch $b \cong a$. *Transitivität:* Aus $a \cong b$ und $b \cong c$ folgt $a\varepsilon = b$ und $b\varepsilon' = c$. Es ergibt sich $(a\varepsilon)\varepsilon' = a(\varepsilon\varepsilon') = c$, also $a \cong c$. ■

Damit zerfällt R bez. der Relation „$\cong$" in Klassen zueinander assozierter Elemente. Der folgende Satz besagt, daß Teilbarkeitsaussagen in R Aussagen über solche Äquivalenzklassen sind. Hier liegt auch die Rechtfertigung dafür, daß man Teilbarkeitslehre statt in $\mathbb{Z}$ im Halbring der natürlichen Zahlen betreiben darf; man wählt aus jeder Äquivalenzklasse den nichtnegativen Repräsentanten.

Satz 5.3: Teilbarkeitsaussagen bleiben wahr, wenn man auftretende Elemente durch zu ihnen assoziierte Elemente ersetzt.

Beweis: Wir gehen aus von a/b und zeigen a'/b', falls $a \cong a'$ und $b \cong b'$. Es gibt ein $x \in R$ mit $ax = b$ und Einheiten ε und μ mit $a\varepsilon = a'$ und $b\mu = b'$. Damit folgt $a = a'\varepsilon^{-1}; b = b'\mu^{-1}$ und $a'\varepsilon^{-1}x = b'\mu^{-1}$, also gilt $a'(\varepsilon^{-1}x\mu) = b'$, d.h., a'/b'. ■

Beispiel 5.2: Wir betrachten Teiler des Einselementes (also Einheiten) in speziellen Integritätsbereichen: In $\mathbb{Z}$ existieren mit -1 und $+1$ nur zwei Einheiten. In $\mathbb{Z}+\mathbb{Z}i$ ist $\{+1; -1; i; -i\}$ die Menge aller Einheiten. Im Ring $\mathbb{Z}+\mathbb{Z}\sqrt{2}$ gilt $(1+\sqrt{2})(-1+\sqrt{2}) = 1$ und $(3+2\sqrt{2})(3-2\sqrt{2}) = 1$, also sind die in den Gleichungen auftretenden Faktoren Einheiten. Die Einheiten in einem Polynomring $R[x]$ sind die Einheiten des Integritätsbereiches R. Aus $p(x)\cdot q(x) = e$ folgt nach dem Gradsatz, daß $p(x)$ und $q(x)$ konstante Polynome, also Elemente aus R, sein müssen. Damit sind die Einheiten in $\mathbb{Z}[x]$ die Zahlen 1 und -1. In dem (allerdings uninteressanten) Fall, daß R sogar ein Körper ist, sind alle Elemente von R mit Ausnahme des Nullelements Einheiten.

Übung 5.2: a) Weisen Sie nach, daß in $\mathbb{Z}+\mathbb{Z}i$ die Elemente $1; -1; i$ und $-i$ Einheiten sind. Geben Sie alle zu $a+bi$ assoziierten Elemente an.
b) Beweisen Sie: Aus a/b und b/a folgt $a \cong b$. Gilt auch die Umkehrung?

Beispiel 5.3: a) In den (speziellen) Ringen $\mathbb{Z}+\mathbb{Z}\sqrt{k}$ wird eine *Normfunktion* N_k eingeführt, die es erlaubt, Teilbarkeitsfragen in $\mathbb{Z}+\mathbb{Z}\sqrt{k}$ auf solche in $\mathbb{N}$ zurückzuführen. Die durch $N_k(\alpha) = N_k(a+b\sqrt{k}) = a^2 - b^2k$ festgelegte Normfunktion $N_k : \mathbb{Z}+\mathbb{Z}\sqrt{k} \to \mathbb{N}$ besitzt folgende Eigenschaften.
Für alle $\alpha, \beta \in \mathbb{Z}+\mathbb{Z}\sqrt{k}$ gilt:
(1) $N_k(\alpha) = 0 \Leftrightarrow \alpha = 0$; (2) $N_k(\alpha\cdot\beta) = N_k(\alpha)\cdot N_k(\beta)$;
(3) $\alpha/\beta \Rightarrow |N_k(\alpha)|/|N_k(\beta)|$; (4) ε Einheit in $\mathbb{Z}+\mathbb{Z}\sqrt{k} \Leftrightarrow |N_k(\varepsilon)| = 1$.
Anwendungen: a) Für die Ermittlung aller Einheiten in $\mathbb{Z}+\mathbb{Z}\sqrt{-5}$ wird (4) genutzt: $\varepsilon = e_1 + e_2\sqrt{-5}$ ist Einheit genau dann, wenn $|e_1^2 + e_2^2\cdot 5| = 1$ gilt. Diese Gleichung ist nur für $e_1 = 1$ und $e_2 = 0$ bzw. $e_1 = -1$ und $e_2 = 0$ erfüllt.
b) Die Ermittlung von Einheiten $\varepsilon = e_1 + e_2\sqrt{26}$ in $\mathbb{Z}+\mathbb{Z}\sqrt{26}$ führt auf $e_1^2 - 26e_2^2 = \pm 1$. Die Gleichung ist für $e_1 = 5$ und $e_2 = 1$ erfüllt. Mit $\varepsilon = 5+\sqrt{26}$ ist nach Satz 5.1 auch ε^n eine Einheit. Angenommen, es gilt $\varepsilon^n = \varepsilon^m$ für $n > m$, dann wäre $\varepsilon^{n-m} = 1$ mit $n - m \in \mathbb{N}^*$. Dies steht im Widerspruch zu $5+\sqrt{26} > 1$. Also bilden die Einheiten von $\mathbb{Z}+\mathbb{Z}\sqrt{26}$ eine unendliche Gruppe.
c) Bei der Bestimmung aller Teiler von $1+\sqrt{-5} \in \mathbb{Z}+\mathbb{Z}\sqrt{-5}$ kommen wegen (3) und $N_{-5}(1+\sqrt{-5}) = 6$ nur Elemente β in Betracht, deren Norm $\pm 1; \pm 2; \pm 3$ oder ± 6 beträgt. Die Gleichungen $t_1^2 + 5t_2^2 = 2$ bzw. $t_1^2 + 5t_2^2 = 3$ sind jedoch nicht ganzzahlig lösbar. Also treten nur $+1; -1; 1+\sqrt{-5}$ und $-1-\sqrt{-5}$ als Teiler auf. Es erfüllt z.B. auch $\beta = -1+\sqrt{-5}$ die Normbedingung, β ist allerdings kein Teiler von $1+\sqrt{-5}$.

Übung 5.3: a) Bestimmen Sie alle Einheiten in $\mathbb{Z}+\mathbb{Z}\sqrt{k}$ mit $k < -1$.
b) Bestimmen Sie alle Teiler von $5 \in \mathbb{Z}+\mathbb{Z}i$. Welche sind zueinander assoziiert?
c) Beweisen Sie die Aussagen (1); (2); (3) und (4) im Beispiel 5.3 a).

5.1.3 Primelemente

Die Zahlen $1; -1; 2; -2; 3$ und -3 bezeichnet man als *echte Teiler* von 6, dagegen heißen 6 und -6 *unechte Teiler* dieser Zahl. Die unechten Teiler und die Einheiten heißen *triviale Teiler* ; 7 besitzt *nur* triviale Teiler.

Definition 5.4: Es seien $a; b$ Elemente eines Integritätsbereiches mit e.
a heißt **echter Teiler** von b genau dann, wenn gilt a/b und $a \ncong b$.
a heißt **trivialer Teiler** von b genau dann, wenn gilt: $a \cong b$ oder
a ist Einheit.

Ist a echter Teiler von b, so schreibt man $a//b$.

Definition 5.5: Ein Element p eines Integritätsbereiches R mit e heißt **Primelement** genau dann, wenn gilt $p \neq 0$; p ist keine Einheit und p besitzt nur triviale Teiler.

Die positiven Primelemente von $\mathbb{Z}$ heißen *Primzahlen* (Beispiel 5.4).

In einem Polynomring $R[x]$ werden Primelemente *irreduzible Polynome* genannt. Mitunter ist es auch üblich, in $R[x]$ die Einheiten als irreduzibel aufzufassen. Ein Polynom heißt dann *reduzibel*, wenn es sich in von Einheiten verschiedene Polynome zerlegen läßt (Beispiel 5.5).

Definition 5.6: Ein Element $u \neq 0$ eines Integritätsbereiches R mit e, welches keine Einheit ist, heißt **unzerlegbar** genau dann, wenn gilt:
Aus $u = a \cdot b$ folgt: $a \cong u$ und b ist Einheit oder $b \cong u$ und a ist Einheit.

Bemerkung: Nach Definition 5.6 ist jedes unzerlegbare Element ein Primelement.

In der Literatur werden Primelemente p häufig durch die Eigenschaft $p/ab \Rightarrow p/a$ oder p/b definiert. Bei einer solchen Definition sind *Primelemente* stets *unzerlegbar*, aber unzerlegbare Elemente nicht notwendig Primelemente. In den für uns bedeutsamen ZPE-Ringen (vgl. 5.2.3) fallen die beiden Begriffe jedoch zusammen.

Man faßt es nahezu als selbstverständlich auf, daß man jede ganze Zahl auf eindeutige Weise als Produkt von endlich vielen Primzahlen darstellen kann, wenn man von der Reihenfolge der Faktoren und ihrer Ersetzung durch assoziierte Elemente absieht.

Die Frage nach der Existenz solcher Darstellungen und ihrer Eindeutigkeit werden wir für *beliebige Integritätsbereiche R mit e* im Paragraphen 5.2.3 untersuchen.

Übung 5.4: a) Geben Sie alle trivialen und alle nichttrivialen Teiler des Polynoms $x^2 - 1$ in $\mathbb{Z}[x]$ an. Was ändert sich, wenn Sie das Polynom in $\mathbb{Q}[x]$ betrachten? Stellen Sie die gleichen Überlegungen für $x^2 - 2$ an.
b) Weisen Sie nach, daß die Zahlen a; $a + 1 \in \mathbb{N}$ nur 1 als gemeinsamen Teiler besitzen.

Beispiel 5.4: a) Die kleinste (und einzige gerade) Primzahl ist 2; zwischen 0 und 100 gibt es 25, zwischen 100 und 200 weitere 21 und unter den ersten 1000 natürlichen Zahlen gibt es 168 Primzahlen. Man kann letztere mit dem *Sieb des* ERATOSTHENES (etwa 275 - 194 v.u.Z.) gewinnen: Man streicht in der Folge $1; 2; \ldots; 1000$ zunächst 1 und dann jedes Vielfache von 2 (außer 2), darauf jedes Vielfache von 3 (außer 3) und weiter jedes Vielfache einer Primzahl p (außer p) bis zur Primzahl 31 (vgl. Übung 5.1 h)). Übrig bleiben die gesuchten Primzahlen.
Eine „Formel", mit der man *alle* Primzahlen gewinnen kann, gibt es nicht. Die größte 1996 bekannte Primzahl besitzt mehr als $4,2 \cdot 10^5$ Stellen.
b) Bereits EUKLID (etwa 300 v.u.Z.) konnte (indirekt) nachweisen, daß es keine größte Primzahl gibt, d.h., daß die Primzahlen eine unendliche Folge bilden: Angenommen p^* sei die größte Primzahl, dann ist das um 1 vergrößerte Produkt aller Primzahlen $\tilde{p} = 2 \cdot 3 \cdot 5 \cdot \ldots \cdot p^* + 1$ entweder selbst eine Primzahl oder $\tilde{p}$ kann nur Teiler besitzen, die größer als p^* sind (vgl. Übung 5.4 b)). Beides steht im Widerspruch zur Annahme.
c) Paare der Form $(p; p + 2)$, wobei p eine Primzahl ist, heißen *Primzahlzwillinge*; z.B. $(3; 5); (5; 7); (11; 13)$. Es ist bis heute nicht bekannt, ob es unendlich viele Primzahlzwillinge gibt.
d) Obwohl es unendlich viele Primzahlen gibt, kann man n aufeinanderfolgende natürliche Zahlen angeben, unter denen keine Primzahl auftritt. Dabei kann n beliebig groß sein; z.B. kommt unter den $10^{10} - 1$ natürlichen Zahlen $10^{10}! + 2; 10^{10}! + 3; \ldots; 10^{10}! + 10^{10}$ keine Primzahl vor.

Übung 5.5: a) Nutzen Sie das Sieb des ERATOSTHENES, um alle Primzahlen bis 200 zu gewinnen
b) Nutzen Sie die im Beispiel 5.4 b) angegebenen Überlegungen, um mit Hilfe der Primzahlen $2; 3; 5; 7; 11$ weitere zu ermitteln.
c) Begründen Sie: Für jede Primzahl $p > 3$ gilt $p \equiv 1 \bmod 6$ oder $p \equiv 5 \bmod 6$.
d) Zeigen Sie, daß das Polynom $x - a \in \mathbb{Z}[x]$ für jedes $a \in \mathbb{Z}$ ein Primelement ist.
e) Untersuchen Sie, ob das Polynom $p(x) = x^3 - x + 7$ in $\mathbb{Z}[x]$ irreduzibel ist.

Beispiel 5.5: Es ist $(x^2 - 9) = (x - 3)(x + 3)$ reduzibel in $\mathbb{Z}[x]$, $\frac{1}{3}x - 2$ irreduzibel in $\mathbb{Q}[x]$; $x^2 - 7$ irreduzibel in $\mathbb{Z}[x]$; $4x + 2 = 2(x + 1)$ reduzibel in $\mathbb{Z}[x]$, da 2 in $\mathbb{Z}[x]$ keine Einheit ist, jedoch irreduzibel in $\mathbb{Q}[x]$; $x^2 + 1 = (x + i)(x - i)$ irreduzibel in $\mathbb{R}[x]$, jedoch reduzibel in $\mathbb{C}[x]$.

5.1.4 Größter gemeinsamer Teiler, kleinstes gemeinsames Vielfaches

Im Ring der ganzen Zahlen ist der „größte gemeinsame Teiler von a und b" von allen Teilern von a und b der *„bez. $\leq$" größte*. Bei einer Definition dieses Begriffes in einem *beliebigen Ring* muß man ohne Ordnungsrelation auskommen:

Definition 5.7: Ein Element t eines Integritätsbereiches R mit e heißt **größter gemeinsamer Teiler** von $a_1; a_2; \ldots; a_n \in R$ genau dann, wenn gilt:
(1) t/a_1 und ... und t/a_n (d.h., t ist gemeinsamer Teiler der a_i).
(2) Für jedes $d \in R$ mit d/a_1 und ... und d/a_n folgt d/t.
Symbol: $t = ggT(a_1; a_2; \ldots; a_n)$.

Beispiel 5.6 zeigt: Es gibt Ringe mit Elementen, zu denen kein ggT existiert.

Folgerung 5.3: Existiert in einem Integritätsbereich R mit e zu beliebigen $a_1; a_2; \ldots; a_n \in R$ ein $ggT(a_1; a_2; \ldots; a_n)$, so ist dieser (bis auf Assoziiertheit) eindeutig bestimmt.

Beweis: Angenommen $ggT(a_1; a_2; \ldots; a_n) = t$ und $ggT(a_1; a_2; \ldots; a_n) = t'$, dann folgt t/t' und t'/t, also $t \cong t'$ (vgl. Übung 5.2 b)).

Definition 5.8: Es sei R Integritätsbereich mit e. Die Elemente $a_1; a_2; ...; a_n \in R$ heißen **teilerfremd (relativ prim)** genau dann, wenn gilt $ggT(a_1; a_2; \ldots; a_n) \cong e$; sie heißen **paarweise teilerfremd** genau dann, wenn gilt $ggT(a_i; a_j) \cong e$ für alle $i; j \in \{1; 2; \ldots; n\}$ und $i \neq j$.

Aus der paarweisen Teilerfremdheit folgt die Teilerfremdheit, aber nicht umgekehrt.

Definition 5.9: Es sei R ein Integritätsbereich mit e.
Ein Element $v \in R$ heißt **kleinstes gemeinsames Vielfaches** von $a_1; a_2; \ldots; a_n \in R$ genau dann, wenn gilt:
(1) a_1/v und ... und a_n/v (d.h., v ist gemeinsames Vielfaches der a_i).
(2) Für jedes $w \in R$ mit a_1/w und ... und a_n/w folgt v/w.
Symbol: $v = kgV(a_1; a_2; \ldots; a_n)$.

Auch das kgV ist (im Falle der Existenz) eindeutig bestimmt (vgl. Übung 5.7 d)).

Folgerung 5.4: Ist R Integritätsbereich mit e; $a \in R \setminus \{0\}$ und $p \in R$ Primelement, dann gilt: (1) Wenn p nicht a teilt, dann ist $ggT(a; p) \cong e$.
(2) Es existiert stets $ggT(a; p)$.

Beweis: Zu (1): Für jeden Teiler t von p gilt $t \cong e$ oder $t \cong p$. Wegen $p \nmid a$ kommt als gemeinsamer Teiler von p und a nur ein Element $t \cong e$ in Betracht.
Zu (2): Vollständige Fallunterscheidung: $p/a \Rightarrow ggT(p; a) \cong p$.
$p \nmid a \Rightarrow ggT(a; p) \cong e$ (wegen (1)). In jedem Fall existiert $ggT(a; p)$. ■

Übung 5.6: a) Man zeige: Sind die natürlichen Zahlen a und b zueinander teilerfremd, so ist auch $a-b$ zu a teilerfremd für $b \in \{1; 2; \ldots; a\}$.

b) Geben Sie alle zu 18 teilerfremden natürlichen Zahlen an und fassen Sie diese zu Paaren zusammen, deren Summe 18 ergibt. Wieviel solche Paare gibt es? Verallgemeinern Sie den Sachverhalt für eine beliebige natürliche Zahl n, wenn $\varphi(n)$ die Anzahl der zu n teilerfremden Zahlen angibt.

c) Geben Sie 4 natürliche Zahlen an, die teilerfremd, aber nicht paarweise teilerfremd sind.

d) Weisen Sie nach: Unter $n+1$ aufeinanderfolgenden natürlichen Zahlen existieren mindestens zwei, deren Differenz durch n teilbar ist.

e) Berechnen Sie: $ggT(a; b) \cdot kgV(a; b)$ und $a \cdot b$ für $a = 120$ und $b = 81$. Was stellen Sie fest?

Beispiel 5.6: a) Es ist $ggT(24; 120; 80) \cong 8$ in $\mathbb{Z}$, denn von den gemeinsamen Teilern $\pm 1; \pm 2; \pm 4$ und ± 8 teilen alle $+8$ bzw. -8.

b) Es ist $ggT(x^3 - x^2 + 2x - 2; 2x^4 + 5x^2 + 2) \cong x^2 + 2$ in $\mathbb{Z}[x]$. Dieses Polynom ist, abgesehen von Einheiten und von zu ihm assoziierten Elementen, in $\mathbb{Z}[x]$ der einzige gemeinsame Teiler.

c) Nicht in jedem Integritätsbereich mit e ist die Existenz eines ggT gesichert. In $\mathbb{Z} + \mathbb{Z}\sqrt{-5}$ besitzen die Elemente $\alpha = 6 + 0\sqrt{-5}$ und $\beta = 2 + 2\sqrt{-5}$ als gemeinsame Teiler $\pm 1; \pm 2$ und $\pm(1 + \sqrt{-5})$. Da $+1$ und -1 die Einheiten in $\mathbb{Z} + \mathbb{Z}\sqrt{-5}$ sind, käme als ggT nur 2 oder $1 + \sqrt{-5}$ in Betracht. Es gilt jedoch $N_{-5}(2) = 4$ und $N_{-5}(1 + \sqrt{-5}) = 6$ (vgl. Beispiel 5.3). Wegen $4 \nmid 6$ und $6 \nmid 4$ existiert unter den Teilern keiner, der von allen anderen geteilt wird.

Übung 5.7: a) Weisen Sie nach, daß 2 und $1 + \sqrt{-5}$ Teiler der in Beispiel 5.6 c) genannten Elemente α und β sind. Begründen Sie, warum es - von Einheiten und assoziierten Elementen abgesehen - keine weiteren gemeinsamen Teiler von α und β geben kann.

b) Ob ein Ringelement α Primelement ist, hängt wesentlich von dem Ring ab, in welchem α auf Teilbarkeit untersucht wird. Man verdeutliche dies am Beispiel $\alpha = 5$ in den Ringen $\mathbb{Z}$ und $\mathbb{Z} + \mathbb{Z}i$.

c) Es sei ε Einheit in einem Integritätsbereich mit e, in welchem zu beliebigen Elementen $a_1; a_2; \ldots; a_n$ der $ggT(a_1; a_2; \ldots; a_n)$ existiert. Begründen Sie, warum gilt: $ggT(\varepsilon; a_1; a_2; \ldots; a_n) \cong e$ und $ggT(0; a_1; a_2; \ldots; a_n) \cong ggT(a_1; a_2; \ldots; a_n)$.

d) Beweisen Sie: In jedem Integritätsbereich ist $kgV(a_1; a_2; \ldots; a_n)$ (im Falle seiner Existenz) bis auf Assoziiertheit eindeutig bestimmt.

5.2 Euklidische Ringe

Inwiefern manche Integritätsbereiche dem Ring der ganzen Zahlen ähneln

Bei der Einführung eines nach EUKLID benannten Algorithmus in $\mathbb{Z}$ werden neben den Ringeigenschaften die *Betragsfunktion* sowie die *Ordnung* in $\mathbb{N}$ genutzt. Will man diesen Algorithmus auch auf Elemente eines anderen Ringes anwenden, muß man versuchen, eine Funktion mit analogen Eigenschaften zu finden.

5.2.1 Der euklidische Algorithmus im Ring der ganzen Zahlen

Wir setzen voraus, daß im Ring $[\mathbb{Z}; +; \cdot]$ für jede Zahl a der absolute Betrag von a (Symbol $|a|$) erklärt ist und daß in $\mathbb{Z}$ jede nach oben beschränkte nicht leere Teilmenge ein größtes Element besitzt. Dann gilt ein *Darstellungssatz*:

> **Satz 5.4:** Für beliebige ganze Zahlen $a; b$ mit $b \neq 0$ gilt:
> (1) Es existieren $q; r \in \mathbb{Z}$ mit $a = q \cdot b + r$ und $0 \leq r < |b|$.
> (2) q und r sind eindeutig bestimmt.

Es heißen r *der kleinste nichtnegative Rest von a modulo b* und q *größtes Ganzes.*

Beweis: Zu (1): Die Menge V aller Vielfachen von b, die kleiner oder gleich a sind, enthält ein größtes Element $q \cdot b$. Also gilt $a = q \cdot b + r$ mit $0 \leq r < |b|$.
Zu (2): Die Eindeutigkeit zeigt man indirekt: Angenommen, es gilt $a = q \cdot b + r$ mit $0 \leq r < |b|$, $a = q' \cdot b + r'$ mit $0 \leq r' < |b|$ und $r \neq r'$, dann folgt $(q-q')b + (r-r') = 0$ bzw. $(q - q')b = r' - r$. Dies bedeutet $b/(r' - r)$ im Widerspruch zu $|b| > |r' - r|$. Also gilt $r' - r = 0$, d.h. $r = r'$, sowie $q = q'$. ■

Auf der Basis des Satzes 5.4 wird der *euklidische Algorithmus* definiert:
Gegeben: $a; b \in \mathbb{Z}; b \neq 0$.
Man bestimmt $q_0; r_1$ mit $a = q_0 b + r_1$ und $0 \leq r_1 < |b|$.
Man bestimmt $q_1; r_2$ mit $b = q_1 r_1 + r_2$ und $0 \leq r_2 < |r_1|$.
....
Man bestimmt $q_i; r_{i+1}$ mit $r_{i-1} = q_i r_i + r_{i+1}$ und $0 \leq r_{i+1} < |r_i|$.
Wegen $|r_{i+1}| < |r_i|$ bricht der Algorithmus etwa mit $r_i = q_{i+1} r_{i+1}$ ab.

> **Satz 5.5** (Satz über den euklidischen Algorithmus):
> Sind $a; b \in \mathbb{Z}; b \neq 0$ und $r_1; r_2; \ldots; r_{i+1}$ die beim euklidischen Algorithmus auftretenden von 0 verschiedenen Reste, dann gilt für alle $j \in \{1; \ldots; i+1\}$:
> (1) Aus t/a und t/b folgt t/r_j.
> (2) Zu r_j existiert eine eindeutige Darstellung $r_j = x_j a + y_j b$ mit $x_j, y_j \in \mathbb{Z}$.
> (3) r_{i+1}/a und r_{i+1}/b. (4) $r_{i+1} = ggT(a; b)$.

Der Beweis des Satzes 5.5 ergibt sich aus dem Beweis seiner Verallgemeinerung im Satz 5.7 sowie aus den Überlegungen im Beispiel 5.8 a). Aus (2) und (4) folgt: Der $ggT(a; b)$ läßt sich auf eindeutige Weise als „ganzzahlige Linearkombination" von a und b darstellen: $r_{i+1} = sa + ub$ $(s; u \in \mathbb{Z})$.

Beispiel 5.7: a) Nach Satz 5.4 erhält man z.B.:
Für $a = 12; b = 9$ die Darstellung $a = 1 \cdot b + 3$ mit $0 \leq 3 < |b|$,
für $a = -8; b = 5$ die Darstellung $a = (-2) \cdot b + 2$ mit $0 \leq 2 < |b|$.
b) Euklidischer Algorithmus für $a = 124$ und $b = 48$:
Darstellung von a und b: $124 = 2 \cdot 48 + 28$ mit $0 \leq 28 < 48; r_1 = 28$.
Darstellung von b und r_1: $48 = 1 \cdot 28 + 20$ mit $0 \leq 20 < 28; r_2 = 20$.
Darstellung von r_1 und r_2: $28 = 1 \cdot 20 + 8$ mit $0 \leq 8 < 20; r_3 = 8$.
Darstellung von r_2 und r_3: $20 = 2 \cdot 8 + 4$ mit $0 \leq 4 < 8; r_4 = 4$.
Darstellung von r_3 und r_4: $8 = 2 \cdot 4 + 0$ mit $0 \leq 0 < 4; r_5 = 0$.
Es gilt $r_4 = 4 = ggT(124; 48)$.

Übung 5.8: Wie kann man mit Hilfe des euklidischen Algorithmus $ggT(a; b; c)$ ermitteln?

Beispiel 5.8: a) Die Aussage (1) des Satzes 5.5 beweist man, indem man aus $r_1 = a - q_0 b = ta' - tq_0 b' = t(a' - q_0 b')$ zunächst t/r_1 folgert und dann schrittweise die Gleichungen des euklidischen Algorithmus „absteigend" verfolgt. Der Nachweis von (2) ergibt sich aus der im Beweis zu Satz 5.7 beschriebenen Vorgehensweise. Aus der letzten Gleichung des euklidischen Algorithmus folgt r_{i+1}/r_i. Setzt man $q_{i+1} r_{i+1}$ für r_i in die vorletzte Gleichung ein, so erhält man r_{i+1}/r_{i-1}. Diese Überlegungen fortsetzend folgt r_{i+1}/b und r_{i+1}/a, also (3). (4) ist eine Folge von (1) und (3).
b) Im Beispiel 5.7 b) ist der $ggT(124; 48) = 4$. Die Darstellung von 4 als Linearkombination von 124 und 48 erhält man, indem man, von der vorletzten Gleichung ausgehend, die auftretenden Reste in der jeweils vorangehenden Gleichung ersetzt: Man erhält aus $4 = 1 \cdot 20 + (-2) \cdot 8$ schließlich $4 = (-5) \cdot 124 + 13 \cdot 48$.
c) Eine rationale Zahl r kann dargestellt werden durch einen Bruch $\frac{a_0}{a_1}$ (Darstellung ist nicht eindeutig) oder einen Dezimalbruch (möglicherweise mit unendlicher Ziffernfolge). Eine Anwendung des euklidischen Algorithmus besteht darin, $r = \frac{a_0}{a_1}$ durch einen (stets abbrechenden) *Kettenbruch* darzustellen. Wendet man den Algorithmus auf a_0 und a_1 an und setzt $\frac{1}{\frac{a_{j+1}}{a_j}}$ in den jeweils vorangehenden Term ein, so erhält man
$\frac{a_0}{a_1} = q_1 + \cfrac{1}{q_2 + \cfrac{1}{q_3 + \dots \cfrac{1}{q_i + \cfrac{1}{q_{i+1}}}}}$; z.B. $\frac{124}{48} = 2 + \cfrac{1}{1 + \cfrac{1}{1 + \cfrac{1}{2 + \frac{1}{2}}}}$.

Übung 5.9: a) Bestimmen Sie den $ggT(a; b)$ und stellen Sie ihn als Linearkombination von a und b dar für $a = 147$ und $b = 69$; $a = -100$ und $b = 15$; $a = 36$ und $b = 40$ sowie $a = 132$ und $b = 75$.
b) Geben Sie die Kettenbruchentwicklung von $r_1 = \frac{7}{5}; r_2 = \frac{21}{27};$ und $r_3 = \frac{104}{63}$ an.
c) Geben Sie die rationale Zahl $-1 + \cfrac{1}{-4 + \frac{1}{-2}}$ durch einen Bruch an.

5.2.2 Teilbarkeitsaussagen in euklidischen Ringen

Definition 5.10: Ein Integritätsbereich R mit e heißt **euklidischer Ring** genau dann, wenn jedem von 0 verschiedenen $a \in R$ eine nichtnegative ganze Zahl $g(a)$ zugeordnet werden kann, so daß gilt:
(1) $g(ab) \geq g(a)$ für alle $a; b \in R \setminus \{0\}$.
(2) Zu $a, b \in R$ mit $b \neq 0$ existieren Elemente $q; r \in R$ mit $a = qb + r$ und $r = 0$ oder $g(r) < g(b)$.

Es ist also g eine *Funktion* von $R \setminus \{0\}$ in $\mathbb{Z}_+$ (Beispiel 5.9 a)).

Folgerung 5.5: In einem euklidischen Ring R gilt:
Aus $a \neq 0$ und $b//a$ folgt $g(b) < g(a)$.

Beweis: In $b = qa + r$ ist $r \neq 0$, denn sonst wäre a Teiler von b im Widerspruch zur Voraussetzung $b//a$. Damit folgt $g(r) < g(a)$. Wegen $b//a$ existiert ein $x \not\equiv e$ mit $bx = a$. Mit $r = b - qa = b \cdot (e - qx)$ ergibt sich $g(r) \geq g(b)$ und damit $g(b) < g(a)$. ■

Satz 5.6: In einem euklidischen Ring R bricht jede Kette echter Teiler nach endlich vielen Schritten ab.

Beweis: Bilden die Elemente $a_1; a_2; a_3; \ldots$ eine Teilerkette $a_2//a_1; a_3//a_2; \ldots$, so gilt nach Folgerung 5.5 $g(a_1) > g(a_2) > g(a_3) > \ldots$. Diese Folge nichtnegativer Zahlen muß nach endlich vielen Schritten abbrechen. ■

Ein euklidischer Ring ist ein *Ring mit Teilerkettensatz*; die Umkehrung gilt nicht.

Satz 5.7 (Hauptsatz über den größten gemeinsamen Teiler):
In einem euklidischen Ring R gilt:
(1) Zu $a_1; a_2; \ldots; a_n \in R$ existiert stets $ggT(a_1; a_2; \ldots; a_n) \in R$.
(2) Es existiert eine Darstellung
$ggT(a_1; a_2; \ldots; a_n) = c_1a_1 + c_2a_2 + \ldots + c_na_n$ mit $c_1; c_2; \ldots; c_n \in R$.

Beweis: Beschränkung auf $n = 2$; Anwendung des Algorithmus auf $a_1; a_2$:
$a_1 = q_0a_2 + r_1$ mit $g(r_1) < g(a_2)$ $\quad$ $a_2 = q_1r_1 + r_2$ mit $g(r_2) < g(r_1) \ldots$
$r_{i-1} = q_ir_i + r_{i+1}$ mit $g(r_{i+1}) < g(r_i)$ $\quad$ $r_i = q_{i+1}r_{i+1} + 0$
Zu (1): Verfolgt man die Gleichungen (mit der letzten beginnend) „aufsteigend", so erhält man $r_{i+1}/r_i, r_{i+1}/r_{i-1}; \ldots; r_{i+1}/a_2$ und r_{i+1}/a_1. Also ist r_{i+1} gemeinsamer Teiler von a_1 und a_2. Ist nun t ein weiterer gemeinsamer Teiler von a_1 und a_2, so ergibt sich, wenn man die Gleichungen „absteigend" verfolgt: $t/r_1; t/r_2; \ldots; t/r_{i+1}$. Also gilt $r_{i+1} = ggT(a_1; a_2)$.
Zu (2): Verfolgt man die Gleichungen „absteigend", so ist r_1 eine Linearkombination von a_1 und a_2. Setzt man diese in die zweite Gleichung ein, so erhält man r_2 als Linearkombination von a_1 und a_2. Setzt man die Vorgehensweise fort, so ergibt sich aus der vorletzten Gleichung die Behauptung (2). ■

Beispiel 5.9: a) In $\mathbb{Z}$ erfüllt die Funktion $g(a) = |a|$ die in Definition 5.10 genannten Bedingungen (1) und (2). Weitere euklidische Ringe sind:
$\mathbb{Z} + \mathbb{Z}i$ mit $g(a + bi) = N_{-1}(a + bi) = a^2 + b^2$; dabei ist die Bedingung (1) wegen $N_k(\alpha \cdot \beta) = N_k(\alpha) \cdot N_k(\beta) \geq N_k(\alpha)$ erfüllt (vgl. Beispiel 5.3 a)).
Der Polynomring $K[x]$ mit dem Körper K als Koeffizientenbereich, denn $g(p(x)) = \text{grad}\ (p(x))$ erfüllt die Bedingungen (1) und (2).
Die Untersuchung, ob man in einem Integritätsbereich R mit e eine Funktion g so festlegen kann, daß R ein euklidischer Ring ist, wird oft schwierig. $\mathbb{Z} + \mathbb{Z}\sqrt{k}$ ist z.B. für $k = -5; k = -6; k = 26; k = -14$ kein euklidischer Ring.
b) Da $\mathbb{Q}[x]$ euklidischer Ring ist, kann der euklidische Algorithmus genutzt werden, um den größten gemeinsamen Teiler von Polynomen zu ermitteln und einen Kettenbruch für den Quotienten zweier Polynome anzugeben: Es seien $p(x) = x^4 + x^3 - x^2 - x$ und $q(x) = x^3 + 2x^2 - 1$, dann gilt:

$$\begin{aligned} x^4 + x^3 - x^2 - x &= (x-1) \cdot (x^3 + 2x^2 - 1) + (x^2 - 1) \\ x^3 + 2x^2 - 1 &= (x+2)(x^2 - 1) + (x+1) \\ x^2 - 1 &= (x-1)(x+1); \text{ also folgt } ggT(p(x); q(x)) = x + 1. \end{aligned}$$

Als Linearkombination ergibt sich $x + 1 = (-x - 2)p(x) + (x^2 + x - 1)q(x)$.
Schließlich kann man $\frac{p(x)}{q(x)}$ durch den Kettenbruch $x - 1 + \frac{1}{x+2+\frac{1}{x-1}}$ angeben. Wandelt man diesen Kettenbruch wieder in einen Quotienten um, so erhält man $\frac{u(x)}{v(x)}$ mit $u(x)(x+1) = p(x)$ und $v(x)(x+1) = q(x)$.
c) Ermittlung des $ggT(\alpha; \beta)$ im euklidischen Ring $\mathbb{Z} + \mathbb{Z}i$ mit $\alpha = 31 - 2i$ und $\beta = 6 + 8i$:
$31 - 2i = (2 - 3i)(6 + 8i) - 5$ mit $g(-5) = 25$ und $g(6 + 8i) = 100$, also $g(-5) < g(6 + 8i)$.
$6 + 8i = (-1 - 2i)(-5) + (1 - 2i)$ mit $g(1 - 2i) = 5$ und $g(-5) = 25$, also $g(1 - 2i) < g(-5)$.
$-5 = (-1 - 2i)(1 - 2i) + 0$, also folgt $ggT(\alpha, \beta) = 1 - 2i$.

Übung 5.10: a) Weisen Sie nach, daß die Polynome $p(x) = x^4 - 1$ und $q(x) = x^2 - 2x + 1$ in $\mathbb{Q}[x]$ relativ prim sind. Stellen Sie den größten gemeinsamen Teiler dieser Polynome als Linearkombination von $p(x)$ und $q(x)$ dar.
b) Begründen Sie: Ist $p(x) \in \mathbb{Q}[x]$ und $f(x)$ nicht das Nullpolynom sowie $p(x)$ ein nichttrivialer Teiler von $f(x)$, so gilt $0 < \text{grad}\ (p(x)) < \text{grad}\ (f(x))$.
c) Warum ist ein Polynom $f(x) \in \mathbb{Q}[x]$ mit $\text{grad}\ (f(x)) = 1$ stets ein Primelement?
d) Bestimmen Sie mit Hilfe des euklidischen Algorithmus den $ggT(p(x); q(x))$ mit $p(x) = x^4 + 2x^3 + 3x^2 + 4x + 5$ und $q(x) = x + 2$ in $\mathbb{Q}[x]$ und stellen Sie ihn als Linearkombination von $p(x)$ und $q(x)$ dar.
e) Man zeige: Es ist in einem euklidischen Ring R mit e das Element ε genau dann eine Einheit, wenn $g(\varepsilon) = g(e)$ gilt.

5.2.3 Zerlegung in Primelemente

Definition 5.11: Ein Integritätsbereich R mit e heißt **ZPE-Ring** (oder **GAUSSscher Ring**) genau dann, wenn gilt:
(1) Für jedes Element $a \in R \setminus \{0\}$ und $a \not\cong e$ existiert eine Darstellung als Produkt von endlich vielen Primelementen.
(2) Die in (1) genannte Darstellung ist eindeutig bis auf die Reihenfolge der Faktoren und ihre Ersetzung durch assoziierte Elemente.

ZPE ist eine Abkürzung für „Zerlegung in Primelemente ist eindeutig".

Satz 5.8 (Satz von EUKLID):
In einem euklidischen Ring R gilt: Ist ein Primelement p Teiler eines Produktes $a \cdot b$ mit $a; b \in R$, so ist p Teiler von a oder Teiler von b.

Beweis: Wegen p/ab existiert ein $x \in R$ mit $px = ab$. Nach Folgerung 5.4 gilt $ggT(a;p) = p$ oder $ggT(a;p) \cong e$. Für den 1. Fall folgt p/a. Im 2. Fall existiert - da R euklidischer Ring ist - eine Darstellung $e = ya + zp$ mit $y; z \in R$. Dann folgt: $b = b \cdot e = b(ya + zp) = yab + bzp = ypx + bzp = p(yx + bz)$, also gilt p/b. ∎

Satz 5.8 kann verallgemeinert werden (Übung 5.11 b)). Wir zeigen:

Satz 5.9: Jeder euklidische Ring R ist ein ZPE-Ring.

Beweis: Nachweis der *Existenz einer Primfaktorzerlegung*: Es wird zunächst gezeigt: Jedes $a \in R$ besitzt mindestens ein Primelement als Teiler. Ist a selbst Primelement, so ist die Bedingung erfüllt. Andernfalls besitzt a einen nichttrivialen Teiler a_1. Ist dieser Primelement, so ist die Bedingung erfüllt. Andernfalls besitzt a_1 einen nichttrivialen Teiler a_2. Diese Überlegungen fortsetzend erhält man eine Teilerkette $a_2//a_1; a_3//a_2; \ldots; a_k//a_{k-1}$. Nach dem Teilerkettensatz muß ein $n \in \mathbb{N}$ existieren, so daß a_n keine nichttrivialen Teiler mehr besitzt, also Primelement ist. Ist $a = p_1 \cdot b_1$ und b_1 Primelement, so liegt eine Zerlegung vor. Ist b_1 kein Primelement, so kann ein Primfaktor abgespalten werden: $b_1 = p_2 \cdot b_2$. Also gilt $a = p_1 \cdot p_2 \cdot b_2$. Durch die wiederholte Anwendung dieser Überlegungen gelangt man zu $a = p_1 \cdot p_2 \cdot \ldots \cdot p_{k+1} b_{k+1}$. Die Folge echter Teiler $b_2//b_1; b_3//b_2; \ldots; b_{k+1}//b_k$ bricht ab; folglich existiert ein b_m, welches keinen echten Teiler mehr enthält.

Nachweis der Eindeutigkeit der Primfaktorzerlegung: Angenommen $a \in R \setminus \{0\}$ besitzt zwei Primfaktorzerlegungen $a = p_1 \cdot p_2 \cdot \ldots \cdot p_n$ und $a = q_1 \cdot q_2 \cdot \ldots \cdot q_m$. Nach der Verallgemeinerung von Satz 5.8 folgt aus $p_1/q_1 \cdot q_2 \cdot \ldots \cdot q_m$, daß p_1 einen Faktor teilt. Ohne Beschränkung der Allgemeinheit sei dies q_1. Da q_1 Primelement ist, folgt $p_1 \cong q_1$. Also gilt $p_2 \cdot \ldots \cdot p_n \cong q_2 \cdot \ldots \cdot q_m$. Wegen $p_2/q_2 \cdot \ldots \cdot q_m$ folgt nach der oben angegebenen Überlegung $p_3 \cdot \ldots \cdot p_n \cong q_3 \cdot \ldots \cdot q_m$. So fortfahrend steht auf einer Seite der Gleichung eine Einheit, auf der anderen ein Produkt von Primfaktoren. Hieraus folgt $m = n$. ∎

Beispiel 5.10: a) Da $[\mathbb{Z}; +; \cdot]$ euklidischer Ring ist, existiert nach Satz 5.9 zu jeder ganzen Zahl a eine Zerlegung in Primfaktoren. Dabei stimmen z.B. die Zerlegungen $3 \cdot (-4) \cdot (-5) \cdot 7$ und $(-7) \cdot 3 \cdot 5 \cdot (-4)$ von 420 bis auf die Reihenfolge der Faktoren und ihre Ersetzung durch assoziierte Elemente überein.
b) Jeder Polynomring über einem Körper ist ein ZPE-Ring. So sind z.B. $x\left(\frac{1}{2}x+1\right)\left(\frac{1}{2}x-1\right)$ und $(-x-2)(-x+2)\cdot\frac{1}{4}x$ Primfaktorzerlegungen von $\frac{1}{4}x^3 - x \in \mathbb{Q}[x]$, die nicht als voneinander verschieden betrachtet werden.
c) $\mathbb{Z}+\mathbb{Z}\sqrt{-5}$ ist *kein* ZPE-Ring. Es gilt $6 = 2 \cdot 3 = (1+\sqrt{-5})(1-\sqrt{-5})$. Alle Faktoren sind Primelemente. Es gilt $N_{-5}(2) = 4; N_{-5}(3) = 9$ und $N_{-5}(1+\sqrt{-5}) = 6$. Nichttriviale Teiler dieser Elemente müßten die Norm 2 oder die Norm 3 haben (vgl. Beispiel 5.3)). Es existiert jedoch kein $\alpha = a + b\sqrt{-5}$ mit dieser Eigenschaft, denn keine der Gleichungen $a^2 + 5b^2 = 2$ bzw. $a^2 + 5b^2 = 3$ ist ganzzahlig lösbar. Außerdem sind die in den beiden angegebenen Zerlegungen auftretenden Faktoren nicht paarweise zueinander assoziiert, da in $\mathbb{Z}+\mathbb{Z}\sqrt{-5}$ nur 1 und -1 Einheiten sind.

Übung 5.11: a) Begründen Sie, daß auf die im Satz von EUKLID genannte Voraussetzung „p ist *Primelement*" nicht verzichtet werden kann.
b) Formulieren Sie eine Verallgemeinerung des Satzes 5.8 für ein Produkt $a_1 \cdot a_2 \cdot \ldots \cdot a_n$ und beweisen Sie diese.
c) Im Ring $\mathbb{Z}+\mathbb{Z}\sqrt{-6}$ besitzt das Element 6 die Zerlegungen $2\cdot 3$ und $(\sqrt{-6})\cdot(-\sqrt{-6})$. Weisen Sie nach, daß die auftretenden Faktoren in $\mathbb{Z}+\mathbb{Z}\sqrt{-6}$ Primelemente sind und daß $2; 3$ und $\sqrt{-6}$ nicht paarweise assoziiert zueinander sind.

Beispiel 5.11: a) Um zu prüfen, ob das Polynom $8x^3 - 4x^2 + 2x - 1 \in \mathbb{Z}[x]$ irreduzibel ist, kann man einen Ansatz „mit unbestimmten Koeffizienten" wählen: $8x^3 - 4x^2 + 2x - 1 = (ax + b)(cx^2 + dx + e)$. Ausmultiplizieren und Koeffizientenvergleich liefert das Gleichungssystem $be = -1$; $ae + bd = 2; ad + bc = -4; ac = 8$ mit der ganzzahligen Lösung $e = 1$; $a = 2; b = -1; c = 4; d = 0$. Das gegebene Polynom ist reduzibel.
b) Ist R ein ZPE-Ring, so gilt für Polynome aus $R[x]$ das (hinreichende) Irreduzibilitätskriterium von EISENSTEIN: Ist $p(x) = \sum_{i=0}^{n} a_i x^i$ ein Polynom aus $R[x]$ mit $a_n \neq 0$ und existiert in R ein Primelement p mit $p \nmid a_n; p/a_{n-1}; \ldots; p/a_1; p/a_0$ und $p^2 \nmid a_0$, so ist $p(x)$ irreduzibel.
Es ist $x^4 - 2x^3 + 4x^2 - 2$ irreduzibel; 2 erfüllt die Bedingungen.
Zu $x^6 - 5x^5 + 6x^4 - 3x^3 + 15x^2 - 17x - 3$ existiert kein Primelement, welches die Bedingungen erfüllt. Es ist auf der Basis des Satzes von EISENSTEIN keine Aussage möglich. Gleiches gilt für $v(x) = x^5 - 2x^4 - 3x^2 + 6x + 1$, obwohl $v(x)$ irreduzibel ist.

5.2.4 Teilbarkeitsaussagen in ZPE-Ringen

Es gilt z.B. die Gleichung $ggT(a;b) \cdot kgV(a;b) = a \cdot b$ für Elemente eines beliebigen ZPE-Ringes. Solche Aussagen lassen sich leicht mit Hilfe der Primfaktorzerlegungen von a und b beweisen. Für jedes von 0 und den Einheiten verschiedene Element a eines ZPE-Ringes R gilt: $a \cong p_1^{\alpha_1} \cdot p_2^{\alpha_2} \cdot \ldots \cdot p_r^{\alpha_r} = \prod_{i=1}^{r} p_i^{\alpha_i}$ (a als Produkt von Primelementpotenzen). Diesem Produkt können alle weiteren Primelemente von R als Faktor mit dem Exponenten 0 hinzugefügt werden. Hält man die Primelemente fest, so ist a bereits durch das *System der Exponenten* (bis auf Assoziiertheit) eindeutig festgelegt: $a \cong \prod_p p^{\alpha_p} \longleftrightarrow \alpha_{p_i} \alpha_{p_k} \alpha_{p_l} \ldots$ (dabei sind nur endlich viele $\alpha_p \neq 0$).

Ergänzungen: Jeder *Einheit* wird das Exponentensystem $\alpha_p = 0$ für alle p zugeordnet; dem *Nullelement* $0 \in R$ wird das Exponentensystem $\alpha_p = \infty$ für alle p zugeordnet: $e \cong \prod_p p^0$ bzw. $0 = \prod_p p^\infty$ (Beispiel 5.12 b)).

Satz 5.10: Für alle $a \cong \prod_p p^{\alpha_p}$, $b \cong \prod_p p^{\beta_p}$ eines ZPE-Ringes R gilt:

(1) $ab \cong \prod_p p^{\alpha_p + \beta_p}$. (2) Aus b/a mit $b \cdot x = a$ folgt $x \cong \prod_p p^{\alpha_p - \beta_p}$.

(3) b/a genau dann, wenn $\beta_p \leq \alpha_p$ für alle p.

(4) Ist p_i Primelement, dann gilt p_i/a genau dann, wenn $\alpha_{p_i} > 0$.

Beweis: Zu (1): Bei jedem Faktor treten nur endlich viele von 0 verschiedene Exponenten auf; (1) ist nur eine andere Formulierung eines Potenzgesetzes in Ringen.
Zu (2): Sei $x \cong \prod_p p^{\gamma_p}$, dann ist $b \cdot x \cong \prod_p p^{\beta_p + \gamma_p} = \prod_p p^{\alpha_p}$, also gilt $\beta_p + \gamma_p = \alpha_p$ und damit $\gamma_p = \alpha_p - \beta_p$ für jedes Primelement p.
Zu (3): ($\Rightarrow$)b/a, also existiert ein $x \in R$ mit $x \cong \prod_p p^{\alpha_p - \beta_p}$. Hieraus folgt $\beta_p \leq \alpha_p$.
($\Leftarrow$) Ist $\alpha_p \geq \beta_p$, so existiert ein x mit $x \cong \prod_p p^{\alpha_p - \beta_p}$ und $bx = a$, also gilt b/a.
Zu (4): Man nutzt (1) und (2) (vgl. Übung 5.12 c)). ■

Satz 5.11: Für alle $a \cong \prod_p p^{\alpha_p}$ und $b \cong \prod_p p^{\beta_p}$ eines ZPE-Ringes R gilt:

(1) $ggT(a;b) = d \cong \prod_p p^{\delta_p}$ mit $\delta_p = \min(\alpha_p; \beta_p)$.

(2) $kgV(a;b) = f \cong \prod_p p^{\varphi_p}$ mit $\varphi_p = \max(\alpha_p; \beta_p)$.

(3) $ggT(a;b) \cdot kgV(a;b) \cong a \cdot b$.

Beweis: Zu (1): Wegen $\delta_p \leq \alpha_p$ und $\delta_p \leq \beta_p$ ist d gemeinsamer Teiler von a und b. Für jeden anderen gemeinsamen Teiler $t \cong \prod_p p^{\tau_p}$ gilt ebenfalls $\tau_p \leq \alpha_p$ und $\tau_p \leq \beta_p$ für alle p, und wegen $\delta_p = \min(\alpha_p; \beta_p)$ folgt $\tau_p \leq \delta_p$, also $t / \prod_p p^{\delta_p}$. Zu (2): Man schließt wie bei (1). Zu (3): Folgt aus $\min(\alpha_p; \beta_p) + \max(\alpha_p; \beta_p) = \alpha_p + \beta_p$. ■

Beispiel 5.12: a) Formal unendliche Exponentensysteme für nichtnegative ganze Zahlen: $120 = 2^3 \cdot 3^1 \cdot 5^1 \cdot 7^0 \cdot \ldots \leftrightarrow 3;1;1;0;0;\ldots$
$34 = 2^1 \cdot 3^0 \cdot 5^0 \cdot 7^0 \cdot 11^0 \cdot 13^0 \cdot 17^1 \cdot 19^0 \cdot \ldots \leftrightarrow 1;0;0;0;0;0;1;0;\ldots$
$1 = 2^0 \cdot 3^0 \cdot 5^0 \cdot 7^0 \cdot 11^0 \cdot \ldots \leftrightarrow 0;0;0;0;0;\ldots$
Für $120 \cdot 34$ ergibt sich $(2^3 \cdot 3^1 \cdot 5^1 \cdot 7^0 \cdot \ldots) \cdot (2^1 \cdot 3^0 \cdot 5^0 \cdot 7^0 \cdot 11^0 \cdot 13^0 \cdot 17^1 \cdot 19^0 \cdot \ldots)$
$= 2^4 \cdot 3^1 \cdot 5^1 \cdot 7^0 \cdot 11^0 \cdot 13^0 \cdot 17^1 \cdot 19^0 \cdot \ldots \leftrightarrow 4;1;1;0;0;0;1;0;\ldots$

b) Die Festlegung $0 = \prod\limits_p p^\infty$ ist durch die multiplikativen Eigenschaften des Nullelementes gerechtfertigt. Es gilt:

$0 \cdot a = 0$ für alle $a \in R$ mit $\left(\prod\limits_p p^\infty \cdot\right)\left(\prod\limits_p p^{\alpha_p} \cdot\right) = \prod\limits_p p^{\infty + \alpha_p} = \prod\limits_p p^\infty = 0$,

$a/0$ für alle $a \in R$, denn mit $a \cong \prod\limits_p p^{\alpha_p}$ gilt $\alpha_p < \infty$ für alle p.

c) Die Aussagen (1) und (2) des Satzes 5.11 charakterisieren eine Methode zur Bestimmung von $ggT(a;b)$ und $kgV(a;b)$ mit Hilfe der Primfaktorzerlegung im Ring der ganzen Zahlen. Man wählt zu jedem Primfaktor das Minimum bzw. das Maximum der Exponenten:
$ggT(120;14) = 2^{\min(3;1)} \cdot 3^{\min(1;0)} \cdot 5^{\min(1;0)} \cdot 7^{\min(0,1)} \cdot 11^{\min(0;0)} \cdot \ldots = 2.$
$kgV(120;14) = 2^{\max(3,1)} \cdot 3^{\max(1,0)} \cdot 5^{\max(1,0)} \cdot 7^{\max(0,1)} \cdot 11^{\max(0,0)} \cdot \ldots = 840.$
Die Methode läßt sich auf die Bestimmung von $ggT(a_1;\ldots;a_n)$ und $kgV(a_1;\ldots;a_n)$ übertragen.

Übung 5.12: a) Verdeutlichen Sie sich die Aussagen der Sätze 5.10 und 5.11. an Beispielen aus dem Ring der ganzen Zahlen.

b) Man nutze die Methode im Beispiel 5.12 c) zur Bestimmung von $ggT(24;60;84)$; $kgV(24;60;84)$; $ggT(0;12;20)$; $kgV(0;12;20)$; $ggT(8;12;1)$; $kgV(8;12;1)$.

c) Führen Sie den Beweis zu Satz 5.10 (4) aus.

d) Begründen Sie die im Beweis zu Satz 5.11 (3) angegebene Gleichheit durch eine vollständige Fallunterscheidung. Weisen Sie durch Angabe eines Beispiels nach, daß sich die Aussage nicht auf ein Produkt von mehr als zwei Faktoren übertragen läßt.

e) Begründen Sie mit Hilfe des Satzes 5.11:
$ggT(e;a_1;\ldots;a_n) \cong e;\quad ggT(0;a_1;\ldots;a_n) \cong ggT(a_1;\ldots;a_n)$.
$kgV(0;a_1;\ldots;a_n) = 0;\quad kgV(e;a_1;\ldots;a_n) \cong kgV(a_1;\ldots;a_n)$.

Bemerkung: Im Mathematikunterricht konzentriert man sich bei der Behandlung der Teilbarkeit auf den (angeordneten) Halbring $[\mathbb{N};+;\cdot;\leq]$ und definiert ggT und kgV mit Hilfe der *Ordnungsrelation*. Da die kleinste natürliche Zahl 0 Vielfaches *jeder* natürlichen Zahl ist, würde *stets* $kgV(a_1;a_2;\ldots;a_n) = 0$ gelten. Um dies zu vermeiden, muß man die Zahl 0 bei der Bildung des kgV ausschließen.

5.2.5 Diophantische Gleichungen und lineare Kongruenzen

Definition 5.12: $a_1x_1 + a_2x_2 + \ldots + a_nx_n = b$ mit $a_1; a_2; \ldots; a_n; b$ aus einem euklidischen Ring R heißt **diophantische Gleichung**.

Wir beschränken uns auf $n = 2$ und betrachten vorwiegend Beispiele für $R = \mathbb{Z}$.

Satz 5.12: In einem euklidischen Ring R ist $ax+by = c$ mit $a; b; c \in R\setminus\{0\}$ lösbar genau dann, wenn $ggT(a; b)/c$.

Beweis: ($\Rightarrow$) Es seien $(x_0; y_0)$ eine Lösung von $ax + by = c$ in R und $ggT(a; b) = d$ mit $da' = a$ und $db' = b$, dann folgt d/c aus $(da')x_0 + (db')y_0 = d(a'x_0 + b'y_0) = c$.
($\Leftarrow$) Ist $ggT(a; b) = d$ und d/c mit $dc_0 = c$, dann läßt sich d als Linearkombination von a und b darstellen, und es gilt $c = dc_0 = (ax_0 + by_0)c_0 = a(x_0c_0) + b(y_0c_0)$, also ist $(x_0c_0; y_0c_0)$ eine Lösung von $ax + b = c$. ■

Der zweite Teil des Beweises zu diesem Lösbarkeitskriterium für diophantische Gleichungen liefert eine Methode zum Lösen diophantischer Gleichungen (Beispiel 5.14).

Zusammenhang zwischen diophantischen Gleichungen und Kongruenzen in $\mathbb{Z}$ sowie linearen Gleichungen in $\mathbb{Z}/_{(m)}$:

Die folgenden Zusammenhänge gelten in euklidischen Ringen R. Es ist $R/_{(m)}$ der Restklassenring nach dem von $m \in R$ durch $(m) = \{s | s = rm \text{ mit } r \in R\}$ erzeugten Ideal. Solche Ideale heißen *Hauptideale*. Man kann zeigen, daß jeder euklidische Ring ein Ring ist, in welchem sich jedes Ideal von einem Element erzeugen läßt (*Hauptidealring*).

Es gilt $a \equiv b(m) \Leftrightarrow a - b = g \cdot m \Leftrightarrow [a]_m = [b]_m$. Damit ergibt sich:

$a \cdot x \equiv b(m)$ (lineare Kongruenz in $\mathbb{Z}$)

$ax - my = b$ (diophantische Gleichung in $\mathbb{Z}$) $\longleftrightarrow$ $a \cdot x \equiv b(m)$ $\longleftrightarrow$ $[a]_m \cdot [x]_m = [b]_m$ (lineare Gleichung in $\mathbb{Z}/_{(m)}$)

Aussagen zu Lösungen:

Mit x_0 ist auch $x_0 + gm$ Lösung von $ax \equiv b(m)$. Es ist $x_0 + gm$ (mit $g \in \mathbb{Z}$) Lösung von $ax \equiv b(m)$ genau dann, wenn $[x_0]_m$ Lösung von $[a]_m \cdot [x]_m = [b]_m$. Ist x_0 Lösung von $ax \equiv b(m)$, so existiert ein $y_0 \in \mathbb{Z}$ mit $ax_0 - my_0 = b$; zur Lösung $\overline{x} = x_0 + gm$ gehört dann $\overline{y} = y_0 + ga$, denn es gilt $a(x_0 + gm) - m(y_0 + ga) = ax_0 - my_0 = b$. Dieser Zusammenhang liefert weitere Methoden zum Lösen diophantischer Gleichungen. Außerdem folgt aus Satz 5.12 unmittelbar: Die Kongruenz $ax \equiv b(m)$ ist in einem euklidischen Ring lösbar genau dann, wenn gilt $ggT(a; m)/b$. Aus dem Zusammenhang über diophantische Gleichungen und lineare Kongruenzen folgt:

Satz 5.13: Ist $ax + my = b$ diophantische Gleichung in einem euklidischen Ring R und gilt $ggT(a; m) = d$ mit $da' = a; dm' = m; db' = b$, dann gilt: Ist $(x_0; y_0)$ eine Lösung von $ax + my = b$, so erhält man die *Menge L aller* Lösungen mit $L = \{(x; y) | x = x_0 + gm';\ y = y_0 - ga' \text{ und } g \in R\}$.

Beispiel 5.13: a) Für Kongruenzen gelten u.a. folgende „Rechengesetze":
(1)$a_i \equiv b_i(m); (i = 1; \ldots ; k) \Rightarrow \sum\limits_{i=1}^{k} a_i \equiv \sum\limits_{i=1}^{k} b_i(m)$ und $\prod\limits_{i=1}^{k} a_i \equiv \prod\limits_{i=1}^{k} b_i(m)$.
(2) $a \equiv b(m) \Rightarrow a + km \equiv b(m)$. (3) $a \equiv b(m) \Rightarrow a^n \equiv b^n(m)$.
(4) Aus $a \equiv b(m)$ und $a = da', b = db'$ und $m = dm'$ folgt $a' \equiv b'(m')$.
b) Mit Hilfe von Kongruenzen lassen sich „Teilbarkeitsregeln" beweisen: $9/\sum\limits_{i=0}^{n} a_i 10^i$ genau dann, wenn $9/\sum\limits_{i=1}^{n} a_i$ („Quersummenregel"), denn es gilt $\sum\limits_{i=0}^{n} a_i 10^i \equiv 0(9)$ genau dann, wenn $\sum\limits_{i=0}^{n} a_i \equiv 0(9)$ wegen $10^i \equiv 1(9)$.

Übung 5.13: a) Man beweise die Aussagen (1), (2) und (3) im Beispiel 5.13 a).
b) Beweisen Sie die „Teilbarkeitsregeln" für 3 und 8.

Beispiel 5.14: a) $4x + 10y = 14$ ist lösbar, denn $ggT(4; 10) = 2$ und $2/14$; dagegen ist $4x + 6y = 5$ nicht lösbar. Die Aussage von Satz 5.12 läßt sich auf Gleichungen mit mehr als 2 Variablen übertragen.
b) Zum Lösen von $3x - 5y = 1$ kann man den $ggT(3; -5) = 1$ mit Hilfe des euklidischen Algorithmus als Linearkombination von 3 und 5 darstellen: $1 = 2 \cdot 3 + 1 \cdot (-5)$. Also ist $(2; 1)$ eine Lösung. Die Menge aller Lösungen erhält man nach Satz 5.13 mit $\{(x; y) | x = 2 - 5g; y = 1 - 3g \text{ und } g \in \mathbb{Z}\}$.
c) Aus $9x - 15y = 3$ (1) erhält man $3x - 5y = 1$ (2). Jede Lösung von (2) ist auch Lösung von (1) (vgl. auch b)). Ist umgekehrt $(x_0; y_0)$ Lösung von (1), so folgt sofort $3x_0 - 5y_0 = 1$, d.h., $(x_0; y_0)$ ist auch Lösung von (2).
d) Um $15x - 24y = 27$ zu lösen, geht man über zur „gekürzten" Gleichung $5x - 8y = 9$. Der euklidische Algorithmus führt zu $1 = (-3)5 + (-2) \cdot (-8)$. Multiplikation mit 9 ergibt $9 = (-27) \cdot 5 + (-18) \cdot (-8)$. Also ist $(-27; -18)$ Lösung. Die allgemeine Lösung ist $(-27 + g(-8); -18 - g \cdot 5)$ bzw. $(5 + 8h; 2 + 5h)$ mit $g = -h - 4$.
e) Wir lösen die diophantische Gleichung $15x - 24y = 27$ in d) mit Hilfe von Kongruenzen. Der „gekürzten" Gleichung $5x - 8y = 9$ entspricht die Kongruenz $5x \equiv 9(8)$ bzw. (vereinfacht) $5x \equiv 1(8)$. Wegen $25 \equiv 1(8)$ ist $x = 5 + 8g$ eine Lösung. Für $15x - 24y = 27$ ergibt sich dann $L = \{(x; y) | x = 5 + 8g; y = 2 + 5g \text{ und } g \in \mathbb{Z}\}$.
f) Zum Lösen der diophantischen Gleichung $5x - 3y = 4$ wählt man $m = 3$ als Modul. Man erhält $[2]_3 \cdot [x]_3 = [1]_3$ mit $[x]_3 = [2]_3$ als Lösung. Damit ist $L = \{(x; y) | x = 2 + 3g \text{ und } y = 2 + 5g \text{ und } g \in \mathbb{Z}\}$.

Übung 5.14: a) Welche positiven Zahlen lassen durch 4 geteilt den Rest 1 und durch 7 geteilt den Rest 6?
b) Ermitteln Sie (im Falle der Lösbarkeit) die Lösungsmengen der Gleichungen $3x + 2y = 15$; $3x + 15y = 2$; $55x + 48y = 700$ und $2x + 8y = 14$.

6 Algebraische Gleichungen

6.1 Abspaltung von Linearfaktoren

Warum man mit Nullstellen eines Polynoms Gradreduzierungen vornehmen kann

Satz 6.1: Ist R ein Integritätsbereich mit e und K ein Oberkörper von R, dann gilt: Ein Element $\alpha \in K$ ist genau dann Nullstelle eines Polynoms $p(x) \in R[x]$, wenn in $K[x]$ eine Zerlegung $p(x) = q(x)(x - \alpha)$ existiert.

Beweis: ($\Leftarrow$) Aus $p(x) = q(x)(x - \alpha)$ ergibt sich durch Einsetzen von α : $p(\alpha) = q(\alpha)(\alpha - \alpha) = 0$; also ist α Nullstelle von $p(x)$.
($\Rightarrow$) Da $K[x]$ euklidischer Ring ist, existieren zu $p(x)$ und $(x - \alpha)$ eindeutig bestimmte Polynome $q(x)$ und $r(x)$ mit $p(x) = q(x)(x - \alpha) + r(x)$ und $0 \leq \text{grad}\ (r(x)) < \text{grad}\ (x - \alpha)$. Aus dieser Bedingung folgt grad $(r(x)) = 0$, also $r(x) = c$. Durch Einsetzen von α in $p(x) = q(x)(x - \alpha) + c$ ergibt sich $c = 0$. ∎

Der Term $(x - \alpha)$ heißt *Linearfaktor*. Ist α Nullstelle des Polynoms $p(x)$ vom Grad n, so kann man den Linearfaktor $(x - \alpha)$ *„abspalten"*, $q(x)$ besitzt dann den Grad $n - 1$ (Beispiel 6.1 a)).

Satz 6.2: Ist R ein Integritätsbereich mit e und K Oberkörper von R, dann gilt: Die paarweise voneinander verschiedenen Elemente $\alpha_1; \alpha_2; \ldots; \alpha_s \in K$ sind genau dann Nullstellen eines Polynoms $p(x) \in R[x]$, wenn in $K[x]$ eine Zerlegung $p(x) = q(x)(x - \alpha_1)(x - \alpha_2) \cdot \ldots \cdot (x - \alpha_s)$ existiert.

Der Beweis erfolgt durch vollständige Induktion über die Anzahl s der Nullstellen (vgl. Übung 6.1 g)). Es kann der Fall eintreten, daß von einem Polynom $p(x)$ ein Linearfaktor $(x - \alpha)$ mehrfach abgespalten werden kann (Beispiel 6.2 a)).

Definition 6.1: K sei ein Oberkörper eines Integritätsbereiches R mit e. $\alpha \in K$ heißt **k-fache Nullstelle von $p(x) \in R[x]$ (Nullstelle mit der Vielfachheit k)** genau dann, wenn in $K[x]$ gilt: $p(x) = q(x) \cdot (x - \alpha)^k$ und $q(\alpha) \neq 0$.

Satz 6.3: Es sei R Integritätsbereich mit e und K Oberkörper von R, dann gilt: Die Elemente $\alpha_i \in K$ sind genau dann Nullstellen von $p(x) \in R[x]$ mit der Vielfachheit $k_i (i = 1; \ldots; s)$, wenn in $K[x]$ eine Zerlegung $p(x) = q(x)(x - \alpha_1)^{k_1} \cdot \ldots \cdot (x - \alpha_s)^{k_s}$ mit $q(\alpha_i) \neq 0$ existiert.

Der Beweis erfolgt durch vollständige Induktion.

Eine algebraische Gleichung $\sum\limits_{i=0}^{n} a_i x^i = 0$ mit $a_i \in R$ hat in jedem (noch so großen) Oberkörper von R höchstens n Nullstellen, jede mit ihrer Vielfachheit gezählt.

Beispiel 6.1: a) Das Polynom $x^3 - x^2 + x - 1 \in \mathbb{Z}[x]$ besitzt in $\mathbb{Q}$ die Nullstelle $\alpha = 1$ (sie liegt in $\mathbb{Z}$). Die Abspaltung des Linearfaktors $x - 1$ führt auf $(x^2 + 1)(x - 1)$. Das Polynom $q(x) = x^2 + 1$ besitzt in $\mathbb{Q}$ keine Nullstellen, also ist auch eine Abspaltung weiterer Linearfaktoren in $\mathbb{Q}[x]$ nicht möglich.
b) Das Polynom $x^3 - 13x + 12 \in \mathbb{Z}[x]$ besitzt die Nullstelle $\alpha_1 = 1$. Die Abspaltung des Linearfaktors $(x - 1)$ führt auf $(x^2 + x - 12)(x - 1)$.
$q(x) = x^2 + x - 12$ hat die Nullstelle $\alpha_2 = 3$, es ist $q(x) = (x + 4)(x - 3)$. Damit besitzt $x^3 - 13x + 12$ bereits in $\mathbb{Z}$ die drei Nullstellen $1; 3$ und -4, das Polynom zerfällt in $\mathbb{Z}[x]$ vollständig in Linearfaktoren.

Übung 6.1: a) Geben Sie in $\mathbb{Z}[x]$ ein Polynom $p(x)$ mit den Nullstellen $0; -1$ und 17 sowie ein Polynom $q(x)$ mit der doppelten Nullstelle $\sqrt{3}$ und der doppelten Nullstelle $-\sqrt{3}$ an.
b) $1; -1; i$ und $-i$ sind im Körper $\mathbb{C}$ der komplexen Zahlen liegende Nullstellen des Polynoms $x^7 + x^6 - x^5 - x^4 - x^3 - x^2 + x + 1$ aus $\mathbb{Z}[x]$. Man bestimme die Vielfachheiten der Nullstellen.
c) Bestimmen Sie im Körper $\mathbb{Q}$ die Nullstellen der Polynome $x^2 - 1; x^2 + 1;$ $x^3 + x; x^5 - 6x^4 + 9x^3$ und $x^4 - 4x^2 + 4$. Geben Sie deren Vielfachheit an.
d) Man bestimme alle Nullstellen von $[1]_{21}x^2 + [17]_{21} \in \mathbb{Z}/_{(21)}[x]$ und gebe eine Zerlegung dieses Polynoms in Linearfaktoren an.
e) Beweisen Sie: Ein Polynom n-ten Grades kann höchstens n Nullstellen besitzen.
f) Beweisen Sie: Es seien $p(x)$ und $q(x)$ vom Nullpolynom verschiedene Polynome aus $R[x]$ vom Grad n. Gibt es $n + 1$ verschiedene Elemente α_i mit $p(\alpha_i) = q(\alpha_i)$, so stimmen die Polynome $p(x)$ und $q(x)$ überein.
g) Beweisen Sie Satz 6.2.

Beispiel 6.2: a) Das Polynom $p(x) = x^3 - 6x^2 + 12x - 8$ besitzt $\alpha = 2$ als dreifache Nullstelle. Es gilt $p(x) = (x - 2)^3$.
b) Löst man die quadratische Gleichung $x^2 - x + \frac{1}{4} = 0$, so erhält man $\frac{1}{2}$ als *einzige Lösung*. Wegen $x^2 - x + \frac{1}{4} = (x - \frac{1}{2})(x - \frac{1}{2})$ ist $\frac{1}{2}$ jedoch *zweifache Nullstelle* des Polynoms $x^2 - x + \frac{1}{4} \in \mathbb{Q}[x]$. Also könnte man $\frac{1}{2}$ als „Doppellösung" bezeichnen.
c) In den Sätzen 6.2 und 6.3 wurde vorausgesetzt, daß die Koeffizienten der Polynome in einem *Integritätsbereich* liegen. Das folgende Beispiel zeigt, daß dies eine notwendige Voraussetzung ist: In $\mathbb{Z}/_{(6)}[x]$ besitzt das quadratische Polynom $[1]_6x^2 - [3]_6x + [2]_6$ die vier voneinander verschiedenen Nullstellen $[1]_6; [2]_6; [4]_6$ und $[5]_6$. Es läßt sich in die Produkte $(x - [1]_6) \cdot (x - [2]_6)$ bzw. $(x - [4]_6)(x - [5]_6)$ zerlegen.

6.2 Die Menge $\mathbb{C}$ der komplexen Zahlen als algebraisch abgeschlosser Körper

Warum das Problem der Existenz von Lösungen algebraischer Gleichungen in $\mathbb{C}$ gelöst ist

Bei den Sätzen 6.1; 6.2 und 6.3 wurde - aufbauend auf einem Polynomring $R[x]$ - stets davon ausgegangen, daß ein Oberkörper K von R existiert, in welchem (möglichst alle) Nullstellen eines Polynoms $p(x) \in R[x]$ liegen. Gäbe es einen solchen Oberkörper für $p(x)$ nicht, wären diese Aussagen zwar nicht falsch, wohl aber bedeutungslos. Es läßt sich jedoch zu jedem ausgewählten Polynom $p(x) \in R[x]$ die Existenz eines bez. „$\subseteq$" minimalen Oberkörpers nachweisen, in welchem $p(x)$ vollständig in Linearfaktoren zerfällt. Ein solcher Körper, der bis auf Isomorphie eindeutig bestimmt ist, heißt *Zerfällungskörper von* $p(x)$ (vgl. Beispiel 6.3). In dem für uns wichtigen Fall, daß R mit $\mathbb{Z}$ zusammenfällt, wird diese Aussage durch den sogenannten *Fundamentalsatz der klassischen Algebra* gestützt:

Satz 6.4 (Fundamentalsatz der klassischen Algebra):
Jedes Polynom $p(x) \in \mathbb{C}[x]$ mit grad $(p(x)) \geq 1$ besitzt in $\mathbb{C}$ mindestens eine Nullstelle.

Dieser bereits im 17. Jahrhundert vermutete Sachverhalt wurde erstmals von GAUSS 1799 bewiesen. Weitere Beweise des Satzes veröffentlichte GAUSS 1815 bzw. 1816. Inzwischen sind über 50 voneinander verschiedene Beweise dieses Satzes bekannt, bei denen vor allem außeralgebraische Hilfsmittel genutzt werden.
Aus Satz 6.4 ergibt sich unmittelbar:

Folgerung 6.1: Jedes Polynom $p(x) \in \mathbb{C}[x]$ vom Grade n besitzt in $\mathbb{C}$ genau n Nullstellen, jede in ihrer Vielfachheit gezählt.

Beweis: Nach Satz 6.4 besitzt $p(x)$ in $\mathbb{C}$ eine Nullstelle α_1. Nach Satz 6.1 gilt dann $p(x) = q_1(x) \cdot (x - \alpha_1)$, wobei $q_1(x)$ ein Polynom aus $\mathbb{C}[x]$ vom Grade $n-1$ ist; es besitzt seinerseits wenigstens eine Nullstelle α_2 in $\mathbb{C}$. Hieraus folgt $p(x) = q_2(x)(x - \alpha_1)(x - \alpha_2)$. Durch wiederholte Anwendung von Satz 6.4 wird der Grad der Polynome $q_i(x)$ schrittweise reduziert. Man erhält nach n Schritten: $p(x) = q_n(x)(x - \alpha_1)(x - \alpha_2) \cdot \ldots \cdot (x - \alpha_n)$ mit grad $(q_n(x)) = 0$, also $q_n(x) = c$. ∎

Damit zerfällt *jedes Polynom* $p(x) \in \mathbb{C}[x]$ in $\mathbb{C}$ vollständig in Linearfaktoren. Der Körper $\mathbb{C}$ der komplexen Zahlen ist also algebraisch abgeschlossen. Mit anderen Worten: Jede algebraische Gleichung $\sum_{i=0}^{n} a_i x^i = 0$ mit komplexen Koeffizienten besitzt in $\mathbb{C}$ genau n (nicht notwendig voneinander verschiedene) Lösungen.

Beispiel 6.3: a) Der Zerfällungskörper des Polynoms $p(x) = x^2 - 2$ aus $\mathbb{Z}[x]$ ist $\mathbb{Z}(\sqrt{2})$. Er ist isomorph zum Restklassenring $\mathbb{Z}[x]/_{(x^2-2)}$, seine Elemente besitzen die Gestalt $g_0 + g_1\sqrt{2}$ mit $g_0; g_1 \in \mathbb{Z}$. Da $\mathbb{Z}(\sqrt{2})$ mit $\sqrt{2}$ auch $-\sqrt{2}$ enthält, zerfällt $p(x)$ in $\mathbb{Z}[x]$ vollständig in Linearfaktoren: $x^2 - 2 = (x - \sqrt{2}) \cdot (x - (-\sqrt{2}))$.
b) Der Zerfällungskörper von $q(x) = x^2 + 1 \in \mathbb{R}[x]$ ist $\mathbb{R}(i)$, wobei i eine Nullstelle des Polynoms $q(x)$ ist: $x^2 + 1 = (x - i)(x - (-i))$. Satz 6.4 und Folgerung 6.1 besagen, daß in $\mathbb{R}(i) = \mathbb{C}$ nicht nur *jedes Polynom mit reellen Koeffizienten*, sondern sogar *jedes Polynom mit komplexen Koeffizienten* vollständig in Linearfaktoren zerfällt. So hat z.B. das Polynom $x^3 - 1$ die Nullstelle $\varepsilon_1 = 1$. Nach Satz 6.1 gilt $x^3 - 1 = (x^2 + x + 1)(x - 1)$, wobei die Nullstellen $\varepsilon_2 = -\frac{1}{2} + \frac{1}{2}\sqrt{3}i$ und $\varepsilon_3 = -\frac{1}{2} - \frac{1}{2}\sqrt{3}i$ von $x^2 + x + 1$ die beiden restlichen Nullstellen von $x^3 - 1$ in $\mathbb{C}$ sind. Es heißen $\varepsilon_1; \varepsilon_2; \varepsilon_3$ *dritte Einheitswurzeln*.

Übung 6.2: a) Ermitteln Sie alle Lösungen von $x^2 - 3x + (3 + i) = 0$.
b) Begründen Sie: Jede algebraische Gleichung zweiten Grades mit reellen Koeffizienten besitzt in $\mathbb{R}$ keine Lösung, eine (doppelte) Lösung oder zwei Lösungen, in $\mathbb{C}$ dagegen stets zwei Lösungen.

Beispiel 6.4: Betrachtet man algebraische Gleichungen zweiten Grades mit *reellen Koeffizienten*, so stellt man fest, daß nichtreelle Lösungen stets paarweise auftreten. Mit $z_1 = a + bi$ ist auch die zu z_1 *konjugiert komplexe Zahl* $z_2 = a - bi$ eine Lösung (vgl. auch Übung 6.2 b)).
Der Sachverhalt läßt sich verallgemeinern. Ist $p + qi$ eine Lösung einer algebraischen Gleichung $\sum_{j=0}^{n} a_j x^j = 0$ mit $a_j \in \mathbb{R}$ und $a_n = 1$, so gilt: $(p + qi)^n + a_{n-1}(p + qi)^{n-1} + \ldots + a_1(p + qi) + a_0 = 0$. Multipliziert man alle Potenzen von $p + qi$ aus und faßt Real- bzw. Imaginärteile zusammen, so erhält man $P + Qi = 0$ mit $P \in \mathbb{R}$ und $Q \in \mathbb{R}$. Hieraus folgt sofort $P = Q = 0$. Der Ansatz $(p-qi)^n + a_{n-1}(p-qi)^{n-1} + \ldots + a_1(p-qi) + a_0 = 0$ führt auf den Term $P - Qi$, den man auf analoge Weise erhält, indem man lediglich i durch $-i$ ersetzt. Wegen $P = Q = 0$ ist $p - qi$ ebenfalls Lösung der Gleichung $\sum_{i=0}^{n} a_i x^i = 0$.

Übung 6.3: a) Begründen Sie, warum eine algebraische Gleichung ungeraden Grades mit reellen Koeffizienten mindestens eine reelle Lösung besitzt.
b) Eine algebraische Gleichung 4. Grades mit reellen Koeffizienten besitze die Lösungen $1 + 2i$ und $2 - 3i$. Geben Sie alle Lösungen dieser Gleichung sowie eine solche algebraische Gleichung selbst an.

6.3 Darstellung von Nullstellen durch Radikale

Ob man Lösungen algebraischer Gleichungen durch Lösungsformeln ermitteln kann

Für algebraische Gleichungen zweiten Grades ist eine „Lösungsformel" bekannt (Beispiel 4.19 b) und 6.5 a)). Auch für Gleichungen 3. und 4. Grades hat man solche Formeln gefunden (Beispiel 6.5 b)). Stellt man in diesem Sinne eine Nullstelle α eines Polynoms $\sum_{i=0}^{n} a_i x^i \in K[x]$ „*durch Radikale*" dar, so heißt dies, daß α ausgehend von Elementen des Körpers K in endlich vielen Schritten durch Anwendung der Körperoperationen und durch Radizieren gewonnen werden kann.

Bezüglich der *allgemeinen Gleichung 2. Grades* gewinnt man solche Radikaldarstellungen wie folgt: Von $a_2x^2 + a_1x + a_0 \in \mathbb{Q}[x]$ geht man über zu $x^2 + px + q \in K[x]$, wobei $K = \mathbb{Q}(p;q)$ sein soll. Führt man die Transformation $x = y - \frac{1}{2}p$ durch, so erhält man $y^2 - \left(\frac{p}{2}\right)^2 + q \in K[y]$ und hieraus $y_1 = \sqrt{\left(\frac{p}{2}\right)^2 - q}$ bzw. $y_2 = -\sqrt{\left(\frac{p}{2}\right)^2 - q}$. Der Term $D = \left(\frac{p}{2}\right)^2 - q$ heißt *Diskriminante* der Gleichung 2. Grades. Das Rückgängigmachen der Transformation liefert die bekannte Lösungsformel $x_{1/2} = -\frac{p}{2} \pm \sqrt{\left(\frac{p}{2}\right)^2 - q}$ als Radikaldarstellung. Die Lösungen liegen in einem Erweiterungskörper von K, nämlich in $K\left(\sqrt{D}\right)$.

Es war ein bedeutendes Ereignis der Mathematik des vergangenen Jahrhunderts, daß man die Frage, für welche algebraischen Gleichungen Lösungsformeln existieren, *mit gruppentheoretischen Hilfsmitteln* vollständig beantworten konnte: Allgemeine algebraische Gleichungen von höherem als vierten Grades sind nicht mehr durch Radikale auflösbar. Das Ergebnis geht vorwiegend auf EVARISTE GALOIS (1811 - 1832) zurück. Indem er das Problem auf die Untersuchung der Struktur von Permutationsgruppen zurückführte, trug er zum Beginn einer Modernisierung der Algebra im Hinblick auf die Beschäftigung mit algebraischen Strukturen bei.

Lösungen algebraischer Gleichungen mit Hilfe von „Lösungsformeln" zu ermitteln, ist nur beschränkt möglich. In Einzelfällen helfen spezielle Überlegungen weiter (Beispiel 6.6).

Satz 6.5 (VIETAsche Formeln):

Sind $x_1; x_2; \ldots; x_n$ Lösungen von $\sum_{i=0}^{n} a_i x^i = 0$ mit $a_n = 1$, so gilt:

$$-a_{n-1} = x_1 + x_2 + \ldots + x_n = \sum_{i=1}^{n} x_i$$

$$a_{n-2} = x_1x_2 + x_1x_3 + \ldots + x_{n-1}x_n = \sum_{i<j} x_i x_j$$

....

$$(-1)^n a_0 = x_1 \cdot x_2 \cdot \ldots \cdot x_n.$$

Beweis: Die Behauptung folgt durch Ausmultiplizieren, Ordnen und Koeffizientenvergleich aus dem Ansatz $\sum_{i=0}^{n} a_i x^i = (x - x_1) \cdot (x - x_2) \cdot \ldots \cdot (x - x_n)$. ■

Beispiel 6.5: a) Gesucht sind die Lösungen von $3x^2 - 6x - 3 = 0$. Dividiert man die gegebene Gleichung durch 3, so erhält man $x^2 - 2x - 1 = 0$. Die gesuchten Lösungen sind durch die Radikaldarstellungen $x_1 = 1 + \sqrt{2}$ und $x_2 = 1 - \sqrt{2}$ gegeben. Betrachtet man $x^2 - 2x - 1$ als Polynom aus $\mathbb{Q}[x]$, so liegen die Nullstellen in $\mathbb{Q}(\sqrt{2})$; man muß zum Grundkörper $\mathbb{Q}$ eine Nullstelle des „reinen" Polynoms $x^2 - 2$ adjungieren.
b) Die Lösungsformel für Gleichungen 3. Grades (*Cardanosche Formel*) bezieht sich auf die reduzierte Form $y^3 + py + q = 0$. Man erhält sie aus $x^3 + ax^2 + bx + c = 0$ durch die Transformation $x = y - \frac{a}{3}$. Eine Radikaldarstellung ist $y_1 = \sqrt[3]{-\frac{q}{2} + \sqrt{\frac{q^2}{4} + \frac{p^3}{27}}} + \sqrt[3]{-\frac{q}{2} - \sqrt{\frac{q^2}{4} + \frac{p^3}{27}}}$ $= u + v$; weitere erhält man durch $y_2 = \varepsilon u + \varepsilon^2 v$ bzw. $y_3 = \varepsilon^2 u + \varepsilon v$, wobei ε und ε^2 die von 1 verschiedenen dritten Einheitswurzeln sind (vgl. Beispiel 6.3 b)). Der Term $D = \frac{q^2}{4} + \frac{p^3}{27}$ heißt *Diskriminante* der „kubischen" Gleichung.
Die Gleichung $x^3 - 6x^2 + 21x - 52 = 0$ geht über in $y^3 + 9y - 26 = 0$.
Die Cardanoschen Formeln liefern $y_1 = 2, y_2 = -1 + 2i\sqrt{3}$, $y_3 = -1 - 2i\sqrt{3}$.

Übung 6.4: a) Bestimmen Sie die Lösungen der Gleichung $x^3 + px + q = 0$ für $q = 0$ und $p \neq 0$ bzw. für $p = 0$ und $q \neq 0$.
b) Berechnen Sie alle Lösungen der Gleichungen $x^3 + 2 = 0$ und $x^4 - 1 = 0$.

Beispiel 6.6: a) Die Gleichung $2x^3 + 5x^2 - 3x = 0$ kann umgeformt werden in $x\left(x^2 + \frac{5}{2}x - \frac{3}{2}\right) = 0$. Da (in einem Körper) ein Produkt genau dann gleich Null ist, wenn mindestens ein Faktor Null ist, erhält man (durch Fallunterscheidung) $x_0 = 0$ bzw. $x^2 + \frac{5}{2}x - \frac{3}{2} = 0$. Die letztgenannte Gleichung besitzt die Lösungen $x_1 = \frac{1}{2}$ und $x_2 = -3$.
b) Die Gleichung $a_4x^4 + a_2x^2 + a_0 = 0$ nennt man *biquadratische Gleichung*. Man kann sie durch $z = x^2$ auf eine quadratische Gleichung zurückführen. Aus $x^4 - 2x^2 - 3 = 0$ ergibt sich $z^2 - 2z - 3 = 0$ mit den Lösungen $z_1 = 3$ und $z_2 = -1$. Damit besitzt die biquadratische Gleichung die vier Lösungen $x_1 = \sqrt{3}; x_2 = -\sqrt{3}; x_3 = i$ und $x_4 = -i$.
c) Nimmt man an, daß Nullstellen des Polynoms $x^4 - 9x^3 + 27x^2 - 31x + 12$ ganzzahlig sind, so müssen diese nach Satz 6.5 unter den Teilern von 12 auftreten. Man überprüft leicht, daß 1; 3 und 4 Nullstellen sind. Wegen $1 \cdot 3 \cdot 4 \cdot x_4 = 12$ tritt 1 als doppelte Nullstelle auf.

Übung 6.5: a) Bestätigen Sie die Aussage des Satzes 6.5, indem Sie den angegebenen Beweisgedanken für $n = 4$ ausführen.
b) Begründen Sie: Die Anzahl der reellen Nullstellen eines Polynoms $p(x) \in \mathbb{R}[x]$ ist gerade (bzw. ungerade), wenn der Grad von $p(x)$ gerade (bzw. ungerade) ist.

6.4 Algebraische Behandlung von Konstruktionen mit Zirkel und Lineal

Warum man Fragen nach Konstruierbarkeit algebraisch beantworten kann

Im Beispiel 4.20 wurden drei klassische Problemstellungen genannt, bei denen es um die Konstruierbarkeit geometrischer Objekte unter folgenden Bedingungen geht: Gesucht sind „exakte Konstruktionen" in endlich vielen Schritten (keine Näherungskonstruktionen), die theoretisch durchdacht und beschrieben werden (Fehler beim praktischen Zeichnen bleiben unberücksichtigt). Als Hilfsmittel werden lediglich Zirkel und Lineal (ohne „Markierungen") zugelassen. Diese Forderung geht auf PLATON zurück.

Die „Übersetzung" der geometrischen Aufgabenstellung in eine algebraische erfolgt durch Einführung eines Koordinatensystems. Dabei liegen die Koordinaten $a_1; b_1; a_2; b_2; \ldots$ der gegebenen Punkte im *Grundkörper* $K = \mathbb{Q}(a_1; b_1; a_2; b_2; \ldots)$, die Koordinaten $\alpha_1; \beta_1; \alpha_2; \beta_2; \ldots$ der zu konstruierenden Punkte in einem Erweiterungskörper $\tilde{K} = K(\alpha_1; \beta_1; \alpha_2; \beta_2; \ldots)$. Wir untersuchen den Einfluß zulässiger Konstruktionsschritte auf die Körpererweiterung $\tilde{K} : K$.

Der Konstruktion einer Geraden g durch Verbinden zweier Punkte entspricht eine lineare Gleichung, deren Koeffizienten im Grundkörper liegen. Der Konstruktion eines Kreises k mit $(m_1; m_2)$ als Mittelpunktskoordinaten und dem Radius r mit $r^2 = (a_1 - m_1)^2 + (a_2 - m_2)^2$ entspricht eine quadratische Gleichung, deren Koeffizienten ebenfalls im Grundkörper liegen: $K = \mathbb{Q}(m_1; m_2; a_1; a_2)$. Die Koordinaten des Schnittpunktes zweier Geraden g und h ergeben sich aus der Lösung eines linearen Gleichungssystems, sie liegen also ebenfalls bereits im Grundkörper.

Die Konstruktion der Schnittpunkte einer Geraden mit einem Kreis bzw. der Schnittpunkte zweier Kreise führt auf ein Gleichungssystem, in welchem eine quadratische Gleichung auftritt. Die Koordinaten der Schnittpunkte liegen folglich in einem Erweiterungskörper $\tilde{K}$ von K, der durch Adjunktion einer Quadratwurzel (nämlich der Diskriminante einer quadratischen Gleichung) entsteht. In diesem Fall ist der Grad der Körpererweiterung zwei.

Umgekehrt kann im Körper $\mathbb{C}$ der komplexen Zahlen jede rationale Rechenoperation und das Ermitteln einer Quadratwurzel geometrisch mit Zirkel und Lineal nachvollzogen werden. Damit ergibt sich folgendes notwendige und hinreichende Kriterium für die Lösbarkeit einer geometrischen Konstruktionsaufgabe:

> **Satz 6.6:** Ein geometrisches Problem ist mit Zirkel und Lineal genau dann lösbar, wenn bez. eines Koordinatensystems der Koordinatenkörper K der gegebenen Punkte bei jedem Konstruktionsschritt höchstens durch Adjunktion einer Quadratwurzel erweitert werden muß, d.h. wenn ein Körperturm $K = \Lambda_0 \subseteq \Lambda_1 \subseteq \Lambda_2 \subseteq \ldots \subseteq \Lambda_l = \tilde{K}$ existiert, wobei jede Körpererweiterung $\Lambda_{i+1} : \Lambda_i$ höchstens vom Grad 2 ist und $\tilde{K}$ die Koordinaten der zu konstruierenden Punkte enthält.

Wir wenden Satz 6.6 auf drei klassische Probleme an (Beispiel 6.7 bis 6.9).

Die folgenden Problemstellungen sind im Beispiel 4.20 dargestellt.

Beispiel 6.7: *Delisches Problem.* Mit Hilfe der Kante der Länge a eines gegebenen Würfels soll die Kante der Länge t eines Würfels mit doppeltem Volumen konstruiert werden. Also gilt $t^3 = 2a^3$. Wählt man für eine Kante des gegebenen Würfels die Strecke $\overline{P_0P_1}$ mit $P_0(0;0)$ und $P_1(1;0)$, so ist $a = 1$. Damit ergibt sich $t = \sqrt[3]{2}$. Zum Grundkörper $\mathbb{Q}$ müßte die Nullstelle $\sqrt[3]{2}$ eines Polynoms *dritten Grades* adjungiert werden. Die Konstruktion eines Würfels mit doppeltem Volumen ist nicht möglich.
Bemerkung: Da das Problem der Würfelverdopplung für *jeden beliebigen Würfel* untersucht werden soll, ist die Festlegung $a = 1$ gerechtfertigt.

Beispiel 6.8: *Quadratur des Kreises.* Zu einem gegebenen Kreis ist ein flächengleiches Quadrat zu konstruieren. Wählt man für den Radius des Kreises die Länge $r = 1$, so ergibt sich für die zu konstruierende Quadratseite der Länge t : $t^2 = \pi \cdot 1^2 = \pi$. Zum Koordinatengrundkörper $\mathbb{Q}$ muß die über $\mathbb{Q}$ transzendente Zahl $\sqrt{\pi}$ adjungiert werden. Damit liegt keine algebraische Körpererweiterung vom Grad 2^n vor, die Quadratur des Kreises ist mit Zirkel und Lineal nicht ausführbar.

Beispiel 6.9: *Dreiteilung des Winkels.* Zu entscheiden ist, ob ein beliebiger Winkel α allein mit Zirkel und Lineal in drei gleich große Winkel zerlegt werden kann. Gesucht ist also ein Winkel φ mit $3\varphi = \alpha$ (wobei $0 < \alpha \leq 2\pi$ vorausgesetzt werden darf).
Der Winkel α sei durch $0; P_1$ und P_2 gegeben (Bild 35). Dabei haben $\overline{OP_1}$ und $\overline{OP_2}$ die gleiche Länge 1; außerdem ersetzen wir P_2 durch P_2' als gegebenen Punkt. Damit ist der Koordinatengrundkörper $K = \mathbb{Q}(\cos\alpha)$. Der zu konstruierende Winkel φ sei bestimmt durch $0; Q$ und Q'. Offenbar ist Q konstruierbar, wenn man den Lotfußpunkt Q' konstruiert hat. Damit ist $\tilde{K} = K(\cos\varphi)$.

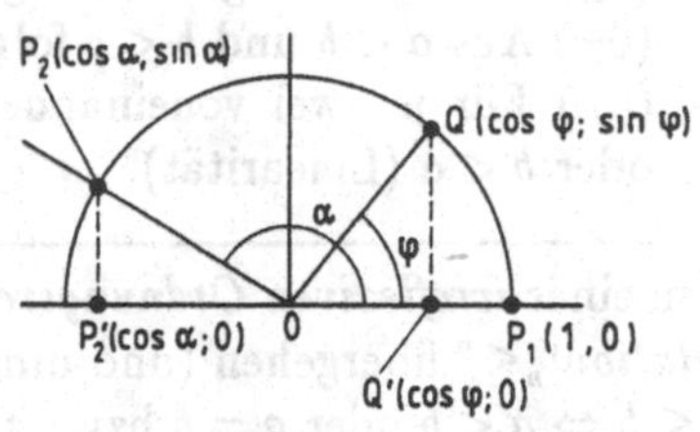

Bild 35

Die Aufgabenstellung erfordert, $u = \cos\alpha$ als Unbestimmte über $\mathbb{Q}$ aufzufassen. Es gilt $\cos\alpha = \cos 3\varphi = 4\cos^3\varphi - 3\cos\varphi$, d.h., $\cos\varphi$ ist Nullstelle des Polynoms $4x^3 - 3x - u \in K[x]$. Da $u = \cos\alpha$ beliebig wählbar ist, kann $u = \frac{3}{4}$ gesetzt werden. Dann folgt $4x^3 - 3x - \frac{3}{4}$ bzw. $16x^3 - 12x - 3$. Dieses Polynom ist jedoch nach dem Kriterium von EISENSTEIN (Beispiel 5.11 b)) irreduzibel. Also gilt $[\tilde{K} : K] = 3$. Es gibt kein allgemeines Verfahren, einen beliebigen Winkel in drei gleiche Teile zu zerlegen.

7 Angeordnete Strukturen

Gruppen, Ringe und Körper sind Strukturen, die durch Eigenschaften von *Operationen* geprägt werden. Beim Rechnen mit Zahlen macht man jedoch auch von (mit Operationen „verträglichen") *Ordnungsrelationen* Gebrauch. Dies ist Anlaß, in Strukturen (zusätzlich) Relationen einzuführen, die es gestatten, Strukturelemente zu ordnen.

7.1 Positivitätsbereiche in Gruppen und Ringen

Warum man mitunter von positiven Gruppenelementen sprechen kann

> **Definition 7.1:** Es sei $(G; +)$ *kommutative Gruppe* mit neutralem Element 0. Der Komplex P von $(G; +)$ heißt **Positivitätsbereich von** $(G; +)$ genau dann, wenn für alle $a; b \in G$ gilt: (1) $a; b \in P \Rightarrow a + b \in P$.
> (2) Es gilt entweder $a \in P$ oder $(-a) \in P$ oder $a = 0$.
> Es sei $(R; +; \cdot)$ *kommutativer Ring* mit Nullelement 0.
> Der Komplex P von $(R; +; \cdot)$ heißt **Positivitätsbereich** von $(R; +; \cdot)$ genau dann, wenn für alle $a; b \in R$ gilt:
> (1') $a; b \in P \Rightarrow a + b \in P$ und $a \cdot b \in P$.
> (2') Es gilt entweder $a \in P$ oder $(-a) \in P$ oder $a = 0$.

Ist $(R; +; \cdot)$ sogar ein *Körper*, so ist der **Positivitätsbereich des Körpers** so definiert wie der Positivitätsbereich bei Ringen (vgl. auch Beispiel 7.1).

> **Definition 7.2:** Es sei M eine nichtleere *Menge*. Dann heißt die Relation „$<$" (vollständige) **irreflexive Ordnungsrelation in** M genau dann, wenn für alle $a; b; c \in M$ gilt: (0_I) : Es existiert kein a mit $a < a$ (Irreflexivität).
> (0_A) Es gilt nicht gleichzeitig $a < b$ und $b < a$ (Asymmetrie).
> (0_T) Aus $a < b$ und $b < c$ folgt $a < c$ (Transitivität).
> (0_L) Für je zwei voneinander verschiedene Elemente gilt entweder $a < b$ oder $b < a$ (Linearität).

Von einer *irreflexiven Ordnungsrelation* „$<$" kann man zu einer *reflexiven Ordnungsrelation* „$\leq$" übergehen (und umgekehrt):
$a \leq b \Leftrightarrow a < b$ oder $a = b$ bzw. $a < b \Leftrightarrow a \leq b$ und $a \neq b$.
Positivitätsbereiche ermöglichen, in Strukturen Ordnungsrelationen einzuführen.

> **Definition 7.3:** Ist P Positivitätsbereich einer *Gruppe* oder eines *Ringes*, so heißt a **(bez.** P**) kleiner als** b genau dann, wenn gilt: $b + (-a) \in P$ und a (bez. P) kleiner oder gleich b, genau dann, wenn gilt $b + (-a) \in P$ oder $a = b$.

Da man in Strukturen möglicherweise mehrere Positivitätsbereiche auszeichnen kann, ist der Zusatz „bez. P" notwendig, man schreibt $a <_P b$ bzw. $a \leq_P b$.

Beispiel 7.1: a) Im *Modul* der ganzen Zahlen erfüllt $\mathbb{Z}_+^*$ die Anforderungen an einen Positivitätsbereich einer Gruppe. Interessanterweise leistet dies auch der Komplex $\mathbb{Z}_-^*$, denn mit zwei negativen ganzen Zahlen liegt auch deren Summe in $\mathbb{Z}_-^*$, und für jede ganze Zahl $g \neq 0$ gilt: Entweder $g \in \mathbb{Z}_-^*$ oder $(-g) \in \mathbb{Z}_-^*$. Das Beispiel zeigt, daß es für die Auszeichnung eines Positivitätsbereiches in einer Gruppe nicht notwendig genau eine Möglichkeit gibt. Dagegen ist im *Ring* der ganzen Zahlen $\mathbb{Z}_+^*$ Positivitätsbereich, nicht aber $\mathbb{Z}_-^*$, denn das Produkt zweier negativer Zahlen liegt nicht in $\mathbb{Z}_-^*$.
b) Im Körper der rationalen Zahlen ist $\mathbb{Q}_+^* = \{\frac{m}{n} \mid m; n \in \mathbb{N}^*\}$ Positivitätsbereich.
c) Im Körper $[\mathbb{Z}/_{(3)}; +; \cdot]$ läßt sich kein Positivitätsbereich auszeichnen: Angenommen, es gilt $a = [1]_3 \in P$, dann (wegen (1')) auch $[1]_3 + [1]_3 = [2]_3$. Es ist aber $[2]_3$ zu $[1]_3$ entgegengesetzt, also wäre $[1]_3$ und $[2]_3 \in P$ im Widerspruch zu (2'). Wegen $[0]_3 \notin P; [1]_3 \notin P$ und $[2]_3 \notin P$ wäre $P = \emptyset$.

Übung 7.1: a) Man begründe: In einer additiven Gruppe der Ordnung 1 läßt sich kein Positivitätsbereich auszeichnen.
b) Man gebe in der Gruppe $[\mathbb{Z} \times \mathbb{Z}; +]$ mit $(a; b) + (c; d) = (a + c; b + d)$ einen Positivitätsbereich an.
c) Weisen Sie nach, daß man in einem Ring mit (vom Nullelement verschiedenen) Nullteilern keinen Positivitätsbereich auszeichnen kann.

Beispiel 7.2: a) Für alle $a; b \in \mathbb{N}$ wird festgelegt: $a < b$ genau dann, wenn ein $c \in \mathbb{N}^*$ existiert, so daß $a + c = b$ gilt. Bei der Definition dieser Ordnungsrelation wird die Addition natürlicher Zahlen genutzt.
b) Führt man ganze Zahlen als Äquivalenzklassen differenzengleicher geordneter Paare natürlicher Zahlen ein (vgl. Abschnitt 4.2), so ist eine irreflexive Ordnungsrelation gegeben durch $\overline{(a; b)} < \overline{(c; d)}$ genau dann, wenn gilt $a + d < b + c$ für alle $a; b; c; d \in \mathbb{N}$.
In $\mathbb{Q}$ ist eine irreflexive Ordnungsrelation definiert durch $\frac{a}{m} < \frac{b}{n}$ genau dann, wenn gilt $an < bm$ für alle $a; b \in \mathbb{Z}; m; n \in \mathbb{N}^*$.
Die Ordnungsrelation in $\mathbb{Z}$ wird also mit Hilfe der in a) definierten Ordnungsrelation in $\mathbb{N}$ erklärt; bei der Definition der Ordnungsrelation in $\mathbb{Q}$ wird diejenige in $\mathbb{Z}$ genutzt.

Übung 7.2: a) Weisen Sie nach, daß die im Beispiel 7.2 a) eingeführte Relation die Bedingungen einer irreflexiven Ordnungsrelation (vgl. Definition 7.2) erfüllt.
b) Begründen Sie, warum die Relation „ist Teiler von" in $\mathbb{N}$ *keine* Ordnungsrelation ist.
c) Ausgehend von einer irreflexiven Ordnungsrelation „$<$" wurde eine reflexive Ordnungsrelation „$\leq$" definiert. Welche Eigenschaften besitzt „$\leq$"?

7.2 Ordnungsrelationen und Positivitätsbereiche

Warum in einem Körper das Nullelement kleiner als das Einselement ist

Für Gruppen bzw. Ringe wurde mit Hilfe eines Positivitätsbereiches und der Addition eine Relation „$<_P$" eingeführt. Damit liegt eine *Ordnungsrelation* vor.

Satz 7.1: Es sei $(R; +; \cdot)$ ein Ring mit Positivitätsbereich P, dann gilt für alle $a; b; c \in R$: (0_R) $a \leq_P a$ (Reflexivität).
(0_{AT}) $(a \leq_P b$ und $b \leq_P a) \Rightarrow a = b$ (Antisymmetrie).
(0_T) $(a \leq_P b$ und $b \leq_P c) \Rightarrow a \leq_P c$ (Transitivität).
(M_+) $a \leq_P b \Rightarrow (a + c \leq_P b + c)$ (Monotonie bez. der Addition).
$(M_\cdot)$ $(a \leq_P b$ und $0 \leq_P c) \Rightarrow ac \leq_P bc$ (Monotonie bez. der Multiplikation).

Beweis: Zu (0_R): Folgt unmittelbar aus Definition 7.3.
Zu (0_{AT}) : Aus $a \leq_P b$ *und* $b \leq_P a$ folgt sowohl $b - a \in P$ als auch $a - b \in P$ oder $a = b$. Wegen $a - b = -(b - a)$ und (2') in Definition 7.1 folgt $a = b$.
Zu (0_T) : Aus den Voraussetzungen folgt $a = c$ oder $b - a \in P$ und $c - b \in P$. Hieraus folgt $(b - a) + (c - b) \in P$, d.h. $c - a \in P$, also $a \leq_P c$.
Zu (M_+) : Aus $b - a \in P$ oder $a = b$ folgt $(b + c) - (a + c) \in P$ oder $a + c = b + c$, also $a + c \leq_P b + c$. *Zu* $(M_\cdot)$: Beweis analog. ∎

Ist P Positivitätsbereich und $P^- = \{a | a \in R$ und $a <_P 0\}$, so gilt $R = P^- \cup \{0\} \cup P$.

Definition 7.4: Ist $(G; +)$ kommutative Gruppe mit Positivitätsbereich P, so heißt $(G; +; \leq_P)$ **angeordnete Gruppe.** Ist $(R; +; \cdot)$ kommutativer Ring oder Körper mit Positivitätsbereich, so heißt $(R; +; \cdot; \leq_P)$ **angeordneter Ring** bzw. **angeordneter Körper**.

Wir vereinbaren, in angeordneten Ringen (bzw. Körpern) statt „$\leq_P$" kurz „$\leq$" zu schreiben. Die folgenden Aussagen sind vom „Rechnen mit Zahlen" bekannt:

Satz 7.2: In einem angeordneten Körper K gilt für alle $a; b \in K$:
(1) $0 < e$. (2) $a \neq 0 \Rightarrow 0 < a^2$. (3) $0 < a \Rightarrow 0 < \frac{1}{a}$.
(4) $0 < a < b \Rightarrow 0 < \frac{1}{b} < \frac{1}{a}$.

Beweis: Zu (1): Angenommen $e < 0$, also $e \notin P$, dann erhält man mit $-e \in P$ und $(-e) \cdot (-e) \in P$ und $(-e) \cdot (-e) = e$ einen Widerspruch.
Zu (2): $0 < a \Rightarrow a \cdot a = a^2 \in P \Rightarrow 0 < a^2$ bzw. $a < 0 \Rightarrow 0 < (-a) \Rightarrow$
$(-a) \cdot (-a) \in P \Rightarrow 0 < a^2$
Zu (3): Vgl. Übung 7.3 c) Zu (4): Vgl. Übung 7.3 c). ∎

Definition 7.5: Es sei K ein Körper mit dem Positivitätsbereich P. Der **absolute Betrag** von a ist a, falls $a \in P$ oder $a = 0$, und er ist $-a$, falls $a \notin P$. Symbol: $|a|$.

Beispiel 7.3: a) Die im Satz 7.1 genannten Eigenschaften (M_+) und ($M.$) beschreiben die vom Rechnen in Zahlbereichen vertrauten Monotoniegesetze. Man sagt auch: Die Ordnungsrelation ist mit der Addition und der Multiplikation „verträglich". Die Monotoniegesetze werden häufig beim äquivalenten Umformen von Ungleichungen benutzt, in denen Zahlen auftreten. Satz 7.1 gestattet, auch in beliebigen angeordneten Ringen und Körpern Ungleichungen „umzuformen". Wir machen davon z.B. beim Beweis der Aussage (4) des Satzes 7.2 Gebrauch: Man wendet auf $0 < b$ das Monotoniegesetz (M) an und erhält (wegen $0 < a$) sofort $0 < a \cdot b$, woraus sich wegen (3) in Satz 7.2 $0 < \frac{1}{ab}$ ergibt. Die Anwendung von ($M.$) auf $a < b$ führt auf $a\frac{1}{ab} < b\frac{1}{ab}$ und damit auf $\frac{1}{b} < \frac{1}{a}$.
b) Man kann zeigen: Die durch „$a \leq b \Leftrightarrow b - a \in \mathbb{Q}_+^*$ oder $a = b$" festgelegte „Kleinerrelation" ist die *einzige*, welche die in Satz 7.1 genannten Bedingungen erfüllt. Mit anderen Worten: Der Körper der rationalen Zahlen läßt sich auf genau eine Weise anordnen. Man kann dies beweisen, indem man zeigt: Für jede in $\mathbb{Q}$ definierte Relation „$\preceq$" mit den oben genannten Eigenschaften gilt: $0 \preceq c \Leftrightarrow c \in \mathbb{Q}_+^*$ oder $c = 0$.
c) Im Körper $\mathbb{C}$ der komplexen Zahlen läßt sich kein Positivitätsbereich auszeichnen. Nach Satz 7.2 gilt nämlich $1 \in P$ und $a^2 \in P$ (falls $a \neq 0$). Danach wäre $i^2 \in P$ und damit wegen $i^2 = -1$ auch $-1 \in P$ im Widerspruch zu (2') in Definition 7.1. Man kann also für komplexe Zahlen keine Ordnungsrelation mit den in Satz 7.1 genannten Eigenschaften definieren.

Übung 7.3: a) Beweisen Sie die Aussage ($M.$) im Satz 7.1.
b) Begründen Sie, warum man einen endlichen Körper nicht anordnen kann.
c) Beweisen Sie die Aussagen (3) und (4) im Satz 7.2.

Beispiel 7.4: a) Der in Definition 7.5 für beliebige angeordnete Körper eingeführte absolute Betrag eines Elementes entspricht der vom Rechnen mit Zahlen bekannten Betragsfunktion: Jeder Zahl a wird die größere der beiden Zahlen a und $-a$ zugeordnet, d.h., es gilt $|a| = \max(a; -a)$.
b) Die Betragsfunktion besitzt in einem beliebigen angeordneten Körper K die vom „Rechnen mit absoluten Beträgen" in Zahlbereichen bekannten Eigenschaften. Für beliebige $a; b \in K$ gilt: (1) $|a| \geq 0$. (2) $|a| = 0 \Leftrightarrow a = 0$.
(3) Für $b \neq 0$ gilt $|ab| = |a||b|$ und $|ab^{-1}| = |a||b^{-1}|$.
(4) $|a + b| \leq |a| + |b|$ (Dreiecksungleichung).
(1) und (2) folgt unmittelbar aus der Eigenschaft $|a| = \max\{a; -a\}$.
(3) beweist man durch vollständige Fallunterscheidung.
Zu (4): Aus $a + b \leq |a| + |b|$ und $(-a) + (-b) = -(a + b) \leq |a| + |b|$ folgt $|a + b| = \max(a + b; -(a + b)) \leq |a| + |b|$.

7.3 Archimedische Anordnungen und Dichtheit

Warum in einem angeordneten Körper rationale Zahlen enthalten sind

Endliche Ringe kann man nicht anordnen (vgl. auch Übung 7.3 b)). Die „kleinsten" angeordneten Ringe bzw. Körper müssen unendlich viele Elemente besitzen. Bezüglich angeordneter Strukturen gilt ein schärferer Isomorphiebegriff:

Definition 7.6: Es seien $(R; +; \cdot; <_P)$ und $(\overline{R}; \#; \circ; <_{\overline{P}})$ angeordnete Ringe. Eine Bijektion $\varphi : R \to \overline{R}$ heißt **ähnliche isomorphe Abbildung** genau dann, wenn für alle $a; b \in R$ gilt: (1) $\varphi(a+b) = \varphi(a)\#\varphi(b)$, (2) $\varphi(a \cdot b) = \varphi(a) \circ \varphi(b)$ und (3) $a <_P b \Leftrightarrow \varphi(a) <_{\overline{P}} \varphi(b)$.

Aus (3) folgt unmittelbar, daß bei ähnlich isomorphen Abbildungen für die Positivitätsbereiche P und $\overline{P}$ gilt: $\varphi(P) = \overline{P}$.

Satz 7.3: (1) Jeder angeordnete (kommutative) Ring mit e enthält einen zu $\mathbb{Z}$ ähnlich isomorphen Unterring.
(2) Jeder angeordnete Körper enthält einen zu $\mathbb{Q}$ ähnlich isomorphen Unterkörper.

Die Beweisstrategie wird im Beispiel 7.5 b) erläutert.
Aus Satz 7.3 folgt unmittelbar: Die *Charakteristik eines angeordneten Ringes* ist 0. Ein *Primkörper der Charakteristik* 0 läßt sich auf genau eine Weise anordnen.
Wir treffen folgende *Vereinbarung*: Ein in einem beliebigen angeordneten Körper K auftretendes Element $(m \cdot e) \cdot (n \cdot e)^{-1}$ kann wegen Satz 7.3 (2) mit $\frac{m}{n} \in \mathbb{Q}$ identifiziert werden. Damit kann $\mathbb{Q}$ als Unterkörper von K aufgefaßt werden; man darf sagen, daß in jedem angeordneten Körper rationale Zahlen auftreten. Entsprechend kann man in einem angeordneten Ring von ganzen Zahlen sprechen.

Definition 7.7: Ein angeordneter Ring mit e bzw. ein angeordneter Körper heißt **archimedisch angeordnet** genau dann, wenn zu jedem Element a ein $n \in \mathbb{N}^*$ existiert mit $a < n \cdot e$.

Definition 7.8: Ein Unterkörper K' eines angeordneten Körpers K heißt **dicht in** K genau dann, wenn gilt: Zu $a; b \in K$ mit $a < b$ existiert ein $x \in K'$ mit $a < x < b$.

Offenbar ist $\mathbb{Q}$ dicht in sich (vgl. Beispiel 7.6 c)).

Satz 7.4: Es sei K ein angeordneter Körper, dann gilt: K ist *archimedisch geordnet* genau dann, wenn $\mathbb{Q}$ *dicht in* K ist.

Der Beweis in einer Schlußrichtung wird im Beispiel 7.6 c) angegeben.

Beispiel 7.5: a) Ähnlich isomorphe Abbildungen „respektieren" die Ordnung: Wird die angeordnete additive Gruppe der ganzen Zahlen auf diejenige der geraden Zahlen durch $\varphi(g) = 2g$ isomorph abgebildet, so gilt: Aus $g < h$ folgt $2g < 2h$ (also $\varphi(g) < \varphi(h)$).

b) Satz 7.3 macht deutlich: In *angeordnete* Ringe kann stets der (angeordnete) Ring der ganzen Zahlen ähnlich isomorph eingebettet werden. Ist nämlich $(R; +; \cdot; <)$ ein kommutativer Ring mit e, so kann man die Teilmenge $\mathbb{Z}_R = \{k | k = ge \text{ und } g \in \mathbb{Z}\}$ auszeichnen. Offensichtlich ist $\varphi : \mathbb{Z} \to \mathbb{Z}_R$ mit $\varphi(g) = g \cdot e$ ein Ringhomomorphismus. Die Ordnung in R bewirkt nun sogar, daß φ ein Isomorphismus ist: Mit P als Positivitätsbereich von R gilt für jedes $n \in \mathbb{Z}_+^*$: $n \cdot e = e + e + \ldots + e \in P$. Angenommen, es gäbe $g_i; g_j \in \mathbb{Z}_+^*$ mit $g_i \neq g_j$ (mit $0 < g_i < g_j$) und $\varphi(g_i) = \varphi(g_j)$, dann führt $g_j e - g_i e = 0 = (g_j - g_i) \cdot e \in P$ zum Widerspruch $0 \notin P$.
Wir zeigen noch: $g < h \Rightarrow \varphi(g) < \varphi(h)$. Diese Bedingung ist äquivalent zu $\varphi(\mathbb{Z}_+^*) \subseteq P \cap \mathbb{Z}_R$, wobei $\mathbb{Z}_+^*$ (bzw. $P \cap \mathbb{Z}_R$) der Positivitätsbereich von $\mathbb{Z}$ (bzw. $\mathbb{Z}_R$) ist. Vollständige Induktion: Es ist $\varphi(1) = e$ mit $e \in P$ und $e \in \mathbb{Z}_R$, also gilt $\varphi(1) \in P \cap \mathbb{Z}_R$. Es sei $k \in \mathbb{Z}_+^*$, also $\varphi(k) \in \mathbb{Z}_R$. Wir setzen $\varphi(k) \in P \cap \mathbb{Z}_R$ voraus. Dann gilt auch $\varphi(k+1) \in P \cap \mathbb{Z}_R$ wegen $\varphi(k+1) = \varphi(k) + \varphi(1)$ und $\varphi(k) \in P \cap \mathbb{Z}_R$ (nach Voraussetzung) und $\varphi(1) \in P \cap \mathbb{Z}_k$ (nach Induktionsanfang).
Der zweite Teil des Satzes 7.3 folgt aus der Tatsache, daß isomorphe Integritätsbereiche isomorphe Quotientenkörper besitzen und daß sich der Körper der rationalen Zahlen auf genau eine Weise anordnen läßt.

Übung 7.4: a) Begründen Sie: Ist K' dicht in K, so existieren *unendlich viele* Elemente $x' \in K'$ mit $a < x' < b$ $(a; b \in K; a < b)$.
b) Jeder angeordnete Körper ist dicht *in sich*. Beweisen Sie diese Aussage.

Beispiel 7.6: a) Es ist $\mathbb{Q}$ ein archimedisch angeordneter Körper: Für jedes Element $a = \frac{m}{n} (m; n \in \mathbb{N}^*)$ folgt aus $\frac{1}{n} \leq 1$ sofort $\frac{m}{n} \leq m$, also $a < m + 1$.

b) Es ist $\mathbb{Q}$ dicht in sich. Es seien $a; b \in \mathbb{Q}$ und $0 < a < b$. Aus $0 < 2$ folgt nach Satz 7.2 (4) auch $0 < \frac{1}{2}$ und nach Satz 7.1 $(M.)$ bzw. (M_+) $\frac{a}{2} < \frac{b}{2}$ bzw. $\frac{a}{2} + \frac{a}{2} < \frac{a}{2} + \frac{b}{2} < \frac{b}{2} + \frac{b}{2}$, also $a < \frac{a+b}{2} < b$.

c) Leicht zeigt man, daß aus der Dichtheit von $\mathbb{Q}$ in K die archimedische Anordnung von K folgt: Zu 0 und a aus dem Positivitätsbereich von K existiert ein $\frac{m}{n} \in \mathbb{Q}$ mit $0 < \frac{m}{n} < \frac{1}{a}$. Hieraus folgt $\frac{n}{m} > a$ und $n > ma \geq a$.

7.4 Vollständig angeordnete Körper

Aus welchen Gründen eine Erweiterung des Körpers der rationalen Zahlen notwendig erscheint

Im Kapitel 4 wurden Strukturerweiterungen u.a. aus folgenden Gründen vorgenommen: Vom Halbring $[\mathbb{N}; +; \cdot]$ zum Ring $[\mathbb{Z}; +; \cdot]$, weil in $\mathbb{N}$ nicht jede Gleichung $a + x = b$ lösbar ist. Vom Integritätsbereich $[\mathbb{Z}; +; \cdot]$ zum Körper $[\mathbb{Q}; +; \cdot]$, weil in $\mathbb{Z}$ nicht jede Gleichung $a \cdot x = b$ $(a \neq 0)$ lösbar ist.

Die Notwendigkeit einer weiteren Zahlbereichserweiterung ist nun nicht mehr mit „Mängeln" der *Körperoperationen* „+" und „·" verknüpft, sondern an die *Ordnungsrelation* in $[\mathbb{Q}; +; \cdot; \leq]$ gebunden. Beispiel 7.7 verdeutlicht solche Mängel.

Definition 7.9: Ein archimedisch angeordneter Körper $(K; +; \cdot; \leq)$ heißt **vollständig angeordneter Körper** genau dann, wenn eine der folgenden Bedingungen erfüllt ist.

(I) Jede nichtleere nach oben beschränkte Teilmenge von K besitzt in K eine kleinste obere Schranke (ein *Supremum*).

(II) Jede nicht leere nach unten beschränkte Teilmenge von K besitzt in K eine größte untere Schranke (ein *Infimum*).

(III) Zu allen nicht leeren Teilmengen $A; B$ von K mit $a \leq b$ für alle $a \in A$ und $b \in B$ existiert ein $c \in K$, so daß $a \leq c \leq b$ für alle $a \in A$ und $b \in B$ gilt.

(IV) Jede CAUCHY-Folge mit Elementen aus K besitzt in K einen Grenzwert.

Die Aussagen (I); (II); (III) sind äquivalent. Beim Nachweis muß von den Körpereigenschaften von K kein Gebrauch gemacht werden. Dagegen erfordert (IV) die Einführung des Grenzwertbegriffes von Folgen, wobei auf die Körperoperationen zurückgegriffen werden muß.

Man kann nun zeigen, daß zu jedem archimedisch angeordneten Körper K ein vollständig angeordneter Körper $\tilde{K}$ konstruiert werden kann, der K als angeordneten Unterkörper enthält. Da $\tilde{K}$ bis auf Isomorphie eindeutig bestimmt ist, heißt $\tilde{K}$ *die* **Vervollständigung von** K.

$[\mathbb{Q}; +; \cdot; \leq]$ erfüllt die Voraussetzung, ein archimedisch angeordneter Körper zu sein. Damit ist es gerechtfertigt, vom *Körper* $\mathbb{R}$ *der reellen Zahlen* als der *Vervollständigung von* $\mathbb{Q}$ zu sprechen.

Es läßt sich sogar nachweisen, daß $\mathbb{R}$ - bis auf Isomorphie - der *einzige vollständige archimedisch angeordnete Körper* ist. Diese Tatsache gestattet eine axiomatische Charakterisierung der Menge der reellen Zahlen.

Beispiel 7.7: Man kann - nach Auszeichnung einer Einheitsstrecke $\overline{OE}$ - auf einer Geraden g jeder rationalen Zahl $\frac{m}{n}$ eindeutig einen Punkt auf g zuordnen. Obwohl die Menge der rationalen Zahlen dicht in sich ist, gibt es unendlich viele Punkte auf g, die nicht als Bild einer rationalen Zahl auftreten. So kann dem Punkt F (Bild 36) keine rationale Zahl zugeordnet werden, denn es existiert kein $d \in \mathbb{Q}$, welches Lösung von $d^2 - 2 = 0$ ist. Die Strecke $\overline{OF}$ kann nicht als „rationales Vielfaches" der Strecke $\overline{OE}$ dargestellt werden; man sagt, $\overline{OF}$ ist *inkommensurabel* zu $\overline{OE}$. Ist M_g die Menge aller Punkte der Geraden g und „$<_g$" die Relation „liegt vor" auf g, dann existiert (nur) eine „ordnungstreue" (eindeutige) Abbildung von $[\mathbb{Q}; <]$ *in* $[g; <_g]$. Dies bedeutet: $\mathbb{Q}$ ist für eine „Arithmetisierung der Geometrie", insbesondere für das Messen von Streckenlängen, Flächeninhalten und Volumina, ungeeignet.

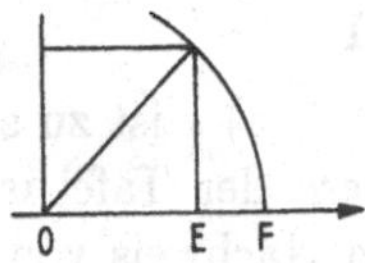

Die im Beispiel 7.7 an der „Zahlengeraden" veranschaulichten Lücken, welche die „Unvollständigkeit" des Körpers der rationalen Zahlen ausdrücken, sollen nun algebraisch formuliert werden. Wir beziehen uns dabei auf den in Definition 7.9 durch (III) beschriebenen Begriff der Vollständigkeit eines angeordneten Körpers.

Beispiel 7.8: Es seien $A = \{a | a \in \mathbb{Q}_+^* \text{ und } a^2 < 2\}$ und $B = \{b | b \in \mathbb{Q}_+^* \text{ und } b^2 > 2\}$. Offensichtlich gilt $a \leq b$ für alle $a \in A; b \in B$.
Behauptung: Es existiert *kein* die Mengen A und B trennendes Element $c \in \mathbb{Q}$ mit $a \leq c \leq b$ für alle $a \in A$ und alle $b \in B$.
Der Beweis erfolgt indirekt; es wird die Existenz einer solchen Zahl $c \in \mathbb{Q}_+^*$ angenommen:
1. Fall: $c^2 = 2$: Dann folgt mit $c = \frac{m}{n}$ und $ggT(m; n) = 1$ aus $\left(\frac{m}{n}\right)^2 = 2$ sofort $m^2 = 2n^2$, also $2/m^2$. Dann gilt aber auch $2/m$. Mit $m = 2q$ folgt $4q^2 = 2n^2$ und damit $2/n$. Wir erhalten 2 als gemeinsamen Teiler von m und n im Widerspruch zu unserer Voraussetzung $ggT(m; n) = 1$.
2. Fall: $c^2 < 2$: Damit gilt $2 - c^2 > 0$. Man wählt nun eine Zahl $h \in \mathbb{Q}_+^*$ so, daß gilt: $0 < h < \min\left(1; \frac{2-c^2}{2c+1}\right)$. Dann folgt für $c + h$: $(c + h)^2 = c^2 + 2ch + h^2 < c^2 + 2ch + h = c^2 + h(2c + 1) < c^2 + (2 - c^2) = 2$. Hieraus folgt aber $c + h \in A$ im Widerspruch zur Annahme $a \leq c$ *für alle* $a \in A$.
3. Fall: $2 < c^2$: Man wählt eine Zahl $h \in \mathbb{Q}_+^*$ mit $0 < h < \frac{c^2-2}{2c}$. Nun gilt offensichtlich $\frac{c^2-2}{2c} < c$ und damit auch $h < c$. Damit liegt $c - h$ in $\mathbb{Q}_+^*$. Weiter ergibt sich: $(c - h)^2 = c^2 - 2ch + h^2 > c^2 - 2ch > c^2 - (c^2 - 2) = 2$. Also gilt $c - h \in B$ im Widerspruch zur Annahme $c \leq b$ *für alle* $b \in B$.

Lösungshinweise zu den Übungen

Zu den Übungen werden Hinweise formuliert, welche die vollständige und ausführliche Darstellung der Lösungen erleichtern sollen.

Kapitel 1

Zu Übung 1.1: a) e ist zu sich selbst invers, a und b sind zueinander invers.
b) Das Innere der Tafel ist mit Elementen aus $\{e; a; b\}$ ausgefüllt, also ist (Ab) erfüllt. Den Nachweis von (Ass) führt man durch Vergleichen aller Produkte aus drei Faktoren bei unterschiedlicher Beklammerung. Daß e neutrales Element ist, zeigen die 1. Zeile und die 1. Spalte im Inneren der Tafel. Der Nachweis von (Inv) wurde in a) geführt.
c) Man erkennt die Kommutativität von „$*$" am symmetrischen Aufbau der Tafel bez. der von links oben nach rechts unten verlaufenden Diagonale.
d) Übereinstimmende Merkmale: Gruppeneigenschaften; jede der Gruppen besitzt ein Element (z.B. 1 bzw. a), mit dessen Hilfe durch ständiges Verknüpfen und durch Inversenbildung alle Gruppenelemente „erzeugt" werden können.
Unterschiedliche Merkmale: Mächtigkeit der Trägermenge.
e) In der Gruppe $[\{e; a\}; \cdot]$ gilt $e \cdot e = e; a \cdot e = e \cdot a = a; a \cdot a = e$.
f) Z.B. Abgeschlossenheit, Kommutativität, Assoziativität, 1 als neutrales Element.

Zu Übung 1.2: a) Man ergänze das Axiomensystem in Definition 1.1 durch (Komm) und nutze die additive Schreib- und Bezeichnungsweise.
b) Es besitzt z.B. $\frac{0}{r}$ kein inverses Element.
c) In jeder Zeile und jeder Spalte der Tafel tritt jedes Gruppenelement genau einmal auf.
d) Die Matrizenaddition ist erklärt durch $(a_{ik}) + (b_{ik}) = (a_{ik} + b_{ik})$. Damit wird die Addition von Matrizen auf die Addition reeller Zahlen zurückgeführt. Deren Eigenschaften (Kommutativität, Assoziativität ...) übertragen sich auf die Eigenschaften von „$+$"; z.B. $(a_{ik}) + (b_{ik}) = (a_{ik} + b_{ik}) = (b_{ik} + a_{ik}) = (b_{ik}) + (a_{ik})$.

Zu Übung 1.3: a) Die Halbgruppeneigenschaft von $[M_{(2;2)}; \cdot]$ wurde im Beispiel 1.4 nachgewiesen. Die Nichtkommutativität zeigt man durch Angabe eines Gegenbeispiels; etwa: $\begin{pmatrix} 1 & 2 \\ 0 & 3 \end{pmatrix} \cdot \begin{pmatrix} 0 & 2 \\ 1 & 1 \end{pmatrix} = \begin{pmatrix} 2 & 4 \\ 3 & 3 \end{pmatrix} \neq \begin{pmatrix} 0 & 6 \\ 1 & 5 \end{pmatrix} = \begin{pmatrix} 0 & 2 \\ 1 & 1 \end{pmatrix} \cdot \begin{pmatrix} 1 & 2 \\ 0 & 3 \end{pmatrix}$.

b) $\sum_{j=1}^{2} \left(\sum_{h=1}^{2} a_{ih} b_{hj} \right) c_{jk} = (a_{i1}b_{11} + a_{i2}b_{21})c_{1k} + (a_{i1}b_{12} + a_{i2}b_{22})c_{2k}$
$= a_{i1}b_{11}c_{1k} + a_{i2}b_{21}c_{1k} + a_{i1}b_{12}c_{2k} + a_{i2}b_{22}c_{2k}$
$= a_{i1}(b_{11}c_{1k} + b_{12}c_{2k}) + a_{i2}(b_{21}c_{1k} + b_{22}c_{2k})$
$= \sum_{h=1}^{2} a_{ih} \left(\sum_{j=1}^{2} b_{hj} c_{jk} \right)$.

c) $\mathfrak{E} \cdot \mathfrak{A} = \begin{pmatrix} 1 & 0 \\ 0 & 1 \end{pmatrix} \cdot \begin{pmatrix} a_{11} & a_{12} \\ a_{21} & a_{22} \end{pmatrix} = \begin{pmatrix} a_{11} & a_{12} \\ a_{21} & a_{22} \end{pmatrix} = \mathfrak{A}$. Entsprechend $\mathfrak{A} \cdot \mathfrak{E} = \mathfrak{A}$.

d) $[M_{(n;n)}; \cdot]$ ist eine nichtkommutative Halbgruppe.

Zu Übung 1.4: a) Neutrales Element: Folge (a_n) mit $a_n = 0$ für alle $n \in \mathbb{N}$. $(-a_n)$ ist das zu (a_n) entgegengesetzte Element. $[F; \oplus]$ ist Gruppe.
b) Es ist $\emptyset$ neutrales Element in $[\text{Pot}(M); \cup]$ und M neutrales Element in $[\text{Pot}(M); \cap]$. „$\cap$" und „$\cup$" sind sowohl kommutativ als auch assoziativ. Allerdings besitzt nicht jedes Element in $[\text{Pot}(M); \cup]$ bzw. $[\text{Pot}(M); \cap]$ ein bez. der jeweiligen Operation inverses Element.
c) Wegen max $(a; b) \in \mathbb{R}_+$ und min $(a; b) \in \mathbb{R}_+$ sind „$\triangle$" und „∇" abgeschlossen. Beide Operationen sind kommutativ und assoziativ. In $[\mathbb{R}_+; \triangle]$ existiert kein neutrales Element, denn angenommen n wäre ein solches, dann müßte gelten max $(n; a) = n$ für alle $a \in \mathbb{R}_+$. Für $a = n + 1$ ist dies jedoch nicht erfüllt. In $[\mathbb{R}_+; \nabla]$ existieren unlösbare Gleichungen, z.B. min $(3; x) = 4$. Also sind beide Gebilde Halbgruppen, aber keine Gruppen.
d) Angenommen, $[\overline{M}_{(2;2)}; \cdot]$ besäße ein rechtsneutrales Element $\begin{pmatrix} x & y \\ 0 & 0 \end{pmatrix}$. Dann müßte gelten $\begin{pmatrix} a & b \\ 0 & 0 \end{pmatrix} \begin{pmatrix} x & y \\ 0 & 0 \end{pmatrix} = \begin{pmatrix} a & b \\ 0 & 0 \end{pmatrix}$. Hieraus folgt $y = a^{-1}b$, d.h., y wäre abhängig von der Matrix $\begin{pmatrix} a & b \\ 0 & 0 \end{pmatrix}$. Die Menge aller Matrizen $\begin{pmatrix} 0 & a \\ 0 & b \end{pmatrix}$ hat bez. der Matrizenmultiplikation unendlich viele rechtsneutrale Elemente der Form $\begin{pmatrix} 0 & x \\ 0 & 1 \end{pmatrix}$ mit $x \in \mathbb{R}$.
e) $n_L \cdot n_R = n_R$ (da n_L linksneutral) und $n_L \cdot n_R = n_L$ (da n_R rechtsneutral), also $n_R = n_L = n$.

Zu Übung 1.5: a) Eine Halbgruppe muß nicht notwendig ein neutrales Element besitzen.
b) In $[M_{(2,2)}; \cdot]$ besitzen genau diejenigen Elemente ein inverses Element, für die $a_{11}a_{22} - a_{12}a_{21} \neq 0$ gilt (reguläre Matrizen).
c) (Ab) Alle Plätze im Inneren der Tafel sind mit Elementen der Gruppe G besetzt.
(Komm) Symmetrie bez. der von links oben nach rechts unten verlaufenden Diagonale.
(Neu) Eine Zeile (Spalte) in Inneren der Tafel stimmt mit der Eingangszeile (Eingangsspalte) überein.
(Inv) In jeder Zeile und jeder Spalte tritt das neutrale Element auf.
Satz 1.3: In jeder Zeile und jeder Spalte tritt jedes Element genau einmal auf.
d) Aus $ya = b$ folgt $y = ba^{-1}$, und aus $y_1a = y_2a$ folgt $y_1 = y_2$. In kommutativen Gruppen stimmen die Lösungen stets überein.
e) $ab = a^{-1}b^{-1} = (ba)^{-1} = ba$.
f) In der Tafel stehen zeilenweise: $xyuvw; yuvwx; uvwxy; vwxyu; wxyuv$.
g) $b \cdot a$.
h) $\text{Pot}(\{a; b; c\})$ besitzt 8 Elemente. (Ab) folgt aus der Definition der symmetrischen Differenz. Das neutrale Element ist $\emptyset$. Jedes Element ist zu sich selbst invers. Zum Nachweis der Assoziativität ersetze man $A \setminus B$ durch $A \cap \overline{B}$ und nutze die Tatsache, daß „$\cup$" distributiv mit „$\cap$" verbunden ist, sowie die Regeln von DE MORGAN.

Zu Übung 1.6: a) Wähle c fest aus G. Wegen (Um) ist die Gleichung $c \cdot y = c$ in G lösbar; eine Lösung sei e_R. Für jedes beliebige Element $a \in G$ besitzt $x \cdot c = a$ eine Lösung. Damit ergibt sich $a \cdot e_R = (x \cdot c) \cdot e_R = x \cdot (c \cdot e_R) = x \cdot c = a$.
b) Die Nichtkommutativität entnimmt man der Verknüpfungstafel im Bild 37.
c) Wegen $e \cdot e = e$.
d) Man nutze die additive Schreib- und Bezeichnungsweise; z.B.: In jedem Modul $(G; +)$ besitzt jede der Gleichungen $a + x = b$ und $y + a = b$ genau eine Lösung.
e) Es sei $H = \{a_1, \ldots; a_n\}$. Man bildet alle Produkte $a_1 \cdot x = b_1; \ldots; a_n \cdot x = b_n$ mit $x \in H$.

$\bullet$	d_0	d_{120}	d_{240}	ρ_1	ρ_2	ρ_3
d_0	d_0	d_{120}	d_{240}	ρ_1	ρ_2	ρ_3
d_{120}	d_{120}	d_{240}	d_0	ρ_3	ρ_1	ρ_2
d_{240}	d_{240}	d_0	d_{120}	ρ_2	ρ_3	ρ_1
ρ_1	ρ_1	ρ_2	ρ_3	d_0	d_{120}	d_{240}
ρ_2	ρ_2	ρ_3	ρ_1	d_{240}	d_0	d_{120}
ρ_3	ρ_3	ρ_1	ρ_2	d_{120}	d_{240}	d_0

Bild 37

Wegen der Regularität gilt $b_i \neq b_j$ für $i \neq j$, d.h., $b_1; \ldots; b_n$ sind wieder alle Elemente von H. Da x beliebig aus H gewählt wurde, ist jede Gleichung $a_i \cdot x = b_i$ in H lösbar, also ist $(H; \cdot)$ Gruppe.

Zu Übung 1.7: a) $m = 0 : a^n \cdot a^0 = a^n \cdot e = a^n = a^{n+0}$; $(a^m)^0 = e = a^0 = a^{m \cdot 0}$.
b) Für die Begründungen werden die Gruppenaxiome und die Aussagen von Definition 1.5 genutzt.
c) Beweis der Aussage (2) im Satz 1.5: $(ab)^n = ab \cdot ab \cdot \ldots \cdot ab = (a \cdot a \cdot \ldots \cdot a)(b \cdot b \cdot \ldots \cdot b)$ $= a^n b^n$, da $(G; \cdot)$ abelsch ist.
Beweis der Aussage (3) im Satz 1.6: Man wähle $n \in \mathbb{Z}$ und führe eine Fallunterscheidung bez. m durch: Für $m = 0; m = 1; m = -1$ folgt die Behauptung nach Definition 1.5 und Satz 1.5 (4). Für $m \in \mathbb{Z}_+^*$ weist man die Behauptung durch vollständige Induktion nach. Für $m \in \mathbb{Z}_-^*$ setzt man $m = -s$ $(s > 0)$ und beweist mit Hilfe vollständiger Induktion: $(a^n)^{-(s+1)} = (a^n)^{-s-1} = (a^n)^{-s} \cdot (a^n)^{-1} = a^{n(-s)} \cdot a^{-n}$ $= a^{n(-s)-n} = a^{n(-s-1)} = a^{n(-(s+1))}$ (Nutzung von Satz 1.6 (1)).
d) Man erhält $[1]_4; [0]_4$ und $[1]_4$.

Zu Übung 1.8: a) Neutrale Elemente: $[0]_4$ bzw. 1 bzw. f_1 bzw. d_0.
Paare zueinander inverser Elemente: $([0]_4; [0]_4); ([1]_4; [3]_4); ([2]_4; [2]_4)$; $(1; 1); (-1; -1); (i; -i); (f_1; f_1); (f_2; f_2); (f_3; f_3); (f_4; f_4); (d_0; d_0); (d_{90}; d_{270})$; $(d_{180}; d_{180})$.
b) Existiert für die endlichen Gruppen $(G; \cdot)$ und $(\overline{G}; \circ)$ ein Isomorphismus $\varphi : G \to \overline{G}$, so gewinnt man aus der Verknüpfungstafel von $(G; \cdot)$ eine „übereinstimmende" Tafel von $(\overline{G}; \circ)$, wenn jedes Element $a \in G$ durch $\varphi(a)$ ersetzt wird. Umgekehrt: Unterscheiden sich („übereinstimmende") Tafeln von G und $\overline{G}$ nur durch die Bezeichnungen der Gruppenelemente, so kann man jedes Element in den „Eingängen" der einen Tafel als Bild des „entsprechenden" Elementes in den „Eingängen" der anderen Tafel auffassen. Die Übereinstimmung im Inneren der Tafeln drückt die Relationstreue aus.

c) z.B. $[0]_4 \overset{\varphi_1}{\leftrightarrow} d_0 \overset{\psi_2}{\leftrightarrow} 1$

$[1]_4 \leftrightarrow d_{90} \leftrightarrow i$

$[2]_4 \leftrightarrow d_{180} \leftrightarrow -1$

$[3]_4 \leftrightarrow d_{270} \leftrightarrow -i$

Weitere Isomorphismen z.B.: $[0]_4 \overset{\varphi_2}{\leftrightarrow} d_0; [1]_4 \leftrightarrow d_{270}; [2]_4 \leftrightarrow d_{180}; [3]_4 \leftrightarrow d_{90}$.
d) Man beziehe sich auf Übung 1.8 b) und vergleiche Verknüpfungstafeln.
Man beachte dabei, daß sich jede Deckabbildung als Permutation der drei Eckpunkte auffassen läßt.

Zu Übung 1.9: a) Die Tafel besitzt die Zeilen *eab*; *abe* und *bea*.
b) Vgl. Ausführungen im Beispiel 1.16.
c)

•	n	a
n	n	a
a	a	n

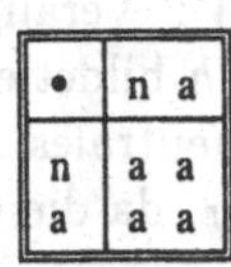

•	n	a
n	n	a
a	a	a

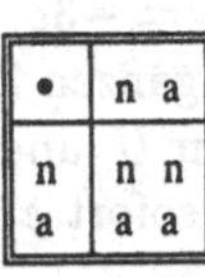

•	n	a
n	a	a
a	a	a

•	n	a
n	n	n
a	a	a

Bild 38

Die Verknüpfungen sind stets auf Assoziativität zu überprüfen.
d) Die durch $\varphi(x) = a^x$ definierte Abbildung ist bijektiv.
Relationstreue: $\varphi(x+y) = a^{x+y} = a^x \cdot a^y = \varphi(x) \cdot \varphi(y)$. Es gilt $\varphi\left(\frac{x+y}{2}\right) = a^{\frac{x}{2}} \cdot a^{\frac{y}{2}}$ $= \sqrt{a^x}\sqrt{a^y} = \sqrt{a^x a^y}$.

Zu Übung 1.10: a) Man ersetze im Bild 12 die Restklassen $[i]_5$ durch ihre Bilder $\varphi([i]_5) = a_i$.
b) Ist φ ein Isomorphismus von $(G; \circ)$ auf $(M; *)$, so gilt wegen der Kommutativität von „$\circ$" für beliebige Elemente $\varphi(a); \varphi(b) \in M : \varphi(a) * \varphi(b) = \varphi(a \circ b) = \varphi(b \circ a)$ $= \varphi(b) * \varphi(a)$.
c) Aus $s \cdot a = b$ folgt $\varphi(s \cdot a) = \varphi(s) * \varphi(a) = \varphi(b)$, also ist $\varphi(s)$ Lösung von $y * \varphi(a) = \varphi(b)$.
d) Man stelle „übereinstimmende" Verknüpfungstafeln her. Man nutze Satz 1.8.
e) Die durch $\varphi(x) = \frac{1}{x}$ (falls $x \neq 0$) und $\varphi(0) = 0$ definierte Abbildung von $\mathbb{Q}$ auf $\mathbb{Q}$ ist bijektiv und relationstreu. Für $x \neq 0; y \neq 0; x+y \neq 0$ folgt $\varphi(x) * \varphi(y) = \frac{1}{x} * \frac{1}{y}$ $= \frac{\frac{1}{x}\frac{1}{y}}{\frac{1}{x}+\frac{1}{y}} = \frac{1}{x+y} = \varphi(x+y)$. Für $x = 0$ und $y \neq 0$ ergibt sich $\varphi(x) * \varphi(y) = 0 + \frac{1}{y}$ $= \varphi(0+y)$. Entsprechend weist man die Relationstreue für die restlichen Fälle nach. Als isomorphes Bild einer Gruppe ist $[\mathbb{Q}; *]$ selbst Gruppe.

f) Die Abbildung $\varphi : M_{(3,3)} \to \mathbb{R}$ mit $\varphi\left(\begin{pmatrix} a & 0 & 0 \\ 0 & a & 0 \\ 0 & 0 & a \end{pmatrix}\right) = a$ ist bijektiv

und relationstreu wegen

$$\begin{pmatrix} a & 0 & 0 \\ 0 & a & 0 \\ 0 & 0 & a \end{pmatrix} \cdot \begin{pmatrix} b & 0 & 0 \\ 0 & b & 0 \\ 0 & 0 & b \end{pmatrix} = \begin{pmatrix} ab & 0 & 0 \\ 0 & ab & 0 \\ 0 & 0 & ab \end{pmatrix}.$$

Zu Übung 1.11: a) $[\mathbb{Q}_+^*;\cdot]; [\{-1;1\};\cdot]; [\{r|r = 2^g \text{ und } g \in \mathbb{Z}\};\cdot]$ sind Untergruppen.
b) $(U;\cdot)$ sei Untergruppe von $(G;\cdot)$ und $\varphi(U) = \overline{U}$ das Bild von U bez. eines Isomorphismus $\varphi : G \to \overline{G}$. Anwendung des Untergruppenkriteriums auf $\overline{U}$: Sind $a; b \in U$, so gilt mit $\varphi(a) \in \overline{U}$ und $\varphi(b) \in \overline{U}$ wegen $\varphi(a \cdot b) = \varphi(a) * \varphi(b)$ und $a \cdot b \in U$ auch $\varphi(a) * \varphi(b) \in \overline{U}$. Entsprechend folgt aus $(\varphi(a))^{-1} = \varphi(a^{-1})$ wegen der Untergruppeneigenschaft von $(U;\cdot)$ unmittelbar $a^{-1} \in U$ und damit $(\varphi(a))^{-1} \in \overline{U}$. Analog zeigt man, daß das vollständige Urbild einer Untergruppe $(\overline{U};\cdot)$ von $(\overline{G};\cdot)$ eine Untergruppe von $(G;\cdot)$ ist.
c) Es existieren nur die beiden trivialen Untergruppen.
d) Die Menge U ist Untermodul von $[\mathbb{Q};+]$. Mit $r_1 = \frac{g_1}{2m_1+1}; r_2 = \frac{g_2}{2m_2+1}$ mit $g_1; g_2 \in \mathbb{Z}; m_1; m_2 \in \mathbb{N}$ liegen auch $r_1 + r_2$ und $-r_1$ in U.
e) Anwendung des Untergruppenkriteriums: Mit $z_1 = 3g_1$ und $z_2 = 3g_2$ liegen auch $z_1 + z_2 = 3(g_1 + g_2)$ und $-z_1 = -3g_1$ in V. Verallgemeinerung: Die Menge aller ganzzahligen Vielfachen einer ganzen Zahl h bildet einen Untermodul von $[\mathbb{Z};+]$.
f) Ist e_U neutrales Element in U und e neutrales Element in G, dann folgt aus $e_U \cdot e_U = e_U$ und $e \cdot e_U = e_U$ sofort $e = e_U$, da die Gleichung $y \cdot e_U = e_U$ in einer Gruppe eindeutig lösbar ist.
g) $(U;\cdot)$ ist Unterhalbgruppe von $(H;\cdot)$ genau dann, wenn mit $a; b \in U$ auch $a \cdot b \in U$ gilt.

Zu Übung 1.12: a) - Aus $ab = ba$ für *alle* Gruppenelemente folgt die Vertauschbarkeit für alle Elemente einer Untergruppe.
- Es gilt $U \subseteq H \subseteq G$ und, da U Untergruppe von H, gilt: $a; b \in U \Rightarrow a \cdot b \in U$ und $a^{-1} \in U$.
- Angenommen, $U_1 \cup U_2$ ist Untergruppe von G, und es gilt weder $U_1 \subseteq U_2$ noch $U_2 \subseteq U_1$. Dann existiert ein $x \in U_1$ mit $x \notin U_2$ und ein $y \in U_2$ mit $y \notin U_1$. Da $U_1 \cup U_2$ Untergruppe ist, gilt $xy = z$ mit $z \in U_1 \cup U_2$. Aus $z \in U_1$ folgt $y \in U_1$, aus $z \in U_2$ folgt $x \in U_2$. Da für z mindestens einer der beiden Fälle eintreten muß und jeder zu einem Widerspruch führt, ist die Annahme $U_1 \not\subseteq U_2$ *und* $U_2 \not\subseteq U_1$ falsch. Angenommen, es gilt $U_1 \subseteq U_2$ oder $U_2 \subseteq U_1$, dann ist $U_1 \cup U_2 = U_2$ oder $U_1 \cup U_2 = U_1$ und laut Voraussetzung Untergruppe.

b) Ist $(G;\cdot) = (\{e\};\cdot)$, so existieren keine echten Untergruppen. Besitzt $(G;\cdot)$ echte Untergruppe U_1 und U_2, dann ist nach a) $U_1 \cup U_2$ stets wieder eine echte (also von $(G;\cdot)$ verschiedene) Untergruppe.

c) Aus $x, y \in Z$ folgt $xa = ax$ und $ya = ay$ für alle $a \in G$. Hieraus folgt $(xy)a = x(ya) = x(ay) = (xa)y = (ax)y = a(xy)$, also $x \cdot y \in Z$. Entsprechend zeigt man $x^{-1} \in Z$.

d) $\langle\{1;-1\}\rangle = \mathbb{Z}$; $\{5\}$ erzeugt den Untermodul aller durch 5 teilbaren ganzen Zahlen, $\{-6;9\}$ erzeugt den Untermodul aller durch 3 teilbaren ganzen Zahlen.

e) Man wählt die additive Schreib- und Bezeichnungsweise.
f) Laut Voraussetzung gilt mit $a, b \in U$ auch $a \cdot b$ in U; also liegt auch a^n in U. Da U nur endlich viele Elemente besitzt, existieren Exponenten r und s mit $a^r = a^s$

mit $r \neq s$. Ohne Beschränkung der Allgemeinheit sei $s = r + v$ mit $v \in \mathbb{N}^*$. Dann ergibt sich $a^r = a^{r+v}$. Multipliziert man diese Gleichung r mal mit a^{-1}, so folgt $e = a^v$, also $e \in U$. Für $U \neq \{e\}$ existiert ein $a \neq e$ mit $a^v = e$. Wegen $v > 1$ liegt auch das zu a inverse Element a^{v-1} in U.

Zu Übung 1.13: a) Linksnebenklassen: $U_1 = \{1\}; iU_1 = \{i\}; (-1)U_1 = \{-1\}$; $(-i)U_1 = \{-i\}$ bzw. $U_2 = \{1;-1\}; iU_2 = \{i;-i\}$ bzw. $U_3 = \{1;i;-1;-i\}$. Rechtsnebenklassen analog. Die für das Beispiel 1.22 formulierten Aussagen gelten auch für $[\{1;i;-1;-i\};\cdot]$.
b) Das Verfahren bricht spätestens nach n Schritten ab. Angenommen, es bricht nach k Schritten ab, dann muß, da alle Nebenklassen gleich viele Elemente besitzen, k ein Teiler von n sein.
c) Es existieren zwei Links- und zwei Rechtsnebenklassen von $\{f_1; f_2\}$. Sie stimmen überein, da die Gruppe abelsch ist.
d) Aus $aU = bU'$ folgt $b^{-1}aU = U'$. Wegen $e \in U'$ folgt $e \in b^{-1}aU$, also $U = eU = b^{-1}aU = U'$.

Zu Übung 1.14: a) $U; [2]_{15}U = \{[2]_{15}; [8]_{15}\}; [7]_{15}U = \{[7]_{15}; [13]_{15}\}$; $[11]_{15}U = \{[11]_{15}; [14]_{15}\}$.
b) - Linksnebenklassen: $U; aU$; Rechtsnebenklassen $U; Ua$. Wegen $U = U$ folgt $aU = Ua$.
- Nur in U liegt das neutrale Element.
- Folgt aus dem Satz von LAGRANGE.
c) Es steht a in Relation zu b genau dann, wenn gilt $ab^{-1} \in U$.
d) $\mathfrak{A}$ und $\mathfrak{B}$ liegen in der gleichen Nebenklasse genau dann, wenn gilt: $\det \mathfrak{A} \cdot \det \mathfrak{B} = 1$.

Zu Übung 1.15: a) $[\mathfrak{D}_3;\cdot]$ ist keine zyklische Gruppe.
b) Besitzt a die Ordnung n, so gilt $a^n = e$. Damit folgt $\varphi(a^n) = (\varphi(a))^n = \varphi(e)$. Also hat $\varphi(a)$ die Ordnung n, denn $(\varphi(a))^m = \varphi(e)$ mit $m < n$ führt zum Widerspruch zur Ordnung von a.
c) - $e^1 = e$, also hat e die Ordnung 1. Angenommen, $a \neq e$ hat die Ordnung 1, dann folgt $a^1 = e$, also $a = e$.
- Ist a erzeugendes Element, so haben a und a^{-1} die Ordnung n.
- Jedes von e verschiedene Element erzeugt die gesamte Gruppe, da eine Gruppe mit Primzahlordnung keine nichttrivialen Untergruppen besitzt.

Zu Übung 1.16: a) - $[\mathfrak{Z}_\infty;\cdot] \overset{\sim}{\leftrightarrow} [\mathbb{Z};+]$ und $[\mathbb{Z};+]$ besitzt genau 2 erzeugende Elemente.
- Entweder, es gilt $< a >= G$ oder $< a >= U$, wobei U eine echte Untergruppe von G mit der Ordnung t ist mit t/n; d.h. $t \cdot s = n$. Aus $a^t = e$ folgt $(a^t)^s = a^n = e$.
- Besitzt G die Primzahlordnung p, so hat jedes von e verschiedene Element a die Ordnung p.

b) Mit $< a >= \mathfrak{Z}_{24}$ gilt: $\mathfrak{Z}_{24} = \{a^0; a^1; \ldots; a^{23}\}; \mathfrak{Z}_{12} = \{a^0; a^2; \ldots; a^{22}\};$
$\mathfrak{Z}_8 = \{a^0; a^3; \ldots; a^{21}\}; \mathfrak{Z}_6 = \{a^0; a^4; \ldots; a^{20}\}; \mathfrak{Z}_4 = \{a^0; a^6; a^{12}; a^{18}\};$
$\mathfrak{Z}_3 = \{a^0; a^8; a^{16}\}; \mathfrak{Z}_2 = \{a^0; a^{12}\}; \mathfrak{Z}_1 = \{a^0\}.$
Erzeugende Elemente sind z.B. $a; a^2; a^3; a^4; a^6; a^8; a^{12}$ und a^0.
c) Man unterscheide die Fälle $\mathfrak{Z}_\infty$ und $\mathfrak{Z}_n$. Es sei a erzeugendes Element der Gruppe. Jedes Element einer Untergruppe U kann in der Form a^k oder $a^{-k} (k \in \mathbb{N})$ dargestellt werden. Man zeigt, daß U von der Potenz a^l erzeugt werden kann, welche den kleinsten positiven Exponenten l besitzt: $a^k = (a^l)^r$. Die Untermoduln des Moduls $[\mathbb{Z}; +]$ bestehen aus allen ganzzahligen Vielfachen einer ganzen Zahl.
d) Ist $ggT(n; k) = r \neq 1$ und $n = rx$ und $k = ry$, dann gilt bereits $(a^k)^x = e$ mit $x \neq n$; also a^k kein erzeugendes Element von G. Ist $ggT(n; k) = 1$, so folgt aus $(a^k)^i = (a^k)^j \quad i \equiv j \bmod n$, also ist a^k erzeugendes Element.

Zu Übung 1.17: a) Man nutze beim Vervollständigen der Tafel u.a. die in Beispiel 1.29 angegebenen Paare zueinander inverser Elemente.
b) Begründung z.B. mit Hilfe der in a) aufgestellten Verknüpfungstafel (vgl. auch Folgerung 1.8).
c) Element der Ordnung 1: s_1, Elemente der Ordnung 2: $s_2; s_3; s_4$, Elemente der Ordnung 3: $s_5; s_6; s_7; s_8; s_9; s_{10}; s_{11}; s_{12}$.
d) Z.B $\{s_1\}; \{s_1; s_2\}; \{s_1; s_5; s_6\}; \{s_1; s_2; s_3; s_4\}$.
e) $s_1 = (s_5)^3; s_2 = s_5 \cdot (s_{11})^2 \cdot s_5; s_3 = s_{11} \cdot s_5; s_4 = s_5 \cdot s_{11}; s_5 = s_5; s_6 = (s_5)^2;$
$s_7 = (s_5)^2 \cdot s_{11}; s_8 = (s_{11})^2 \cdot s_5; s_9 = s_5 \cdot (s_{11})^2; s_{10} = s_{11} \cdot (s_5)^2; s_{11} = s_{11}; s_{12} = (s_{11})^2.$
f) Die Menge aller Permutationen der Form $\begin{pmatrix} 1 & 2 & \ldots & m & 0\ldots0 \\ i_1 & i_2 & \ldots & i_m & 0\ldots0 \end{pmatrix}$ ist eine Untergruppe $\overline{\mathfrak{S}}_m$ der symmetrischen Gruppe $\mathfrak{S}_n$. Sie ist isomorph zur $\mathfrak{S}_m$.
g) $\mathfrak{S}_1$ und $\mathfrak{S}_2$ sind kommutative Gruppen; $\mathfrak{S}_3$ ist nicht kommutativ, $\mathfrak{S}_n$ mit $n \geq 3$ enthält eine zu $\mathfrak{S}_3$ isomorphe Untergruppe, ist also nicht kommutativ.

Zu Übung 1.18: a) Die Untergruppe ist isomorph zur Gruppe $\mathfrak{Z}_3$.

b) Z.B. $\left\{ \begin{pmatrix} 1\,2\,3\,4 \\ 1\,2\,3\,4 \end{pmatrix}; \begin{pmatrix} 1\,2\,3\,4 \\ 2\,3\,4\,1 \end{pmatrix}; \begin{pmatrix} 1\,2\,3\,4 \\ 3\,4\,1\,2 \end{pmatrix}; \begin{pmatrix} 1\,2\,3\,4 \\ 4\,1\,2\,3 \end{pmatrix} \right\}.$

c) $\left\{ \begin{pmatrix} 1\,2\,3\,4\,5 \\ 1\,2\,3\,4\,5 \end{pmatrix}; \begin{pmatrix} 1\,2\,3\,4\,5 \\ 2\,3\,4\,5\,1 \end{pmatrix}; \begin{pmatrix} 1\,2\,3\,4\,5 \\ 3\,4\,5\,1\,2 \end{pmatrix}; \begin{pmatrix} 1\,2\,3\,4\,5 \\ 4\,5\,1\,2\,3 \end{pmatrix}; \begin{pmatrix} 1\,2\,3\,4\,5 \\ 5\,1\,2\,3\,4 \end{pmatrix} \right\}.$

Zu Übung 1.19: a) Es gilt sgn $(s_i \cdot s_j) =$ sgn $(s_i)\cdot$ sgn (s_j). Nachweis durch Fallunterscheidung.
b) Den ungeraden Permutationen entsprechen Spiegelungen, den geraden Permutationen entsprechen Drehungen.

Zu Übung 1.20: a) Für $s = (1\,2\,3\,4\,5)$ gilt: $s^0 = (1); s^2 = (1\,3\,5\,2\,4); s^3 = (1\,4\,2\,5\,3);$ $s^4 = (1\,5\,4\,3\,2); s^5 = (1)$.
b) $(1\,2\,3)^1 = (1\,2\,3); (1\,2\,3)^2 = (1\,3\,2); (1\,2\,3)^3 = (1)$.
c) Die Elemente der $\mathfrak{S}_3$ sind $(1); (12); (13); (23); (123); (132)$.
d) $A \cdot B = \{(132); (23); (1); (13)\}\,; A^{-1} = \{(1); (132); (12)\}\,; B^{-1} = \{(123; (23)\}$.

Zu Übung 1.21: a) ($\Rightarrow$) $a \equiv b(m) \Rightarrow a - b = gm$. Angenommen, $a = sm + r$, dann folgt $sm + r - b = gm$ bzw. $b = (s - g)m + r$. ($\Leftarrow$) Aus $a = sm + r$ und $b = tm + r$ folgt $a - b = (s - t)m$, also $a \equiv b(m)$.
b) $a \equiv a(m)$ wegen $a - a = 0 \cdot m$. Sei $a \equiv b(m) \Rightarrow a - b = gm \Rightarrow b - a = (-g)m$ $\Rightarrow b \equiv a(m)$.
$a \equiv b(m)$ und $b \equiv c(m) \Rightarrow a = b + gm$ und $b = c + hm \Rightarrow a = c + (g + h)m \Rightarrow$ $a \equiv c(m)$.
c) $\left.\begin{array}{c} a \equiv a'(m) \\ b \equiv b'(m) \end{array}\right\} \Rightarrow ab = a'b' + a'hm + b'gm + ghm^2 = a'b' + (a'h + b'g + ghm)m$ $\Rightarrow ab \equiv a'b'(m)$.
d) Folgt aus der Tatsache, daß die Äquivalenzrelation „$\equiv$" in $\mathbb{Z}$ eine Zerlegung erzeugt.
e) $[1]_{12}; [5]_{12}; [7]_{12}; [11]_{12}$ sind erzeugende Elemente; $[x]_{12} = [8]_{12}$; $[y]_{12} = [6]_{12}$.
f) $[x]_6 = [4]_6; [x]_8 = [4]_8; [y]_6 = [4]_6; [y]_8 = [2]_8$
g) Zu $[1]_m : [2]_3$ bzw. $[3]_4$ bzw. $[4]_5$; zu $[2]_m : [1]_3$ bzw. $[2]_4$ bzw. $[3]_5$;
zu $[19]_m : [2]_3$ bzw. $[1]_4$ bzw. $[1]_5$.
h) $[2]_8$ bzw. $[1]_6$.

Zu Übung 1.22: a) Sei $a \equiv a'(m), ggT(a; m) = d$ und $ggT(a'; m) = d'$. Dann gilt $d/a; d/m$ und wegen $a' = a + gm$ auch d/a' und d/d'. Durch analoge Überlegungen folgt aus $a = a' + hm$ auch d'/a und d'/d. Also gilt $d = d'$.
b) Angenommen, $ggT(ab; m) = d$ und $d \neq 1$, dann läßt sich d in Primfaktoren zerlegen, die in m und in a oder b auftreten. Widerspruch zu $ggT(a; m) = 1$ und $ggT(b; m) = 1$.
c) Das erstgenannte kommutative Gebilde ist Gruppe nach Satz 1.25, im zweitgenannten ist z.B. die Gleichung $[2]_{10} \odot [x]_{10} = [7]_{10}$ nicht lösbar.
d) $\varphi(20) = 8; \varphi(36) = 12; \varphi(140) = 48$. e) Kommutative Halbgruppe.
f) $\{[1]_9\}; \{[0]_9\}; \{[1]_9; [2]_9; [4]_9; [5]_9; [7]_9; [8]_9\}; \{[1]_9; [8]_9\}$.
g) Beweis erfolgt z.B. durch Übergang zu Restklassen mod m.
h) $\{[1]_{15}; [4]_{15}\}; \{[2]_{15}; [8]_{15}\}; \{[7]_{15}; [13]_{15}\}; \{[11]_{15}; [14]_{15}\}$.

Zu Übung 1.23: a) $17^{97} \equiv 3(7)$. b) Multiplikation von $a^{p-1} \equiv 1(p)$ mit a.
c) Z.B. $4^{\varphi(12)} \not\equiv 1(12)$, denn $4^4 \equiv 4(12)$.
d) Multiplikation von $ax \equiv b(m)$ mit $a^{\varphi(m)-1}$ ergibt $x \equiv ba^{\varphi(m)-1}(m)$.
e) Gilt d/a und d/m und $d \neq 1$, so würde aus $a^r \equiv 1(m)$ folgen $d/1$.

Zu Übung 1.24: a) Man erhält die Behauptung, indem man $\mathfrak{A}\vec{x} + \vec{t}$ für $(\vec{x})'$ in $(\vec{x})'' = \mathfrak{B}(\vec{x})' + \vec{s}$ einsetzt. Bei der gewählten Bezeichnungsweise für die Nacheinanderausführung von Abbildungen entspricht $s_{\mathfrak{A}} \cdot s_{\mathfrak{B}}$ dem Matrizenprodukt $\mathfrak{B} \cdot \mathfrak{A}$.
b) Anwendung des Untergruppenkriteriums.

Zu Übung 1.25: a) $(1); (1234); (13)(24); (1432); (14)(23); (12)(34); (24); (13)$.
b) $d_0 = (d_{90})^\circ \cdot (s_1)^\circ; d_{90} = d_{90} \cdot (s_1)^\circ; d_{180} = (d_{90})^2 \cdot (s_1)^\circ; d_{270} = (d_{90})^3 \cdot (s_1)^\circ;$
$s_1 = (d_{90})^\circ \cdot s_1; s_2 = (d_{90})^2 \circ s_1;\ s_{d_1} = s_1 \cdot d_{90}; s_{d_2} = d_{90} \cdot s_1$.
c) $\{d_0; d_{180}; s_{d_1}; s_{d_2}\} \overset{\sim}{\leftrightarrow} \mathfrak{V}_4;\ \{d_0; s_2\} \overset{\sim}{\leftrightarrow} \mathfrak{Z}_2$.
d) Man wähle Quadrate mit geeigneten „Verzierungen".
e) Die Symmetriegruppe besteht neben der identischen Abbildung aus einer Drehung um 180° und und zwei Spiegelungen an Seitenmitten. Die letzten drei Abbildungen besitzen die Ordnung 2.

Zu Übung 1.26: a) An jeder Ecke müssen mindestens 3 Flächen zusammenstoßen, damit eine „räumliche Ecke" entstehen kann. Aus Gradgründen kommen nur Dreiecke, Vierecke und Fünfecke in Betracht.
b) Zur $\mathfrak{A}_4$.
c) Die Symmetrieachsen des Oktaeders sind die des Würfels. Es sind Achsen durch gegenüberliegende Eckpunkte, Achsen durch Mitten gegenüberliegender Kanten und Achsen durch die Mitten gegenüberliegender Flächen. Zu diesen Achsen gehören $4 \cdot 2 = 8$ bzw. $6 \cdot 1 = 6$ bzw. $3 \cdot 3 = 9$ Drehungen. Dazu kommt die identische Abbildung.

Zu Übung 1.27: a) Die Aussage ergibt sich aus kombinatorischen Überlegungen. In jeder Zeile der Strukturtafel gibt es $n!$ Anordnungsmöglichkeiten. Die Anzahl von Isomorphieklassen ist kleiner als $(n!)^n$.
b) Es existieren 8 Paare $(a; b)$ mit $a \in \mathfrak{Z}_2$ und $b \in \mathfrak{Z}_4$. Die Gruppeneigenschaften von $\mathfrak{Z}_2$ und $\mathfrak{Z}_3$ übertragen sich auf G.
c) Es liegt eine (nichtkommutative) Gruppe vor. Diese Gruppe der *Quaternionen* ist isomorph zur Matrizengruppe

$$\left[\left\{\begin{pmatrix}1&0\\0&1\end{pmatrix}; -\begin{pmatrix}1&0\\0&1\end{pmatrix}; \begin{pmatrix}i&0\\0&-i\end{pmatrix}; -\begin{pmatrix}i&0\\0&-i\end{pmatrix}; \begin{pmatrix}0&1\\-1&0\end{pmatrix}; -\begin{pmatrix}0&1\\1&0\end{pmatrix}; \begin{pmatrix}0&i\\i&0\end{pmatrix}; -\begin{pmatrix}0&i\\i&0\end{pmatrix}\right\} \cdot\right].$$

Kapitel 2

Zu Übung 2.1: a) Gleichungen der Form $a + x = b$ sind in jedem der beiden Ringe eindeutig lösbar, Gleichungen der Form $a \cdot x = b$ $(a \neq 0)$ sind in $[\mathbb{Z}/_{(5)}; \oplus; \odot]$ eindeutig lösbar; in $[\mathbb{Z}/_{(6)}; \oplus; \odot]$ gibt es unlösbare Gleichungen diesen Typs, z.B. $[2]_6 \odot [x]_6 = [5]_6$.
b) Das Gebilde besitzt nicht die Struktur eines Ringes.
c) Die Menge $2\mathbb{Z}$ der geraden (ganzen) Zahlen besitzt bez. „+" und „·" die Struktur eines Ringes (ohne Einselement).

d) (Ab) ist durch die Definition von „+" und „•" gesichert. Assoziativität und Kommutativität dieser Operation weist man durch „Ausrechnen" nach, desgl. (Dis). $0 + 0i$ ist Nullelement, $1 + 0i$ Einselement, $a + bi$ ist zu $-a - bi$ entgegengesetztes Element. Es ist z.B. $(2 + i) \cdot (x + yi) = 1 + i$ nicht in $\mathbb{Z} + \mathbb{Z}i$ lösbar. Die Elemente von $\mathbb{Z}+\mathbb{Z}i$ lassen sich bez. eines Koordinatensystems durch „Gitterpunkte" in einer Ebene veranschaulichen. Einheiten sind $1; -1; i$ und $-i$.
e) Offensichtlich ist $(R; \cdot)$ Halbgruppe. Nachweis von (Dis): $a \cdot (b + c) = 0$ und $ab + ac = 0 + 0 = 0$. Gleichungen $a \cdot x = b$ mit $b \neq 0$ sind nicht lösbar.
f) $[M_{(n,n)}; +]$ ist Modul; $[M_{(n,n)}; \cdot]$ ist Halbgruppe, bez. der genannten Operationen ist (Dis) erfüllt. Der Nachweis erfolgt im wesentlichen durch „Ausrechnen".

Zu Übung 2.2: a) Für die Verknüpfungstafel bez. „+" orientiere man sich an $\mathfrak{V}_4$; für die bez. „·" an der $\mathfrak{Z}_3$ (mit dem Nullelement in der 1. Zeile und 1. Spalte). Nachweis von (Dis) durch Überprüfung aller Möglichkeiten.
b) Es ist mit $a; b \in \widehat{\mathbb{Q}}$ nicht notwendig $a \cdot b \in \widehat{\mathbb{Q}}$.
c) Das Gebilde besitzt die Struktur eines Ringes mit dem Einselement $(1; 1)$.
d) $\mathbb{Q}_+^*$ enthält kein Nullelement. Weder $[\text{Pot}\{a; b; c\}; \cup]$ noch $[\text{Pot}\{a; b; c\}; \cap]$ besitzt die Struktur einer Gruppe.
e) Nichtreguläre Matrizen besitzen kein inverses Element.
f) Ist $a \cdot x = b$ $(a \neq 0)$ stets lösbar, so (wegen der Kommutativität von „·") auch $y \cdot a = b$; also ist $(R \setminus \{0\}; \cdot)$ Gruppe, der Ring also Körper. Umgekehrt erfüllt jeder Körper die genannten Forderungen.

Zu Übung 2.3: (1): $a^2 = a \Rightarrow a^2 - a = 0 \Rightarrow a(a - e) = 0 \Rightarrow x = (a - e) \neq 0$.
(2): $a + b = (a + b)(a + b) = a^2 + ab + ba + b^2 = a + ab + ba + b \Rightarrow ab + ba = 0$. Setzt man $b = e$, dann folgt $a + a = 0$ für alle $a \in R$.
(3): $ab + ba = 0$ (vgl. (2)) und $ab + ab = 0 \Rightarrow ab = ba$.

Zu Übung 2.4: a) $\mathfrak{A}$ besitze die inverse Matrix $\mathfrak{A}^{-1}$. Wäre $\mathfrak{A}$ Nullteiler, dann existiert $\mathfrak{B} \neq \mathfrak{O}$ mit $\mathfrak{A} \cdot \mathfrak{B} = \mathfrak{O}$. Multiplikation mit $\mathfrak{A}^{-1}$ ergibt $\mathfrak{B} = \mathfrak{O}$. $\mathfrak{A}$ sei Nullteiler, dann existiert $\mathfrak{B} \neq \mathfrak{O}$ mit $\mathfrak{A} \cdot \mathfrak{B} = \mathfrak{O}$. Angenommen, $\mathfrak{A}$ besäße die inverse Matrix $\mathfrak{A}^{-1}$, dann folgt aus $\mathfrak{A}^{-1}(\mathfrak{A}\mathfrak{B}) = \mathfrak{A}^{-1}\mathfrak{O}$ sofort $\mathfrak{B} = \mathfrak{O}$.
b) Lösbar z.B. $[2]_{12} \odot [x]_{12} = [6]_{12}$; nicht lösbar z.B. $[2]_{12} \odot [x]_{12} = [7]_{12}$.
c) Da R Integritätsbereich und die x_i paarweise voneinander verschieden sind, ist $(x_1 - x_2)(x_1 - x_3)(x_2 - x_3) \neq 0$. Durch Ausmultiplizieren erhält man jedoch 0. In einem beliebigen Ring gilt die Aussage nicht.
d) - Summe zweier regulärer Matrizen ist nicht notwendig eine reguläre Matrix.
- Summe und Produkt ganzer Zahlen sind wieder ganze Zahlen.
- Weil $[\mathbb{Q}; +; \cdot]$ ein Körper ist.

Zu Übung 2.5: a) Z.B. (6) $n([a]_m \oplus [b]_m) = n[a]_m \oplus n[b]_m$.
b) Z.B. $[x]_m = [0]_m$. Weitere Lösungen, falls $[a]_m = 2[b]_m$.

Zu Übung 2.6: a) $([a]_7)^3 \oplus 3(([a]_7)^2 \odot [b]_7) \oplus 3([a]_7 \odot ([b]_7)^2) \oplus ([b]_7)^3$;
$([a]_7)^5 \ominus 5(([a]_7)^4 \odot [b]_7) \oplus 10(([a]_7)^3 \odot ([b]_7)^2) \ominus 10(([a]_7)^2 \odot ([b]_7)^3) \oplus 5([a]_7 \odot ([b]_7)^4) \ominus ([b]_7)^5$; $([a]_7)^7 \oplus ([b]_7)^7$.

b) Der Beweis mit Hilfe der vollständigen Induktion über n verläuft völlig analog zum Beweis des entsprechenden Satzes für ganze Zahlen. Man multipliziert die Induktionsvoraussetzung $(a+b)^k = \sum_{i=0}^{k} \binom{k}{i} a^i b^{k-i}$ mit $(a+b)$ und faßt gleiche Potenzen $a^s b^{k+1-s}$ zusammen.

Zu Übung 2.7: a) $V_3 \cup V_5$ sei die Menge aller ganzen Zahlen, die durch 3 oder durch 5 teilbar sind. Es gilt jedoch $3+5 \notin V_3 \cup V_5$, also ist $V_3 \cup V_5$ kein Unterring.
b) V_{36}; allgemein: $V_a \cap V_b = V_{kgV(a;b)}$.
c) Es seien $(S;+;\cdot)$ Unterring, $a \in S$ (o.B.d.A. sei $a > 0$) und m *kleinste* positive Zahl aus S. Dann existiert eine Darstellung $a = qm + r$ mit $0 \leq r < m$.
Also gilt $r = 0$ und $a = q \cdot m$, d.h., S wird von m erzeugt.

Zu Übung 2.8: a) Summe, Differenz und Produkt von Matrizen der Form

$\begin{pmatrix} a_{11} & a_{12} & \\ a_{21} & a_{22} & 0 \\ & 0 & \end{pmatrix}$ besitzen wieder diese Gestalt. b) Ja (Unterringkriterium nutzen).

c) 1. Aussage falsch; 2. Aussage wahr.
d) Man argumentiert wie beim Beweis von Satz 1.11.

Zu Übung 2.9: a) Charakteristik 0. c) Charakteristik 2.
b) Es gilt: $a + a = e(a+a) = e(2a) = (2e)\,a = (e+e)\cdot a = 0 \cdot a = 0 \Rightarrow a = -a$.
d) Weil das Einselement des Körpers mit dem Einselement jedes Unterkörpers übereinstimmt.

Zu Übung 2.10: a) Orientieren Sie sich am Beweis zu Satz 1.9.
b) „$\square$" definiert durch $2^{g_1} \square 2^{g_2} = 2^{g_1} \cdot 2^{g_2} = 2^{g_1+g_2}$;
„$\diamond$" definiert durch $2^{g_1} \diamond 2^{g_2} = (2^{g_1})^{g_2} = 2^{g_1 \cdot g_2}$.
c) $[\mathbb{Z};+;\cdot]$ besitzt ein Einselement, der Ring der geraden Zahlen jedoch nicht.

Zu Übung 2.11: a) Offensichtlich ist φ bijektiv. Relationstreue: $\varphi((a;0) \otimes (b;0)) = \varphi((a+b;0)) = a + b = \varphi((a;0)) + \varphi((b;0))$; entsprechend für die Multiplikation.
b) Die Abbildung φ mit $\varphi\left(\begin{pmatrix} a & 0 \\ 0 & 0 \end{pmatrix}\right) = a$ ist ein Isomorphismus.

c) Die Abbildung $\varphi : M_C \to \mathbb{C}$ mit $\varphi\left(\begin{pmatrix} a & -b \\ b & a \end{pmatrix}\right) = a + bi$ ist bijektiv und relationstreu: $\varphi\left(\begin{pmatrix} a & -b \\ b & a \end{pmatrix} + \begin{pmatrix} c & -d \\ d & c \end{pmatrix}\right) = \varphi\left(\begin{pmatrix} a+c & -(b+d) \\ b+d & a+c \end{pmatrix}\right)$

$= (a+c) + (b+d)i = (a+bi) + (c+di) = \varphi\left(\begin{pmatrix} a & -b \\ b & a \end{pmatrix}\right) + \varphi\left(\begin{pmatrix} c & -d \\ d & c \end{pmatrix}\right)$;
entsprechend für die Multiplikation.

Kapitel 3

Zu Übung 3.1: a) Für ι ist die Forderung trivialerweise erfüllt. Bez. der anderen Automorphismen müßten alle Möglichkeiten überprüft werden. Man nutze dabei auch Eigenschaften von Isomorphismen aus.
b) Ist φ ein Automorphismus von $[\mathbb{Q};+;\cdot]$, dann gilt nach Beispiel 3.1 b) für den isomorph eingebetteten Unterring $[\mathbb{Z};+;\cdot]$: $\varphi(g) = g$ für alle $g \in \mathbb{Z}$. Für ein beliebiges Element $g \cdot h^{-1} \in \mathbb{Q}$ $(g; h \in \mathbb{Z}; h \neq 0)$ folgt dann $\varphi(g \cdot h^{-1}) = \varphi(g) \cdot \varphi(h^{-1}) = g \cdot h^{-1}$.
c) Das neutrale Element e wird bei jedem Automorphismus auf sich abgebildet. Jede Permutation der restlichen Elemente $a; b; c \in \mathfrak{V}_4$ liefert einen Automorphismus.
d) Es seien Φ_G die Menge aller Automorphismen von G und $\varphi_1; \varphi_2 \in \Phi_G$, dann ist auch $\varphi_1 \cdot \varphi_2$ bijektiv und wegen $(\varphi_1 \cdot \varphi_2)(ab) = \varphi_2(\varphi_1(ab)) = \varphi_2(\varphi_1(a)\varphi_1(b))$ $= (\varphi_1\varphi_2)(a) \cdot (\varphi_1\varphi_2)(b)$ relationstreu. Die Assoziativität ist für Nacheinanderausführung beliebiger Abbildungen erfüllt, die identische Abbildung ist neutrales Element und φ^{-1} zu φ invers. Es gilt $\varphi^{-1}(\varphi(a)\varphi(b)) = \varphi^{-1}(\varphi(ab)) = ab$ $= \varphi^{-1}(\varphi(a)) \cdot \varphi^{-1}(\varphi(b))$, d.h., mit φ ist auch φ^{-1} relationstreu.

Zu Übung 3.2: Wählt man für $\mathfrak{Z}_6$ bzw. $\mathfrak{Z}_3$ die Restklassenmoduln $\mathbb{Z}/_{(6)}$ bzw. $\mathbb{Z}/_{(3)}$, dann kann φ durch $\varphi([i]_6) = [i]_3$ beschrieben werden, und es gilt $\varphi([i]_6 + [j]_6)$ $= \varphi([i+j]_6) = [i+j]_3 = [i]_3 + [j]_3 = \varphi([i]_6) + \varphi([j]_6)$. Die Relationstreue von ψ ergibt sich aus der Definition der Addition und Multiplikation von Restklassen.

Zu Übung 3.3: a) Das vollständige Original des Kernes von ψ: $D_{12} \to D_4$.
b) $\psi([k]_{12}) = [k]_4$; $(\varphi \cdot \psi)([k]_{24}) = [k]_4$.

Zu Übung 3.4: a) Für jeden Homomorphismus $\varphi : \mathbb{Z} \to 2\mathbb{Z}$ müßte gelten:
$\varphi(0) = 0; \varphi(1) = 2g$ (da 1 auf eine gerade Zahl abgebildet werden muß). Dann folgt $\varphi(1 \cdot 1) = \varphi(1) \cdot \varphi(1) = 2g \cdot 2g = 4g^2 \neq 2g$; Widerspruch, falls $g \neq 0$. Andererseits führt $\varphi(1) = 0$ zum Widerspruch; Ansatz: $\varphi(g) = \varphi(g \cdot 1) = \varphi(g) \cdot \varphi(1) = 0$.
b) $\mathbb{Z}/_{(6)}; \mathbb{Z}/_{(3)}; \mathbb{Z}/_{(2)}$; Nullring.

Zu Übung 3.5: a) Wegen $\varphi(xy) = |xy| = |x||y| = \varphi(x)\varphi(y)$. Der Kern ist $\{-1; 1\}$.
b) $r \in \mathbb{R}$ wird auf $[r]_{\mathrm{mod} 2\pi}$ abgebildet. Kern: $\{r | r \in \mathbb{R}$ und $r = g \cdot 2\pi$ und $g \in \mathbb{Z}\}$.

Zu Übung 3.6: a) $(\Rightarrow)$ φ Isomorphismus, dann φ bijektiv und der Kern ist $\{e\}$.
$(\Leftarrow)$ Sei $\{e\}$ der Kern von φ. Angenommen, $\varphi(a) = \overline{a}$ und $\varphi(b) = \overline{a}$, dann folgt $\varphi(ab^{-1}) = \overline{a} \cdot \overline{a}^{-1} = \overline{e} = \varphi(e)$. Also liegt ab^{-1} im Kern von φ, damit folgt $a = b$.
b) $\varphi \cdot \psi$ besitzt als Kern das vollständige Original von $\tilde{N}$ bez. φ.
c) Anwendung des Unterringkriteriums: $a; b \in \mathbf{i} \Rightarrow \varphi(a+b) = \varphi(a) + \varphi(b) = 0 + 0$ $= 0$, also $a + b \in \mathbf{i}$. Entsprechend zeigt man: $a^{-1} \in \mathbf{i}$ und $r \cdot a \in \mathbf{i}$ für alle $r \in R$.
d) $\overline{U}$ Untergruppe von $\overline{G}, \varphi(a), \varphi(b) \in \overline{U}$ und $a; b \in U$. Dann folgt aus
$\varphi(a) \cdot \varphi(b) = \varphi(ab) \in \overline{U}$ und $\varphi(a^{-1}) \in \overline{U}$, daß auch ab und a^{-1} in U liegen. Also ist U Untergruppe von G.

Zu Übung 3.7: a) Es hat z.B. $[1]_3$ die Ordnung 3. Die Urbilder von $[1]_3$ besitzen die Ordnung 3 bzw. 6.
b) $\varphi(g) = [g]_m$; es gilt $N = \{z \mid z = g \cdot m \text{ und } g \in \mathbb{Z}\}$. Die Klassen bildgleicher Elemente sind $N; 1 + N; \ldots; (m-1) + N$.

Zu Übung 3.8: a) Beim Beweis von Satz 3.9 wird die Normalteilereigenschaft genutzt ($a(Nb)N = a(bN)N = \ldots$); Beispiel 3.6 a) zeigt, daß die Aussage für beliebige Untergruppen nicht gilt.
b) $\mathfrak{S}_4/\mathfrak{V}_4 \overset{\sim}{\leftrightarrow} \mathfrak{S}_3$. c) $G/G \overset{\sim}{\leftrightarrow} E$ und $G/E \overset{\sim}{\leftrightarrow} G$ mit $E = \{e\}$.
d) Man nutze: $r_1; r_2 \in \mathbb{R}^*$ liegen genau dann in einer Nebenklasse, wenn $r_1 \cdot r_2^{-1} \in \mathbb{Q}^*$ gilt.

Zu Übung 3.9: a) $\mathbb{Z}/_{m\mathbb{Z}}$ besteht aus $0 + m\mathbb{Z}; 1 + m\mathbb{Z}; \ldots; (m-1) + m\mathbb{Z}$.
Es gilt $[\mathbb{Z}/_{m\mathbb{Z}}; +] \overset{\sim}{\leftrightarrow} [\mathbb{Z}/_{(m)}; \oplus]$.
b) $\mathfrak{Z}_6/\mathfrak{Z}_1 \overset{\sim}{\leftrightarrow} \mathfrak{Z}_6; \mathfrak{Z}_6/\mathfrak{Z}_2 \overset{\sim}{\leftrightarrow} \mathfrak{Z}_3; \mathfrak{Z}_6/\mathfrak{Z}_3 \overset{\sim}{\leftrightarrow} \mathfrak{Z}_2; \mathfrak{Z}_6/\mathfrak{Z}_6 \overset{\sim}{\leftrightarrow} \mathfrak{Z}_1$. Das Bild eines erzeugenden Elementes einer Gruppe erzeugt die Bildgruppe.
c) Nein. Die Gruppe $\mathfrak{S}_3$ besitzt nur $\mathfrak{S}_3; \mathfrak{A}_3$ und $\mathfrak{E}$ als Normalteiler.
d) Man nutze: $\mathfrak{Z}_\infty \overset{\sim}{\leftrightarrow} \mathbb{Z}$ und $\mathfrak{Z}_n \overset{\sim}{\leftrightarrow} \mathbb{Z}/_{(n)}$.
e) Gilt $\varphi : G \to \overline{G}$ mit Kern N, so $G/_N \overset{\sim}{\leftrightarrow} \overline{G}$. Die Anzahl der Nebenklassen ist Teiler von n, also auch die Ordnung von $\overline{G}$.

Zu Übung 3.10: a)

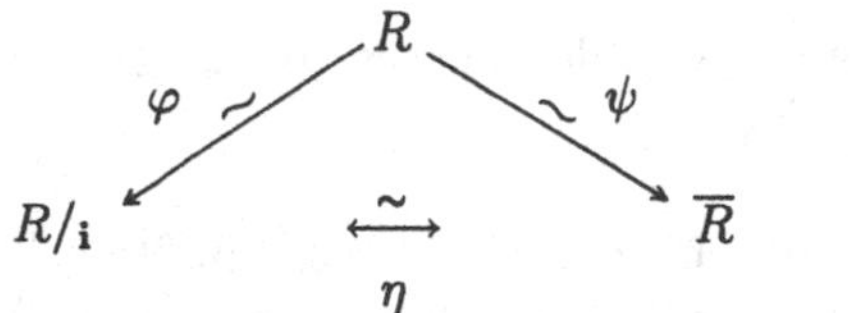

Der Kern von ψ ist $\mathfrak{i}$.

b) Z.B. $0 + \mathfrak{i} = \mathfrak{i}$ wegen $0 \in \mathfrak{i}; a + \mathfrak{i} = \mathfrak{i} + a$, da „+" kommutativ; $R \cdot \mathfrak{i} = \mathfrak{i}$ wegen $r\mathfrak{i} \in \mathfrak{i}$ für alle $r \in R$.

Zu Übung 3.11: a) Nach Satz 3.13 ist $R/_\mathfrak{i}$ homomorphes Bild eines Ringes, also selbst ein Ring (Satz 3.12). Beweisgedanken zu Satz 3.13: φ ist surjektiv und relationstreu: $\varphi(a) + \varphi(b) = (a + \mathfrak{i}) + (b + \mathfrak{i}) = (a + b) + \mathfrak{i} = \varphi(a + b)$ und $\varphi(a) \cdot \varphi(b) = (a + \mathfrak{i}) \cdot (b + \mathfrak{i}) = ab + \mathfrak{i} = \varphi(ab)$. Für $\mathfrak{i}$ gilt: $(a + \mathfrak{i}) + \mathfrak{i} = a + (\mathfrak{i} + \mathfrak{i}) = a + \mathfrak{i}$, damit ist $\mathfrak{i}$ Nullelement in $R/_\mathfrak{i}$ und Kern von φ.
b) Summen und Differenzen zweier Elemente aus $\mathfrak{i} = \{[0]_{12}; [4]_{12}; [8]_{12}\}$ liegen wieder in $\mathfrak{i}$, desgleichen jedes Produkt aus Ringelementen und Elementen aus $\mathfrak{i}$. Es ist $\mathbb{Z}/_{(12)/_\mathfrak{i}}$ isomorph zu $[\mathbb{Z}/_{(4)}; \oplus; \odot]$.
c) Ideale: $\{[0]_{15}\}; \mathbb{Z}/_{(15)}; \{[3]_{15}; [6]_{15}; [9]_{15}; [12]_{15}; [0]_{15}\}; \{[0]_{15}; [5]_{15}; [10]_{15}\}$. Die homomorphen Bilder sind isomorph zu $\mathbb{Z}/_{(15)}$, Nullring, $\mathbb{Z}/_{(3)}$ bzw. $\mathbb{Z}/_{(5)}$.
d) Angenommen, $\mathfrak{i} \neq \{0\}$ und $a \in \mathfrak{i}$, dann gilt $a^{-1}a \in \mathfrak{i}$, also $e \in \mathfrak{i}$ und $re \in \mathfrak{i}$ für alle $r \in K$, also $\mathfrak{i} = K$.
e) Relationstreue: $\varphi(f + g) = (f + g)(x_0) = f(x_0) + g(x_0) = \varphi(f) + \varphi(g)$; entsprechend für „•". Der Kern besteht aus allen Funktionen f, die in x_0 eine Nullstelle besitzen.

Kapitel 4

Zu Übung 4.1: a) $\mathfrak{Z}_2 \times \mathfrak{Z}_3$ ist isomorph zur Gruppe $\mathfrak{Z}_6$; $\mathfrak{Z}_2 \times \mathfrak{Z}_3 =< (a;b) >$ mit $\mathfrak{Z}_2 =< a >$ und $\mathfrak{Z}_3 =< b >$.
b) Beispiel: $\mathfrak{Z}_2$ (bzw. $\mathfrak{Z}_3$) besitzt die Ordnung 2 (bzw. 3), $\mathfrak{Z}_2 \times \mathfrak{Z}_3$ die Ordnung 6. Für Elemente $x_1 \in G_1$ und $x_2 \in G_2$ mit den Ordnungen n_1 bzw. n_2 gilt $(x_1;x_2)^n = (x_1^n;x_2^n) = (e;e)$ genau dann, wenn n ein gemeinsames Vielfaches von n_1 und n_2 ist.
c) Die Ordnung von $\mathfrak{Z}_n \times \mathfrak{Z}_m$ ist $n \cdot m$. Für die erzeugenden Elemente a von $\mathfrak{Z}_n$ bzw. b von $\mathfrak{Z}_m$ gilt nach b) $(a;b)^{kgV(n;m)} = (e;e)$. Es gilt $kgV(n;m) = m \cdot n$ genau dann, wenn $ggT(n;m) = 1$ ist.
d) G ist weder abelsch noch zyklisch.

Zu Übung 4.2: a) $\mathfrak{Z}_6 = \mathfrak{Z}_2 \cdot \mathfrak{Z}_3$. Für die $\mathfrak{S}_3$ existiert eine Darstellung als direktes Produkt nichttrivialer Untergruppen nicht.
b) (1): Folgt aus $G = U_1 \cdot U_2$. (2): Angenommen, $g \in G$ und $g = a_1b_1 = a_2b_2 \Rightarrow a_2^{-1}a_1 = b_2b_1^{-1} \Rightarrow a_2^{-1}a_1 \in U_1$ und $a_2^{-1}a_1 \in U_2 \Rightarrow a_2^{-1}a_1 = e$ wegen $U_1 \cap U_2 = \{e\}$, also $a_1 = a_2$ (entsprechend $b_1 = b_2$). (3): Nachweis mit Hilfe der Normalteilereigenschaft von U_1 und U_2.

Zu Übung 4.3: a) $(a;b) \sim (a,b)$ wegen $a+b=b+a$.
$(a;b) \sim (c;d) \Rightarrow a+d=b+c \Rightarrow c+b=d+a \Rightarrow (c;d) \sim (a;b)$;
$(a;b) \sim (c;d)$ und $(c;d) \sim (e;f) \Rightarrow a+d=b+c$ und $c+f=d+e$. Addition der Gleichungen führt zu $(a;b) \sim (e;f)$.
b) Aus $(a;b) \sim (a';b')$ und $(c;d) \sim (c';d')$ ergibt sich $a+c+b'+d' = a'+c'+b+d$ und daraus $(a;b)+(c;d) = (a';b')+(c';d')$. Kommutativität und Assoziativität von „+" ergibt sich aus den entsprechenden Eigenschaften von „+".

Zu Übung 4.4: Aus $\varphi(a) = \varphi(b)$ folgt $\overline{(a;0)} = \overline{(b;0)}$ und $a+0 = 0+b$, also $a = b$. Ist $H = \mathbb{N}$, so ist $\tilde{H}$ die Menge $\mathbb{Z}_+$.

Zu Übung 4.5: a) $a \cdot x = b$ ist lösbar, wenn b ein Vielfaches von a ist.
b) Jede Halbgerade g wird für natürliche Zahlen x durch Gleichungen $y = x+n$ ($n \in \mathbb{N}$) beschrieben. Es liegen Punkte $(a;b)$ und $(c;d)$ genau dann auf g, wenn gilt $b = a+n$ und $d = c+n$. Hieraus folgt $(a;b) \sim (c;d)$.
c) Man nutze beim Nachweis die in den Beispielen 4.3 und 4.4 benutzte Schreibweise für ganze Zahlen sowie die Distributivität in $[\mathbb{N};+;\cdot]$.

Zu Übung 4.6: a) Wenn $\frac{c}{d}$ durch *Erweitern* aus $\frac{a}{b}$ hervorgeht, so gilt für $n \neq 0$; $\frac{c}{d} = \frac{na}{nb} \Leftrightarrow nad = nbc \Leftrightarrow ad = bc \Leftrightarrow (a;b) \cong (c;d)$.
b) Aus $ad = cb$ und $cf = ed$ folgt $d(af-eb) = 0$ und wegen $d \neq 0$ und der Nullteilerfreiheit ergibt sich $(a;b) \cong (e;f)$.
c) Aus dem Ansatz $(a;b) \cong (a';b')$ und $(c;d) \cong (c';d')$ ergibt sich $(ad+bc;bd) \cong (a'd'+b'c';b'd')$.

Zu Übung 4.7: Nachweis von (Dis): $(a;b)((c;d)+(e;f)) = (a;b)(cf+ed;df)$ $= (acf+aed;bdf) = (acbf+bdae;b^2df) = (ac;bd)+(ae;bf)$ $= (a;b)(c;d)+(a;b)(e;f)$.

Zu Übung 4.8: Festlegung: „Zwei Brüche werden multipliziert, indem man die beiden Zähler multipliziert und die beiden Nenner multipliziert." Beweisbare Aussage: „Ein Bruch wird durch einen Bruch dividiert, indem man den ersteren mit dem Kehrwert des zweitgenannten multipliziert."

Zu Übung 4.9: Die Verknüpfungstafeln entsprechen denen des Körpers $[\mathbb{Z}/_{(3)};\oplus;\odot]$, wenn man $[0]_3$ durch $([0]_3;[1]_3)$, $[1]_3$ durch $([1]_3;[1_3])$ und $[2]_3$ durch $([1]_3;[2]_3)$ ersetzt.

Zu Übung 4.10: a) $\mathbb{Q}+\mathbb{Q}i$. c) $\mathbb{Q}$ (wegen $\overline{(g;h)} = \overline{(2g;2h)}$).
b) Ist $R \overset{\sim}{\leftrightarrow} \overline{R}$ vermöge $\varphi(a) = \overline{a}$, dann wird durch $\psi(\alpha) = \psi\left(\frac{a}{b}\right) = \frac{\varphi(a)}{\varphi(b)} = \frac{\overline{a}}{\overline{b}}$ ein Isomorphismus vom Quotientenkörper K auf $\overline{K}$ beschrieben.

Zu Übung 4.11: a) $(f\oplus g)(x) = x^4+2x^2-x+\frac{5}{6}$;
$(f\odot g)(x) = 3x^6-x^5-2{,}5x^4+x^3+\frac{1}{2}x^2-\frac{1}{3}x+\frac{1}{6}$.
b) Weil die entsprechenden Operationen für rationale Zahlen kommutativ und assoziativ sind. Nullelement: $n(x)=0$; Einselement: $e(x)=1$.

Zu Übung 4.12: a) Nachweis mit Hilfe der Eigenschaften des Koeffizientenringes R.
b) $p(x)+q(x) = -x^4+x^3+2x-3$; $p(x)v(x) = 2x^5-5x^4+6x^3-18x^2+24x-8$;
$(p(x)+q(x))\cdot v(x) = -2x^6+7x^5-7x^4+6x^3-16x^2+19x-6 = p(x)\cdot v(x)+q(x)\cdot v(x)$.

Zu Übung 4.13: a) $[2]_4x^3+[1]_4x^2$ bzw. $[2]_4x^4+[2]_4x^3+[3]_4x^2+[3]_4$. Der Ring ist kommutativ, aber nicht nullteilerfrei.
b) U.a. auf die Distributivität des Koeffizientenringes.
c) Nein, $K[x]$ ist Ring, $R(x)$ ist Körper.

Zu Übung 4.14: a) $p(x)+q(x) = x^3+10x+1$; $p(\alpha)+q(\alpha) = 19{,}375$;
$p(x)\cdot q(x) = -6x^6-5x^4+13x^3+21x^2+15x-6$; $p(\alpha)\cdot q(\alpha) = 13{,}96875$;
$q(x)\cdot q(x) = 4x^6-12x^4-12x^3+9x^2+18x+9$; $q(\alpha)\cdot q(\alpha) = 0{,}5625$.
b) Z.B. x^2-2 und $-x^3+10$ für $\alpha=2$.
c) Z.B. x^2+3x+2 und x^3-3x.

Zu Übung 4.15: a) $-245-16k_0$.
b) (Ab) ergibt sich aus der Definition von „+". Kommutativität und Assoziativität folgen aus den entsprechenden Eigenschaften von „+" in $\mathbb{Z}$; $0+0k_0$ ist Nullelement und $a+bk_0$ zu $-a-bk_0$ entgegengesetztes Element.
c) $(c+dk_0)\cdot(a+bk_0) = (ca+dbk)+(da+cb)k_0 = (ac+bdk)+(ad+bc)k_0$ $= (a+bk_0)\cdot(c+dk_0)$.

d) Zu zeigen: Aus $(a+b\sqrt{k})\cdot(c+d\sqrt{k})=0$ folgen mit $a+b\sqrt{k}\neq 0$ die Beziehungen $c=0$ und $d=0$. Es ergibt sich $ac+bdk=0$ und $ad+bc=0$. Man unterscheide die Fälle $b\neq 0$ und $b=0$ (mit $a\neq 0$).

Zu Übung 4.16: a) Z.B. $x^2-2=0$ ist nicht lösbar in $\mathbb{Q}$, jedoch in $\mathbb{R}$.
b) Man beschreibe die elementargeometrische Konstruktion.

Zu Übung 4.17: a) $\mathbb{Q}\left(\frac{7}{3}\right)=\mathbb{Q}$; $\mathbb{Q}(M)=\mathbb{Q}(\pi)$, denn $\mathbb{Q}(M)=\mathbb{Q}(1;2;\ldots)(\pi)=\mathbb{Q}(\pi)$.

Zu Übung 4.18: a) Man multipliziere die Repräsentanten und setze $x^2=3$.
b) $\left.\begin{matrix} q_1(x)(x^2-3)\in \mathbf{i} \\ q_2(x)(x^2-3)\in \mathbf{i}\end{matrix}\right\} \Rightarrow (q_1(x)+q_2(x))(x^2-3)\in \mathbf{i}$; $(-q_1(x))(x^2-3)\in \mathbf{i}$;
$p(x)\cdot q_1(x)(x^2-3)\in \mathbf{i}$.
c) φ ist bijektiv und relationstreu. Bez. der Multiplikation ergibt sich dies aus
$\varphi\left((r_0+r_1\sqrt{3})(r_0'+r_1'\sqrt{3})\right)=\varphi\left((r_0r_0'+3r_1r_1')+(r_0r_1'+r_1r_0')\sqrt{3}\right)$
$=[(r_0r_0'+3r_1r_1')+(r_0r_1'+r_1r_0')x]_{x^2-3}=[r_0+r_1x]_{x^2-3}\cdot[r_0'+r_1'x]_{x^2-3}$
$=\varphi(r_0+r_1\sqrt{3})\cdot\varphi(r_0'+r_1'\sqrt{3})$ (Rechnung bez. Addition analog).

Zu Übung 4.19: a) Nachweis durch Einsetzen.
b) Die Abbildung φ mit $\varphi(r_0+r_1\sqrt{2})=r_0+r_1(-\sqrt{2})$ ist ein Isomorphismus.
c) Der Grad ist 3 ; die Elemente haben die Form $r_0+r_1\sqrt[3]{2}+r_2\left(\sqrt[3]{2}\right)^2$.
d) Ansatz: $16-5\alpha-3(7\alpha-7)+\alpha(7\alpha-7)$ wegen $\alpha^3=7\alpha-7$.

Kapitel 5

Zu Übung 5.1: a) Zu den angegebenen Teilern gehört jeweils der folgende Komplementärteiler: $2x^3+4x^2-4x-2$; $-2x^3-4x^2+4x+2$; x^3+2x^2-2x-1; $-x^3-2x^2+2x+1$; x^2+3x+1; $-2x+2$.
b) $1;2;5;10$ in $\mathbb{N}$; $\pm1;\pm2;\pm5;\pm10$ in $\mathbb{Z}$; keine Teiler in $2\mathbb{Z}$.
c) Ja, da R Integritätsbereich: $(ax_1=b$ und $ax_2=b)\Rightarrow x_1=x_2$ (falls $a\neq 0$).
d) Ja. Es gilt: $t/n\Rightarrow t\cdot x=n\Rightarrow(at)x=an\Rightarrow at/an$.
e) Es gilt $tx_i=a_i$ $(i=1;\ldots;r-1)$ und $tx=\sum\limits_{i=1}^{r}a_i\Rightarrow a_r=t\left(x-\sum\limits_{i=1}^{r-1}x_i\right)\Rightarrow t/a_r$.
f) Nein (Gegenbeispiel: $6/(-6)$ und $(-6)/6$, aber $6\neq-6$).
g) $17/-204$; $2+3i\nmid 13+12i$; $1+\sqrt{2}/8+5\sqrt{2}$; $x+1/x^3+x^2+x+1$.
h) Angenommen $t>\sqrt{z}$, dann ist auch $g>\sqrt{z}$ und $t\cdot g>z$ (Widerspruch).

Zu Übung 5.2: a) Die angegebenen Elemente sind Teiler von 1, z.B. $i(-i)=1$; $a+bi;a-bi;-a+bi$ und $-a-bi$ sind zueinander assoziiert.
b) $ax=b$ und $by=a\Rightarrow a(xy)=a\Rightarrow x;y$ Einheiten, also $a\cong b$. Die Umkehrung ist ebenfalls wahr.

Zu Übung 5.3: a) 1 und -1.
b) $2+i;1+2i;1;5$ sowie alle zu diesen Elementen assoziierten Elemente.

c) Zu (1): $a^2 - b^2k = (a + b\sqrt{k}) \cdot (a - b\sqrt{k}) = 0 \Rightarrow a = b = 0$; da $\mathbb{Z} + \mathbb{Z}\sqrt{k}$ nullteilerfrei. Aus $a = b = 0$ folgt $N(a + b\sqrt{k}) = 0$.
Zu (2): Nachweis durch Rechnung. Zu (3): Man nutze (2).
Zu (4): ε Einheit $\Rightarrow \varepsilon/1 \Rightarrow |N(\varepsilon)|/1 \Rightarrow |N(\varepsilon)| = 1$.
$N(\varepsilon) = 1$ und $\varepsilon = e_1 + e_2\sqrt{k} \Rightarrow (e_1 + e_2\sqrt{k}) \cdot (e_1 - e_2\sqrt{k}) = N(\varepsilon) = 1 \Rightarrow \varepsilon/1$.

Zu Übung 5.4: a) Triviale Teiler in $\mathbb{Z}[x]$: $1; -1; x^2 - 1; -x^2 + 1$;
nichttriviale Teiler in $\mathbb{Z}[x]$: $(x + 1); (x - 1); (-x - 1); (-x + 1)$. In $\mathbb{Q}[x]$ ist trivialer Teiler z.B. $a(x^2 - 1), a \in \mathbb{Q}^*$.
$x^2 - 2$ besitzt weder in $\mathbb{Z}[x]$ noch in $\mathbb{Q}[x]$ nichttriviale Teiler.
b) Aus $a = dx$ und $a + 1 = dy$ folgt $1 = d(y - x)$, also $d = 1$.

Zu Übung 5.5: a) Man orientiere sich an Beispiel 5.4 a).
b) Es ist $2 \cdot 3 \cdot 5 \cdot 7 \cdot 11 + 1 = 2311$ und 2311 ist Primzahl.
c) In jedem der anderen 4 Fälle ist p durch 2 oder durch 3 teilbar.
d) Man beziehe sich auf Definition 5.5.
e) Ja. Es gibt z.B. keine $a; b; c \in \mathbb{Z}$ mit $x^3 - x + 7 = (x + a)(x^2 + bx + c)$.

Zu Übung 5.6: a) Sei $d > 1$. Aus $dx = a - b$ und $dy = a$ folgt d/b (Widerspruch).
b) $(1; 17); (5; 13); (7; 11)$. Es gibt $\frac{\varphi(n)}{2}$ Paare; Summe: $\frac{\varphi(n)}{2} \cdot n$ $(n \geq 3)$.
c) Z.B. $6; 7; 12; 15$.
d) Bilde Folge $n; n + 1; \ldots; 2n$; dann gilt z.B. $n/(2n - n)$ und $n/(n - n)$.
e) $ggT(120; 81) \cdot kgV(120; 81) = 120 \cdot 81$.

Zu Übung 5.7: a) $2 \cdot 3 = 6$; $2 \cdot (1 + \sqrt{-5}) = 2 + 2\sqrt{-5}$; $(1 + \sqrt{-5})(1 - \sqrt{-5}) = 6$.
Wegen $N(6) = 6$ und $N(2+2\sqrt{-5}) = 24$ kämen als gemeinsame Teiler nur Elemente mit der Norm $2; 3$ oder 6 in Betracht. Man kann zeigen, daß solche Elemente, die von den oben genannten verschieden sind, nicht existieren.
b) 5 ist Primelement in $\mathbb{Z}$, jedoch nicht in $\mathbb{Z} + \mathbb{Z}i$, denn es gilt $5 = (2 + i)(2 - i)$.
c) 1. Aussage: e besitzt nur Einheiten als Teiler.
2. Aussage: Jeder gemeinsame Teiler von $a_1; a_2; \ldots; a_n$ teilt auch 0.
d) Man orientiere sich am Beweis von Folgerung 5.3.

Zu Übung 5.8: Man ermittelt $ggT(a; b) = d$ und $ggT(d; c)$.

Zu Übung 5.9: a) $3 = 8 \cdot 147 + (-17) \cdot 69$; $5 = 1 \cdot (-100) + 7 \cdot 15$; $4 = 1 \cdot 40 + (-1) \cdot 36$; $3 = 4 \cdot 132 + (-7) \cdot 75$.
b) $\frac{7}{5} = 1 + \frac{1}{2+\frac{1}{2}}$; $\frac{21}{27} = \frac{1}{1+\frac{1}{3+\frac{1}{2}}}$; $\frac{104}{63} = 1 + \frac{1}{1+\frac{1}{1+\frac{1}{1+\frac{1}{6+\frac{1}{3}}}}}$. c) $-\frac{11}{9}$.

Zu Übung 5.10: a) Es gilt $4x - 4 = (x^4 - 1) - (x^2 + 2x + 3)(x^2 - 2x + 1)$.
b) $p(x) \not\equiv e$ und $p(x)//f(x) \Rightarrow 0 < \text{grad}\,(p(x)) < \text{grad}\,(f(x))$.
c) Die Polynome nullten Grades sind Einheiten in $\mathbb{Q}[x]$, also besitzt $f(x)$ nur triviale Teiler.
d) Die Polynome sind relativ prim.
e) ε Einheit $\Leftrightarrow \varepsilon \cdot \varepsilon^{-1} = e$. Die Behauptung ergibt sich aus $g(\varepsilon\varepsilon^{-1}) = g(e) \geq g(\varepsilon)$ und $g(e\varepsilon) = g(\varepsilon) \geq g(e)$, also $g(e) = g(\varepsilon)$.

Zu Übung 5.11: a) Z.B. $6/3 \cdot 4$, aber $6 \not/ 3$ und $6 \not/ 4$.
b) Ist p Primelement und gilt $p/a_1 \cdot a_2 \cdot \ldots \cdot a_n$, so teilt p wenigstens einen Faktor a_i. Beweisgedanke: $p/a_1 \cdot (a_2 \cdot \ldots \cdot a_n)$, so p/a_1 oder $p/a_2 \cdot \ldots \cdot a_n$. Überlegungen analog weiterführen.
c) Nachweis der Primelementeigenschaft sowie der Aussage, daß die Faktoren nicht paarweise assoziiert sind mit Hilfe der Norm und dem Nachweis, daß in $\mathbb{Z} + \mathbb{Z}\sqrt{-6}$ nur 1 und -1 als Einheiten existieren.

Zu Übung 5.12: a) Man orientiere sich an Beispiel 5.12 c).
b) Z.B. $ggT(24;60;84) \cong 2^2 \cdot 3^1 \cdot 5^0 \cdot 7^0 = 12$; $kgV(24;60;84) \cong 2^3 \cdot 3^1 \cdot 5^1 \cdot 7^1 = 840$.
c) Es gilt p_i/a genau dann, wenn ein $x \in R$ existiert mit $p_i x = a$. Da der Exponent von p_i gleich 1 ist, folgt nach Satz 5.10 (1) $\alpha_{p_i} \geq 1 > 0$. Umgekehrt folgt aus dieser Ungleichung p_i/a.
d) Man untersuche die Fälle $\alpha_p > \beta_p, \alpha_p < \beta_p$ und $\alpha_p = \beta_p$.
Gegenbeispiel: $ggT(12;8;20) = 4$; $kgV(12;8;20) = 120$ und $4 \cdot 120 \neq 12 \cdot 8 \cdot 20$.
e) Z.B. $ggT(e;a_1;\ldots;a_n) \cong e$ wegen $e = \prod\limits_p p^0$ und min $(0;\alpha_p) = 0$.

$kgV(0;a_1;\ldots;a_n) \cong 0$ wegen $0 = \prod\limits_p p^\infty$ und max $(\infty, \alpha_p) = \infty$.

Zu Übung 5.13: a) Zu (1): Man addiere bzw. multipliziere die k Gleichungen $a_i = b_i + g_i m (i = 1;\ldots;k)$. Zu (2): Wegen $km \equiv 0(m)$. Zu (3): Folgt aus (1).
b) $8/\sum\limits_{i=0}^{n} a_i 10^i \Leftrightarrow 8/\sum\limits_{j=0}^{2} a_j 10^j$ wegen $1000 \equiv 0(8)$;
Teilbarkeitsregel für 3 vgl. Beispiel 5.13 b).

Zu Übung 5.14: a) Aus $n = 4x + 1$ und $n = 7y + 6$ mit $n \in \mathbb{N}$ folgt $4x - 7y = 5$. Man erhält $n = 28g + 13$ $(g \in \mathbb{N})$.
b) $L_1 = \{(x;y) | x = 5 - 2g; y = 3g \text{ und } g \in \mathbb{Z}\}$; $3x + 15y = 2$ ist nicht lösbar;
$L_3 = \{(x;y) | x = 4 - 48g; y = 10 + 55g \text{ und } g \in \mathbb{Z}\}$.
$L_4 = \{(x;y) | x = 3 - 4g; y = 1 + g \text{ und } g \in \mathbb{Z}\}$.

Kapitel 6

Zu Übung 6.1: a) z.B. $x^3 - 16x^2 - 17x$; z.B. $x^4 - 6x^2 + 9$.
b) Die Vielfachheiten sind 2 (von 1), 3 (von -1), 1 (von i) und 1 (von $-i$).
c) Nullstellen: $1; -1$ bzw. keine bzw. 0 bzw. 0 (dreifach) und 3 (zweifach) bzw. $\sqrt{2}$ (zweifach) und $-\sqrt{2}$ (zweifach).
d) $[2]_{21}; [5]_{21}; [16]_{21}; [19]_{21}$; es gilt z.B. $(x - [5]_{21})(x - [16]_{21}) = [1]_{21}x^2 + [17]_{21}$.
e) Nach Abspaltung von n Linearfaktoren erhält man ein Polynom vom Grad 0.
f) Das Polynom $p(x) - q(x)$ kann nicht die $n+1$ Nullstellen $\alpha_1; \alpha_2; \ldots; \alpha_{n+1}$ besitzen, es sei denn, es ist das Nullpolynom.
g) Für $s = 1$ folgt die Behauptung aus Satz 6.1. Man setzt voraus, daß für k Nullstellen gilt: $p(x) = q_k(x)(x - \alpha_1)(x - \alpha_2) \cdot \ldots \cdot (x - \alpha_k)$. Setzt man α_{k+1} ein, so folgt (wegen der Nullteilerfreiheit und der Verschiedenheit der Nullstellen) $q_k(\alpha_{k+1}) = 0$, also $q_k(x) = (x - \alpha_{k+1}) q_{k+1}(x)$ und damit
$p(x) = q_{k+1}(x) \cdot (x - \alpha_1) \cdot (x - \alpha_2) \cdot \ldots \cdot (x - \alpha_{k+1})$.

Zu Übung 6.2: a) $x_1 = 1 + i;\ x_2 = 2 - i$.
b) Man führe eine Fallunterscheidung $D > 0; D = 0; D < 0$ durch.

Zu Übung 6.3: a) Da komplexe Lösungen stets paarweise auftreten.
b) Weitere Nullstellen: $1 - 2i; 2 + 3i$. Eine Gleichung gewinnt man z.B. aus dem Produkt der vier Linearfaktoren.

Zu Übung 6.4: a) $p = 0; q \neq 0 : x_1 = \sqrt[3]{-q}; x_2 = \varepsilon\sqrt[3]{-q}; x_3 = \varepsilon^2\sqrt[3]{-q}$;
$p \neq 0; q = 0 : x_1 = 0; x_2 = \sqrt{-p}; x_3 = -\sqrt{-p}$.
b) $x_1 = \sqrt[3]{-2}; x_2 = \varepsilon\sqrt[3]{-2}; x_3 = \varepsilon^2\sqrt[3]{-2}$ bzw. $x_1 = 1; x_2 = -1; x_3 = i; x_3 = -i$.

Zu Übung 6.5: a) Man erhält aus $(x - x_1)(x - x_2)(x - x_3)(x - x_4)$ durch Ausmultiplizieren $x^4 + (-1)(x_1 + x_2 + x_3 + x_4)x^3 + (x_1x_2 + x_1x_3 + x_1x_4 + x_2x_3 + x_2x_4 + x_3x_4)x^2 + (-1)(x_1x_2x_3 + x_1x_2x_4 + x_1x_3x_4 + x_2x_3x_4)x + x_1x_2x_3x_4$.
b) Die Begründung ergibt sich aus der Aussage im Beispiel 6.4.

Kapitel 7

Zu Übung 7.1: a) Es gilt $G = \{0\}$ und $0 \notin P$; also $P = \emptyset$.
b) $(a; b) \in P \Leftrightarrow a \in \mathbb{N}^*$ oder $a = 0$ und $b \in \mathbb{N}^*$.
c) Sei $ab = 0$ und $a \neq 0; b \neq 0$. Aus $a; b \in P$ folgt $ab \notin P$. Aus $a \in P; b \notin P$ folgt $-b \in P$ und $a \cdot (-b) \notin P$. Aus $a \notin P; b \notin P$ folgt $(-a); (-b) \in P$ und $(-a)(-b) \notin P$.

Zu Übung 7.2: a) $(0_A) : a < b$, dann gibt es ein $n_1 \in \mathbb{N}^*$ mit $a + n_1 = b$. Gilt $b < a$, dann gibt es ein $n_2 \in \mathbb{N}^*$ mit $b + n_2 = a$, also $a + (n_1 + n_2) = a$ mit $n_1 + n_2 \neq 0$ (Widerspruch). (0_T) : Aus $a + n_1 = b$ und $b + n_2 = c$ folgt $a + (n_1 + n_2) = c$, also $a < c$. (0_L) : Man hat zu zeigen, daß wenigstens eine der beiden Gleichungen $a + x = b$ und $b + y = a$ in $\mathbb{N}^*$ eine Lösung besitzt.
b) (0_L) ist nicht erfüllt.
c) „$\leq$" ist reflexiv, transitiv, und es gilt für alle $a; b$: Aus $a \leq b$ und $b \leq a$ folgt $a = b$.

Zu Übung 7.3: a) Mit $a < b$, also $b - a \in P$, und $0 < c$, also $c \in P$, folgt $(b - a) \cdot c = bc - ac \in P$, also $ac < bc$. Für $a = b$ ist die Aussage ebenfalls erfüllt.
b) Angenommen, K ist angeordnet, dann gilt $0 < e < e + e < e + e + e < \ldots$; K besitzt also unendlich viele Elemente.
c) Zu (3): Sei $a > 0$. Wäre $\frac{1}{a} < 0$, so auch $e = \frac{1}{a} \cdot a < 0$ im Widerspruch zu $e > 0$.
Zu (4): Mit $a > 0$ und $a < b$ ist $b > 0$, also $ab > 0$ und $\frac{1}{ab} > 0$.
Damit folgt $\frac{1}{ab}a < \frac{1}{ab}b$, also $\frac{1}{b} < \frac{1}{a}$.

Zu Übung 7.4: a) Mit $a < b$ existiert ein $x' \in K'$ mit $a < x' < b$, ein $x'' \in K'$ mit $a < x'' < x' < b$, ein $x''' \in K'$ mit $a < x''' < x'' < x' < b$ und so fort.
b) Aus $a < b$ folgt $a < \frac{a+b}{2} < b$ mit $\frac{a+b}{2} \in K$.

Überblick über benutzte Symbole

$A; B; H; G$	Mengen
$\emptyset$	leere Menge
Pot (M)	Potenzmenge von M
$\mathbb{N}$	Menge der natürlichen Zahlen
$\mathbb{N}^*$	Menge der von 0 verschiedenen natürlichen Zahlen
$\mathbb{Z}$	Menge der ganzen Zahlen
$\mathbb{Z}_+$	Menge der nichtnegativen ganzen Zahlen
$\mathbb{Z}_+^*$	Menge der positiven ganzen Zahlen
$\mathbb{Z}_-^*$	Menge der negativen ganzen Zahlen
$\mathbb{Q}$	Menge der rationalen Zahlen
$\mathbb{Q}_+^*$	Menge der positiven rationalen Zahlen
$\mathbb{Q}_-^*$	Menge der negativen rationalen Zahlen
$\mathbb{R}$	Menge der reellen Zahlen
$\mathbb{C}$	Menge der komplexen Zahlen
$\varphi; \psi; \rho$	Abbildungen
ι	identische Abbildung
$(\varphi \cdot \psi)(x) = \psi(\varphi(x))$	Nacheinanderausführung von Abbildungen
$\mathfrak{A}; \mathfrak{B}; \mathfrak{C}$	Matrizen
$\mathfrak{E}$	Einheitsmatrix
$\mathfrak{O}$	Nullmatrix
$M_{(n,m)}$	Menge aller Matrizen vom Typ $(n; m)$
$(M; \circ)$	Struktur mit der Trägermenge M und der Operation „$\circ$”
$[\mathbb{Q}_+^*; \cdot]$	Verknüpfungsgebilde (Menge der positiven rationalen Zahlen betrachtet bez. der Multiplikation)
$A \overset{\sim}{\leftrightarrow} B$	A ist isomorph zu B
$A \overset{\sim}{\rightarrow} B$	A wird homomorph auf B abgebildet
$\circ; *; \cdot; +; \oplus; \odot; \nabla; \triangle; \square$	Zeichen für Operationen
$\mathfrak{Z}_n$	zyklische Gruppe der Ordnung n
$\mathfrak{Z}_\infty$	unendliche zyklische Gruppe
$\mathfrak{V}_4$	KLEINsche Vierergruppe
$\mathbb{Z}/_{(m)}$	Restklassenmodul mod m
$\mathfrak{S}_n$	Symmetrische Gruppe
$\mathfrak{A}_n$	Alternierende Gruppe
$\mathfrak{D}_n$	Diedergruppe
$G/_N$	Faktorgruppe von G nach dem Normalteiler N
$R/_\mathfrak{i}$	Restklassenring nach dem Ideal $\mathfrak{i}$
$K(\alpha)$	durch Adjunktion von α entstandener Erweiterungskörper von K
$R[x]$	Polynomring in der Unbestimmten x
a/b	a ist Teiler von b
$a \cong b$	a ist assoziiert zu b

Literatur

Hinweise auf Nachschlagewerke und vorbereitende Literatur

EISENREICH, G.: Lexikon der Algebra. Berlin: Akademie-Verlag 1989.

GELLERT, W., u.a. (Hrsg.): Kleine Enzyklopädie Mathematik. 13. Aufl. Leipzig: Bibliographisches Institut 1986.

KÄSTNER, H.; GÖTHNER, P.: Algebra - aller Anfang ist leicht. 4. Aufl. Leipzig: Teubner 1989.

SCHÄFER, W.; GEORGI, K.; TRIPPLER, G.: Mathematik-Vorkurs. Übungs- und Arbeitsbuch für Studienanfänger. 3. Aufl. Leipzig: Teubner 1997.

ZEIDLER, E. (Hrsg.): TEUBNER-TASCHENBUCH der Mathematik. Begründet von BRONSTEIN, I.N.; SEMENDJAJEW, K.A. Leipzig: Teubner 1996.

Hinweise auf weiterführende Literatur

BOSCH, S.: Algebra. 2. Aufl. Berlin: Springer 1996.

SCHEJA, G.; STORCH, U.: Lehrbuch der Algebra, Teil 1. 2. Aufl. Stuttgart: Teubner 1994.

WAERDEN, B. VAN DER: Algebra, Bd. 1. 9. Aufl. Berlin: Springer 1994.

Sachverzeichnis